阅读成就思想……

**Read to Achieve**

心理咨询与治疗经典译丛

# Die verzauberte Familie
## Ein tiefenpsychologischer Zeichentest
### （6. Auflage）

# 儿童家庭心理画
## 一张图读懂孩子眼中的家
### （第6版）

［奥］玛尔塔·科斯（Marta Kos）
［德］盖尔特·比尔曼（Gerd Biermann）◎著

顾牧　张楠　刘璐 ◎译

中国人民大学出版社
·北京·

**图书在版编目（CIP）数据**

儿童家庭心理画：一张图读懂孩子眼中的家：第6版 / （奥）玛尔塔·科斯（Marta Kos），（德）盖尔特·比尔曼（Gerd Biermann）著；顾牧，张楠，刘璐译. -- 北京：中国人民大学出版社，2022.11
 ISBN 978-7-300-31109-8

 Ⅰ. ①儿… Ⅱ. ①玛… ②盖… ③顾… ④张… ⑤刘… Ⅲ. ①儿童心理学—绘画心理学 Ⅳ. ①B844.1

中国版本图书馆CIP数据核字(2022)第192076号

儿童家庭心理画：一张图读懂孩子眼中的家（第6版）

[奥] 玛尔塔·科斯（Marta Kos）
　　　　　　　　　　　　　　　　　　　　　　　著
[德] 盖尔特·比尔曼（Gerd Biermann）

顾牧　张楠　刘璐　译

Ertong Jiating Xinlihua：Yi Zhang Tu Dudong Haizi Yanzhong de Jia （Di 6 Ban）

| | | | |
|---|---|---|---|
| **出版发行** | 中国人民大学出版社 | | |
| **社　　址** | 北京中关村大街 31 号 | **邮政编码** | 100080 |
| **电　　话** | 010-62511242（总编室） | 010-62511770（质管部） | |
| | 010-82501766（邮购部） | 010-62514148（门市部） | |
| | 010-62515195（发行公司） | 010-62515275（盗版举报） | |
| **网　　址** | http://www.crup.com.cn | | |
| **经　　销** | 新华书店 | | |
| **印　　刷** | 天津中印联印务有限公司 | | |
| **规　　格** | 170mm×230mm　16 开本 | **版　　次** | 2022 年 11 月第 1 版 |
| **印　　张** | 20.75　插页 1 | **印　　次** | 2022 年 11 月第 1 次印刷 |
| **字　　数** | 290 000 | **定　　价** | 89.00 元 |

# 匠心独运的情境化工具

家庭治疗与精神分析、认知行为治疗和人本主义治疗并列为心理咨询与治疗领域的四大流派。正如卡洛斯·斯卢茨基（Carlos Sluzki）强调的，家庭治疗不仅是一种心理咨询与治疗的流派，更是一种全新的人类问题观、行为理解观、症状发展观及症状解决办法。20 世纪 40 年代，心理学研究者和临床工作者致力于寻找精神分裂症患者的病因，并创立家庭治疗的设置。随着系统理论的发展，在 20 世纪 50 年代，家庭治疗融入了系统论、控制论和信息论以研究家庭和开展咨询。1980 年后，次级控制论的观点强调家庭是自组织的、内稳态的系统，同时推动了家庭治疗的发展。《儿童家庭心理画：一张图读懂孩子眼中的家（第 6 版）》一书呈现了家庭治疗中测评家庭氛围和家庭关系等因素的测量方法，也是家庭治疗发展过程中的重要成果。

1988 年 10 月在昆明举办了国内首个规范化的国际心理培训项目"中国 – 联邦德国心理治疗讲习班"。这标志着家庭治疗在我国的引入，昆明也成为中国现代心理咨询与治疗的发源地之一。我跟随我的老师——清华大学学生心理发展指导中心副主任刘丹博士学习家庭治疗多年后，进入中德高级家庭治疗师连续培训项目学习。近 20 年的时间里，我致力于家庭治疗的实务、培训和研究工作。本书中呈现的"被施魔法的家庭"（Verzauberten Familie，VF）心理画测试让我想起多年前的一个家庭治疗案例。这是一个家有青少年的三代之家——奶奶、父亲和孩子同住，父亲离异后奶奶承担起家里女主人的责任多年，因 13 岁的男孩厌学前来咨询。大概在第三次会谈时，我请这个孩子画出他的家庭画。他画出一头大象代表他的奶奶，一只老鼠代表自己，一只狗代表父亲。大象堵着门不让老鼠出去，狗在远处对着大象狂吠，但是毫无作用。当我邀请这个孩子讲述这幅画时，奶奶的眼睛开始发红，眼泪一点一点地涌上来；须臾，奶奶调整了坐姿，往后坐了坐。那一刻，我知道这个家庭里纠缠的关系被扰动，同时我也看到了家庭的力量和资源。家庭心理画就这样无声无息地绕过家庭的防御，用一幅画面隐喻并外化了家庭成员的角色与冲突、家庭的规则与氛围等。

自20世纪60年代以来，测评家庭因素的投射测验不断涌现，如家庭关系图形投射测验、西蒙感知投射测验、杰克逊家庭态度测试与密歇根图片测试等。源于实证主义的影响，投射测验被批评为难以量化、信度和效度不足、过度依赖主试的临床解释。然而投射测验基于解释主义，强调社会现象受到价值和理论的影响；主客体关系互为主体并相互渗透。我在近年完成的画树投射测验理论研究中建构了分级条目和分类释义的本土化家庭因素分析理论。研究数据和实务经验均表明，投射测验具有施测简单、隐蔽性高的特点，尤其适于探索家庭成员的复杂关系。《儿童家庭心理画：一张图读懂孩子眼中的家（第6版）》由玛尔塔·科斯（Marta Kos）和盖尔特·比尔曼（Gerd Biermann）所著，由北京外国语大学顾牧教授等翻译，以研究为基础、以实务为支撑，描述了VF家庭心理画测试的方法、理论基础、分析要素和诊断评估，行文流畅、案例丰富，专业性强、操作性好。该书丰富了家庭治疗临床工作的测量工具，拓展了儿童青少年心理问题的诊断方法，为临床心理研究者扩展研究内容奠定了良好基础，为临床心理实务工作者评估诊断、建立假设、开展咨询提供了有效支撑。

在社会心理服务体系建设的背景下，民众对心理健康和家庭和睦的需求日益增长。本书呈现的VF家庭心理画测试形象生动、不露斤斧，堪称匠心独运的情境化工具，且有益于社会心理服务中的个体心理评估、家庭关系测量和家庭治疗的推广。

张婕

云南民族大学副教授

湘雅医学院临床心理学博士

中国心理学会注册督导师

《画树投射测验运用》《画树投射测验理论详解》作者

# 再版前言

在并不长的时间里，这部著作已经多次再版，这一点充分说明了心理画测试的意义。

随手的涂鸦是儿童早期发展阶段中一种非常具有创造性的重要表达形式，仔细观察这些画，我们能够从中看到儿童的内心活动与渴望。从儿童对家庭五花八门的描绘中，我们可以看到他们如何理解自身与外界之间产生的最早期的社会关系，以及如何努力构建这样的关系。深度心理学①认为，儿童画与儿童的游戏一样，都是帮助我们探寻儿童无意识行为的重要途径。我们通过被施魔法的家庭测试将心理学诊断工具进行了扩展，使儿童能够不受拘束地将自己的想象世界投射出来。这其中不仅有他们的希望和愿望，也有恐惧和愤怒，而心理画则能够起到释放心灵中的恐惧与愤怒的作用，这也是这个心理画测试现在深受欢迎的原因。对于那些因为行为或心身方面的问题而遭遇挫折的儿童和青少年，假如他们愿意将内心的冲突展示给我们分析研究，就能够在我们的帮助下学会表达。我们将本测试的使用扩展到对儿童及其父母进行同时诊断，这样一来，我们就能够对神经性的家庭问题有一个全面的认识。VF 测试也因此成为对儿童和青少年心理问题进行诊断乃至鉴定的一种不可或缺的手段，例如用作法庭决定离异家庭儿童何去何从时的判决依据。

国内外的一些研究论文以及本书的法语译本让更多的人有机会了解心理画测试。"心理画组合测试"这个概念的引入是本测试在使用方面的一个重要补充，其中综合了画树和画人测试以及 VF 测试。目前，以画树和画人测试及 VF 测试为内

---

① 通常指荣格分析心理学。——译者注

容的关于心理画组合测试的补充版本正在筹备中，该著作将根据个体心理学的观点，研究人的存在形式中的"我""你"与"我们"这几种结构。通过对 5000 余幅儿童画进行类似的深度心理学分析，我们验证了这种三分式心理诊断的作用。VF 测试作为对分析结果的总结，具有非常重要的意义。

盖尔特·比尔曼
1989 年 10 月

# 前言

家庭正面临着危机，这一点从对家庭问题进行预防和治疗的方法之多样就能够看出。在今天的工业社会，各种价值观都在经历着前所未有的转变，传统的家庭关系是否还有意义？一些新的同居生活形式试图在这方面提供解释。

青少年对教育、社会学这类"与人相关"职业的强烈兴趣说明他们越来越意识到自己所要肩负的社会责任。但是儿童又怎么看待自己和家庭呢？作为儿童的教育者，如果我们是很认真地对待这个群体的话，那么在所有与心理健康相关的工作中，我们都应该思考这个问题，要考虑到儿童的想象力、他们的欲望和愿望，还有他们不断感受到的压制与伤害。

人是具有社会性的生物，其成熟与发展很大程度上取决于如何被一个群体接受，而其中离人最近的群体就是家庭。家庭空间能够折射出两个不同的世界：一是从父母那里得到的个人经历，二是人的集体经历。所谓集体经历，指的是社会对儿童的期望和要求所产生的影响。从这个视角出发，我们能够看到充斥在家庭内部空间中的各种各样的强烈欲求或者紧张情绪，而处在这一切的中心的往往是那个无助的孩子。我们经常发现造成孩子行为障碍的原因就是那些让他们感到无法应付的与父母相关的个人经历。

而孩子的父母又因为受到自己父母根深蒂固的巨大影响，要么在自己孩子的生活规划中不自觉地重复上一代的模式，要么出于补偿的心理，努力在自己孩子身上进行纠正，这两种做法都可能会造成精神方面的困扰。

对于儿童在画小人的时候如何表现自己，我们一直以来就抱有浓厚的兴趣，对于他们对家庭的描绘更是如此。这些画就像是放在成年人眼前的一面镜子，能比儿童画更具有戏剧性的恐怕也只有体现在木偶剧游戏里的内心冲突而已。

我们是否有必要在已经存在的大量家庭研究的辅助手段之外，再多加一种测试的形式？我们暂且不考虑如何回答这个问题。根据十余年来积累的经验，我们只想在这里指出一点：被施魔法的家庭（VF）心理画测试用投射法呈现出儿童世界中目前还不为人知的一面，特别是儿童对魔幻世界的想象。这个测试能够大大丰富我们对儿童的认知。

让孩子用绘画的形式来描绘自己的家庭，这个想法并不是我们的创新。由于家庭对于儿童心身发育以及儿童产生行为障碍方面的影响，同时描绘家庭的心理画又是直接与家庭相关的，因此这种方式就成为除木偶剧游戏［例如情景测试（Scenotest）］之外的又一种能够清晰呈现儿童各种障碍形成背景的投射测试。

此外，本书中的测试具有清晰的结构，这对于儿童人格的投射是非常必要的，但也并不妨碍我们将不同孩子的画进行横向比较。

我们在过去几十年间积累了丰富的分析儿童画的经验，受到弗朗索瓦丝·明科斯卡（Françoise Minkowska）的启发，我们从1956年开始设计VF测试。

VF测试的目的是对儿童的神经机能病、行为障碍以及心身疾病进行诊断。在判断精神疾病方面，这个测试也提供了重要的依据。这个测试既能够配合诊断的目的多次重复进行，也可以用于把控心理治疗过程。

参加本书中所介绍的研究的儿童及青少年共计4000人。1225人为在维也纳精神病医学院儿童精神病科、慕尼黑大学医院儿童门诊以及科隆心理健康研究所接受治疗的患者（其中625人仅参与了心理画测试，600人参与了心理画及故事测试）。此外还有某疗养院非急症儿童的49幅画。

来自维也纳、慕尼黑、科隆和瑞士的2438名中小学生作为对照组参加了实验，实验的结果相对限定在德语文化圈中，在这个文化圈里，家庭结构受到过去几百年传承下来的特定形式的深刻影响。该文化圈中所有国家里的家庭都经历了从大家庭到小家庭，再到现代工农业社会核心家庭形式的转变。随着乡村地区工业化程度的加深，城乡之间的差别也变得越来越不重要。瑞士的部分对照组测试就是在一个紧邻该国首都、曾经属于乡村的地区开展的。

对统计数据的分析完成后，还有 288 幅由行为障碍儿童完成的心理画及其所叙述的故事被纳为研究材料，因为这些测试结果特别重要并具有说明力。所有组别的儿童和青少年年龄均在 5 岁至 18 岁之间。

参加测试的 1225 名有行为障碍 [①] 的儿童和青少年还参与了一个"组合测试"，其中包含以下几种测试：

- 智商测试（HAWIK [②] 以及 HAWIE [③]）；
- 罗夏墨迹测试；
- 主题统觉测试（TAT）以及儿童主题统觉测试（CAT）、家庭态度测试；
- 杜斯寓言测试、托马斯故事测试、填充句子测试；
- 沃特戈绘图完型测试；
- 树木人格测试、画人测试；
- 场景测试、动物测试。

组合测试的构成（选择）依据被试儿童的年龄、结构和问题个别制定，所有具有行为障碍的儿童和青少年都接受了全面的精神病学鉴定，这些孩子都有既往病历记录。

作为对照组的中小学生只是绘图，两组被试所绘的图画由计算机进行评估。VF 测试是组合测试的一个部分，在进行这个测试的时候，即便是对那些非常有趣、令人信服的个性化表述，我们也要始终严格避免因孤立分析造成"盲目诊断"。VF 测试始终要在组合测试的框架内，与对孩子的整体心理学诊断相结合，

---

① 我们在这里特意选择了"有行为障碍"这种表述方式，因为我们认为这个表述不像"难以教育"或"无法管教"这样的说法带有贬义，同时，这个表述也给父母及环境与儿童心身障碍之间的因果关系留下探讨的空间。在这一组有行为障碍的儿童中包括了有神经疾病、心身疾病和精神疾病的儿童。

② HAWIK，全称为 Hamburg-Wechsler-Intelligenztest für Kinder，即汉堡韦氏儿童智力测试。——译者注

③ HAWIE，全称为 Hamburg-Wechsler-Intelligenztest für Erwachsene，即汉堡韦氏智力测试成人版。——译者注

与被试儿童的行为及对他的检查相一致，并结合从父母处获得的既往病历内容，在这个基础之上进行分析解释。

在研究中，我们首先要做的就是借助计算机对心理画测试的结果进行详细的数据分析。有经验的读者根据分析结果自己就能够看出并意识到一些结论的局限性。

我们认为，在进行投射测试的时候，从深度心理学角度进行解读尤为重要，因此我们将对家庭生活的记录及其与实验表现之间的关系作为分析的重点。在这个过程中出现了许多象征人在家庭内外生存状态的内容，让我们感到非常有意思。VF 测试就是探究这方面内容的一个非常重要的手段。

不过统计数据的分析结果同时也让我们看到了这种观察手段的局限性，从关于情景心理测试的形式的一些论文中就能够看出这一点。

本书内容的涉猎范围与心理画测试这种形式相关，根据我们在类似心理画测试上的经验，VF 测试经常会突破教育咨询或者儿童心理治疗这个相对狭窄的领域，延伸到相关的教育和医学领域，所以本书的内容也无法避免对这些领域的涉猎。

我们的研究工作如果离开了大量共同的参与者，是无法完成的。在过去这些年中，来自维也纳精神病医学院儿童精神病科、慕尼黑大学医院儿童门诊以及科隆心理健康研究所的各位同行，还有慕尼黑和科隆巴林特小组的儿科医生们为我们的工作以及研究计划的顺利实施提供了建议和帮助，在此，我们要向他们表示特别的感谢。

如果没有我们的好友君特·豪普（Günter Haub）利用他在数据分析方面丰富的经验提供合作，本书是无法以现在这个形式呈现给大家的，我们在此也要特别对他表示感谢。此外，我们还要感谢在维也纳大学计算机中心协助我们进行数据评估的君特·豪普的同事们。

为我们提供帮助的还有来自维也纳、慕尼黑、科隆地区以及瑞士的许多热情的教师，他们让自己的学生完成了那些必不可少的"正常的"测试画。在他们的协助下，我们了解了在学校中进行这个测试的可能性和局限性。

衷心感谢万根/阿尔高儿童疗养院所提供的协助。

与出版社多年来在出版"儿童心理学系列"过程中形成的良好稳固的合作关系成为彼此信任的基础，正是这种信任关系使这个大型研究的结果最终得以出版。

在此，我们要对恩斯特·莱因哈特出版社的荣克先生表达诚挚的谢意，感谢他的协助、友情和支持。

# 目录

## 第4章　魔法故事中的童话元素

## 第5章　家庭成员被施魔法后变成的形象

# 第8章　对测试的评估检验

# 第 1 章

# 家庭心理画测试与评估诊断

·

·

·

Die verzauberte Familie

Ein tiefenpsychologischer
Zeichentest

# 家庭心理画测试的历史

深度心理学对家庭状况的研究已经有大约 40 年的历史。研究者从带有明确目标的诊断开始，逐渐过渡到使用揭开儿童无意识的间接方法，挖掘隐藏在其意识深层的内容。这些是存在于被试无意识中的想法，被他刻意遗忘、隐藏或是否认，但在他与家庭成员的关系之中却扮演着重要的角色，这些想法可以通过一些间接的方法被挖掘出来。由此，神经症的核心通常可以显现出来，能够让我们更好地对症治疗。

这些间接的方法利用了儿童通过游戏展示冲突的能力，包括语言、绘画，或者是心理剧这一类的游戏方式。

将投射式木偶剧游戏法（法国木偶剧人物吉尼奥尔、德国木偶剧人物卡斯帕尔）引入儿童心理治疗的是玛德琳·兰贝特（Madeleine Rambert），这种方法既可以用于诊断，也可以用于治疗。安娜斯塔西（Anastasi）、奥雷耶（Aureille）、鲍姆加滕（Baumgarten）、科特（Cotte）、勒瑙（Löwnau）、摩根施坦（Morgenstern）、南姆伯格（Naumburg）、博罗特（Porot）、沙赫特（Schachter）、E. 施特恩（E.Stern）等人都曾经将自由绘画这种形式运用到诊断中，其中一些人，特别是勒瑙、摩根施坦和 E. 施特恩还在治疗中使用过这个方法。

在美国，心理画也被用于诊断，例如 TAT 测试和 CAT 测试。欧洲人对这些方法的认识和进一步理解主要归功于勒夫斯（Revers）和 E. 施特恩。1951 年，布鲁姆（Blum）曾经发表过一个心理画测试系列"黑图片"（Blacky Pictures）。在这个实验中，儿童被引导着将自己对于家庭的想法投射在一个以狗为主人公的故事上。受到这个实验的启发，科曼（Corman）在 10 年后在法国做了一个类似的实验，即小猪故事"黑爪子"（Patte noire）。1950 年，莉迪亚·杰克逊（Lydia Jackson）在英国引入了一个新的心理画测试，并将其命名为"家庭态度测试"。

早在 20 世纪 30 年代，就有人设计出一些不完整的家庭故事，要求被试将其补充完整，并通过这种方式来观察被试对家庭的看法，例如路易莎·杜斯（Louisa Düss）的寓言故事测试，玛德琳·托马斯（Madeleine Thomas）和路易丝·德斯佩特（Louise Despert）的故事测试。

从 20 世纪 30 年代开始，研究者也开始将家庭心理画用作测试手段。根据测试所提的要求，这些研究可以分为以下三类：

- 画出你（自己）的家庭；
- 画出（任意）一个家庭；
- 画出一个改变了的家庭。

在第一类研究中包括了来自法国、美国和瑞士的相关研究。明科斯卡让自己的被试画出"我的家、我、我的房子"。博罗特让被试儿童画出自己的家庭。做过类似研究的还有美国研究者赫尔斯（Hulse）和雷兹尼科夫（Reznikoff），以及法国研究者凯恩（Cain）和戈米拉（Gomila）。对于绘画形式的判断标准提供了理解投射在儿童画中隐秘内容的途径，例如空间布局、比例关系、顺序、省略和添加，以及用绘画的方式完成对画中形象的抬高或贬低等。瑞士研究者 M. 弗洛瑞（M. Flurry）和内莉·斯塔尔（Nelly Stahel）同样让被试画出自己的家庭，不过是画彩图，除了上述对绘画形式的判断标准之外，他们还研究了被试对色彩的使用。

在第二类研究中，路易丝·科曼通过让被试绘制任意一个家庭来分析他们对家庭的看法。他也是通过一系列对形式的研判标准来分析实验中的家庭心理画，并且他是第一个在实验中采用深度心理学分析方法的研究者。博雷利－文森特（Borelli-Vincent）让被试先画出自己的家庭，然后再画一个别的家庭，并将这两张画进行比较，对其形式进行分析评价。

第三类家庭心理画研究包括慕尼黑心理学家卢特加德·布雷姆－格雷泽尔（Luitgard Brem-Gräser）1957 年的实验"动物家庭"（Familie in Tieren）及本书中介绍的研究工作。布雷姆－格雷泽尔将家庭成员描绘成动物，不仅关注了画的形式，特别是绘图方式，同时也对画中的各种象征含义进行了分析研究。

与早期家庭心理画测试相比，被施魔法的家庭（VF）测试有几个根本性的不同之处。

首先，被试儿童画的并不是自己的家庭，而是任意一个家庭。这种带有中立性质的实验设计能够使被试放松戒备，因此，此种形式的实验也可以用于青少年人群。其次，画的内容以童话魔法的形式出现，增加了投射以及象征物选择的可能性和丰富性。最后，用来解释画中内容的故事可以起到补充和把控的作用。

通过这种方式，我们在前代实验的分析内容（例如空间布局、顺序安排等）之上，又增加了新的分析标准，其中包括体现坏巫师与家庭之间紧张关系的象征物选择，以及语言形式的象征物选择。对于所有这些内容，我们都进行了数据统计分析，并在必要的情况下进行了事实的补充。

## 被施魔法的家庭测试：测试说明及实施

我们首先通过轻松的交谈为被试儿童营造一个亲切的氛围，并尝试去调动儿童的想象力。我们为被试儿童准备一张横放的 A4 白纸和一根不带橡皮的 2B 铅笔，并跟被试儿童说类似下面的一段话：

现在，咱们一起来编个故事。你读过童话吧？现在，咱们就自己来编一个童话故事……想象一下，现在来了一个魔法师，对一个家庭施了魔法，家里所有的人不论大小全都中了魔法……这里有纸和铅笔，你来画一画发生了什么！

我们接下来会观察被试儿童画画的过程：每一次的迟疑、涂抹和重新开始都是观察的重点，同样重要的还有被试儿童的神态、体态、表情和动作。

被试儿童画完之后，我们会问他画中的那些兄弟姐妹都叫什么名字，以此来判断画中人物的性别，并询问这些人物的年龄。这些信息能够帮助我们判断被试儿童画的是不是自己的家庭。所有这些信息，包括所画对象出现的顺序及其含义，都被记录在画纸的背面。

完成这一步后，我们会对被试儿童说："你来讲一讲画里发生了什么。讲一下这个被施魔法的故事！"

如果被试儿童年龄比较小，我们会逐字逐句记录下他讲述的内容。在这个过程中，我们同样会标记出每一个迟疑、讲述速度有变化或者有改动的地方。对于年龄比较大的被试儿童，我们会请他自己写下画里的故事。

对于那些比较拘谨的儿童，我们要进行必要的鼓励，并且避免产生有诱导性质的影响。我们的这些做法与罗夏墨迹测试的实施建议没有本质区别。

在实验的最后，我们会对被试儿童进行一个皮格姆测试（Pigemtest）。被试儿童会被问到自己最想变成什么动物（以及为什么），绝对不愿意变成什么动物（以及为什么不愿意）。

整个测试包含如下三个部分：

- 完成被施魔法的家庭心理画测试；
- 讲述关于这个"被施魔法的家庭"的童话故事；
- 完成皮格姆测试。

只在很少数的情况下测试会被被试拒绝，这一比例远低于情景模拟测试。

与其他的投射测试一样，对于参与测试的儿童的作品，接下来我们会从形式和内容两个方面接受评估。这两个方面同等重要，相互形成补充，都能够帮助我们理解这个测试。下面是一个例子。

## 示例

一个患有支气管哮喘的 14 岁女孩在之前接受画人测试和树木人格测试时表现出了正常的绘画能力，但当接受被施魔法的家庭测试时，她在纸上只写了下面这句话："什么也没发生，因为巫师根本没法对这个家庭施魔法。"随后，她又补充了一句解释："根本就没有巫师！"

青少年对现实的这种接受方式出现在青春期，我们可以将其理解为以理智形式出现的防御机制。这个女孩一个梦也讲述不出来，在谈话过程中，她不断摆弄自己的手指，这也暴露出她内心的躁动。

# 诊断

　　虽然近几十年来，在大量的教育咨询机构和医院中都有儿童和青少年神经症或单纯行为障碍的病例报告，医疗机构对这些病例也都用包括心理诊断在内的各种方法进行评估，但在这方面始终还是缺少一个统一的、能够被心理学家和心理治疗师同时接受的诊断标准，对症状的列举常常只是被当作不完善的替代方案，这为后续对儿童及青少年阶段神经症治疗效果进行医学评估增加了难度。

　　学校心理研究和精神分析取向的心理学对于如何治疗儿童行为障碍以及各种神经症观点不一，到目前为止，这是造成大家仍缺乏共识的原因。

　　此外，儿童在成长过程中出现的行为或错误行为的结构因不够清晰而无法对其进行归类。而在发展为能够相对清晰界定的成年人的性格神经症之前，我们在儿童身上经常只能够看到一些不确定的、模糊的征兆，比如儿童的各种恐惧感。

　　不过，始终还是有一些决定儿童和青少年重要人生发展阶段及危机的规律性因素，弗洛伊德和精神分析学用"利比多"来总结这些因素，埃里克森（Erikson）的人格发展八段论对其进行了极大的扩充。安娜·弗洛伊德（Anna Freud）在阶段论的基础上，对儿童和青少年的本能及自我（超我）的发展线索进行了元心理学式的描述。这些认知模式在教育咨询和儿童治疗等实际工作中被证明是有效的。

　　因此，我们在对研究结果进行评估的过程中，将人格发展阶段论和发展线索两种模式都当作构建诊断标准的基础，对于儿童从口欲期、肛欲期、生殖器期（俄狄浦斯期）、潜伏期到青春期的发展过程进行观察研究，并尝试寻找患者的精神障碍与这些发展阶段之间的联系。特别是在儿童的心身反应和疾病上，我们能够发现各个发展阶段的典型特征。

# 诊断模式

## Ⅰ . 口欲期

- 口欲期固结 / 因口欲迷恋引发的攻击性行为；

- 母子共生 / 分离焦虑 / 退化行为；

- 目的障碍 / 早期品行障碍 / 溺爱型品行障碍 / 情感依赖型抑郁症 / 孤独症 / 剥夺；

- 睡眠障碍 / 夜间摇头症 / 摇晃 / 手淫；

- 饮食障碍 / 呕吐 / 脐绞痛 / 溃疡 / 肥胖；

- 湿疹。

## Ⅱ . 肛欲期

- 行为障碍 / 语言障碍 / 缄默症 / 交际障碍；

- 抽动 / 精神狂躁症 / 强迫症；

- 遗尿症 / 遗粪症 / 便秘 / 结肠炎；

- 支气管哮喘。

## Ⅲ . 生殖器期

- 俄狄浦斯冲突（阉割焦虑，阳具嫉羡）；

- 癔症 / 攻击性 / 嫉妒；

- 焦虑症 / 动物恐惧症；

- 情感障碍 / 丙酮性呕吐 / 夜惊 / 梦游症。

## Ⅳ . 潜伏期

- 学习技能障碍 / 阅读障碍 / 学校恐惧症 / 扰乱秩序 / 逃学；

- 焦虑症 / 植物性神经机能紊乱；

- 约束力缺失综合征（撒谎、偷盗、流浪）。

## Ⅴ．青春期

- 认同危机 / 成瘾行为 / 自杀倾向 / 精神症；

- 青春期厌食症；

- 变态行为；

- 早熟 / 植物性神经机能紊乱（心脏神经症、神经性呼吸障碍）；

- 品行障碍 / 犯罪行为。

## Ⅵ．器质性损伤

- 脑发育不良（精神发育迟滞，轻度痴呆）；

- 脑损伤（产前、围产期、产后）；

- 脑部病变（脑炎、脑部肿瘤、癫痫）；

- 内分泌失调（侏儒症、巨人症、两性畸形等）；

- 畸形；

- 慢性病。

## Ⅶ．社会型神经症

- 酗酒家庭，破裂家庭；

- 神经分裂症家庭 / 虐童家庭；

- 离异家庭 / 难民家庭 / 外国人家庭；

- 双胞胎；

- 真实创伤（意外事故、医院、性创伤）。

---

不管我们多么努力地将上述类型的症状的起源向所谓儿童早期心身反应模式回溯，如果仅仅是从诊断入手，结合心理测试研究等方法对既往病症进行追踪，那么也很少能够达到预期的目标。我们应该尽可能依据不同发育阶段对神经性或心身障碍的诊断标准进行归纳总结，观察相应的障碍是在什么阶段显现出来并形

成器官特异性疾病的。比如便秘或者遗粪症就会被归入肛欲期，虽然有这些症状的孩子可能在口欲期时就已经在母子关系方面出现问题。同属泄殖腔功能障碍的遗尿症与遗粪症一样，也被认为是儿童肛欲期未被克服的社会交际危机的体现。

## 口欲期

口部被勒内·施皮茨（René Spitz）称为"原初安乐窝"（Urhöhle），口欲期未满足包括直接与口部相关的各种经验、口欲固结相关的受限的感受质量（吸吮、吃大拇指等），以及年龄较大的婴儿表现出的口部的攻击性（最初是由长牙引起的咀嚼或啃咬）。

这个发育阶段最为重要的就是母子之间用于维系生命的亲密关系，会出现的问题既有后期的母子共生或分离焦虑等神经障碍，也会在没有母亲或者母亲能力不足的情况下出现目的障碍、早期品行障碍或情感依赖型抑郁症。

婴儿与所谓的"情感共同体"（coenaesthetischen Organisation）之间存在的心身方面的密切联系，能够在这个早期的发育阶段引起足以危及生命的心身危机，例如因自主神经系统崩溃而引起的死亡（即所谓"里布尔休克"）或是严重的呕吐。

在口欲期依赖关系中最常见的消化道相关疾病包括厌食症、婴儿呕吐、脐绞痛及溃疡，而溃疡的初期表现已经越来越向儿童期前移。

一些代谢紊乱也能够找到非常重要的早期口欲固结表现。希尔德·布鲁赫（Hilde Bruch）就曾经描述过肥胖症儿童母亲的不当行为。在孩子婴儿期的时候，这些母亲在满足孩子的各种不同需求时只有一种机械的方式，那就是给孩子食物，她们用这个方法使孩子安静下来。

社交障碍在极端情况下会导致幼儿发展成孤独症，从心身研究角度，这种障碍可表现为婴儿湿疹。我们总是能够在这些病症中发现母子之间缺乏温柔的交流。

## 肛欲期

在早期的共生关系解除之后，肛欲期会出现的障碍既有因清洁习惯的培养引起的人格障碍，也有儿童与权威之间的首次冲突。

肛欲期未满足通常会引起一些作为抵御机制出现的行为障碍，例如言语流畅性障碍（口吃、结巴），以及抽动症和强迫症等。在心身方面除表现为遗尿症外，还会出现遗粪症、便秘和溃疡（结肠炎和黏膜溃疡），支气管哮喘也在此之列，这种疾病通常是在这一时期首次发作。有许多证据表明，哮喘与清洁习惯养成的失败有关。儿童初期的反抗行为在这个时候也会更加明显。

## 生殖器期

生殖器期是儿童性发育的第一个高峰期，这个时期同时也受到存在于儿童与父母关系中的俄狄浦斯情结的深刻影响。出现在这个发展阶段的儿童行为障碍背后经常隐藏着阉割焦虑和阳具嫉羡。焦虑症同样也与母子共生关系的滞留有关，表现形式为分离焦虑。这一点在幼儿需要住院的时候表现显著。

未能克服的俄狄浦斯冲突进一步表现为歇斯底里式的行为障碍。

有些孩子在面对父母的权威地位时则会出现带攻击性的、固执的反抗行为。对于家庭中后出生孩子的嫉妒也会成为更有意识的行为。这种防御机制在心身方面的症状表现为愤怒性痉挛。丙酮性呕吐经常与密切的母子关系有关。儿童夜惊这种睡眠障碍也是类似的原因，儿童采用这种方式将母亲唤到身边来。通过梦游时靠近母亲床边的行为，儿童试图重新建立已经失去的与母亲之间的共生关系。

## 潜伏期

在潜伏期，工作意识在要求与成绩的规则之下形成：至此，兴趣原则彻底完成向现实原则的过渡，学童符合现实要求的行为证明他们已经成熟到可以去上学。在社会对所有儿童提出的普遍要求下出现的学习技能障碍虽然原因不同，但都指向精神和情感发育迟滞儿童所缺乏的相应成熟度。

结合不同的个体因素，我们可以从阅读障碍看出儿童生活的小环境，即家庭和学校对儿童表现出的技能障碍容忍度有多高，以及这个环境对高天赋儿童的继发性神经症有多大影响。逐渐成熟的机体开始朝着最终的形式发展，并且也会出现加速生长的现象（早熟）。这个阶段的儿童除了可能出现普通的焦虑症之外，还会出现自主神经系统紊乱，心血管系统的疾病会在这个阶段以自主神经系统机能紊乱的形式出现。在与学校相关的精神过度紧张的情况下，这些症状会被归入学校恐惧症的范畴，并需要进行有针对性的心理治疗。

在潜伏期，生活在问题环境中且具有神经性品行障碍倾向的儿童会首次表现出明显的品行障碍症状，其中包括撒谎、偷窃、逃学和流浪等"约束力缺失症状"。

## 青春期

儿童和青少年接下来的一个发展阶段就是青春期，指代青春期的两个德语词"Pubertät"和"Adoleszenz"并不总是被区分得很清楚。这个时期也包括青春前期，特别是在因为性早熟而出现发育提前的情况时。

在人的成长过程中，在青少年身体中的一切都在寻求重新整合人格，并形成自我身份认同时，身份认同危机就会出现。

安娜·弗洛伊德认为青春期的禁欲主义是一种否定现实的企图，特别是在身体和性方面无法控制自己的本能冲动时。如果说禁欲主义对理性的过分强调是一种在精神层面的表现，那么厌食症（青春期厌食症）就是在心身方面产生的不良后果。对一切生命活动完全否认的态度实际相当于一种无意识的持续的自杀企图。

身体成熟带来的危机感在出现发育不和谐的性早熟时会更加强烈，青少年会更容易出现自主神经系统紊乱。心脏神经症和神经性呼吸障碍中的神经系统问题也会表现得更为突出。

身份认同的形成是一个过程，大多数人会认为这是一个很麻烦的阶段，青少年会与父母产生冲突，俄狄浦斯情结问题也会重新出现。身份认同构建失败造成的角色混乱会在青少年身上引起类似精神病的症状。

青少年的各种成瘾行为可以归在此类，其中的一种后果就是青少年的自杀（企图），自杀者会认为自己的人生规划是失败的。

性倒错是这个阶段人生危机呈现出的另一种问题，是在理想形象出现问题的情况下，早期即已埋下种子的性发育问题的表现。

在有犯罪行为的问题青少年形成的帮派中，我们能够看到负面的身份认同。

接下来的两个诊断组在实验中是被单独进行分析的，这两个组中既有机体异常发育或慢性病造成的影响，也有儿童所处社会环境中存在的问题。这两个方面的影响是独立于儿童和青少年成长阶段之外的。

### 器质性损伤

儿童的发育迟滞与脑发育不良和轻度痴呆症有关，发育迟滞对儿童在家庭中的问题行为有决定性的影响。我们指的是作为继发性神经症一种形式的栓塞型神经症。这些疾病也相应地让心理治疗师面临着多重的任务，既要考虑到机体障碍及其引起的神经症，也要考虑家庭生活环境中存在的问题。作为主要诱发因素的机体损伤或疾病增加了心理治疗师工作的难度，它要求从事特殊教育和儿童治疗者共同合作。

罹患慢性病的儿童也需要同样的帮助，特别是那些需要长期住院治疗的儿童。这是临床心理学家、特殊教育教师和康复治疗师的工作。

身体发育畸形的儿童需要心理治疗帮助他们克服自卑感和自卑情结。

### 社会型神经症

如果儿童在长期处于不良状态的家庭环境中长大，那么他们常常没有能力自主建立足够的防御机制，无法抵御不良环境对尚处于弱小状态的自我的影响，例如在酗酒者家庭生活或家中有精神分裂症患者的情况。

离异家庭中的儿童被父母左右撕扯，这些儿童有自己特别的问题。

在我们这个动荡的世界中，不断会有难民出现，这些人常常需要很多年的时间，才能够在新的生活环境中立稳脚跟。在这个过程中，那些在流离失所的状态下成长起来的，特别是在难民营中长大的儿童和青少年会受到各种各样不健康因素的影响。

以带有施虐受虐性质的惩罚为特征的虐童行为会造成一些特别的依赖症。在这类被试儿童的画中能够看到残缺的身体。

另外一些儿童的应激性心理障碍源自意外、住院、性创伤（来自成年人的性侵）。在这些情况中，心理创伤的治愈很大程度上取决于这些儿童在治疗前固着于幼稚状态的程度。

双胞胎处于一种特殊的生存状态中，他们之间存在难以分割的联系，许多双胞胎没有能够形成独立的自我。有些双胞胎会始终生活在对方的影响之下。

# 第 2 章

# 儿童与家庭

．

．

．

Die verzauberte Familie

Ein tiefenpsychologischer
Zeichentest

"有个魔法师给一个家庭施了魔法"是我们这个心理测试的前提。这个设置能使孩子以自我识别、自我投射的方法思考自己家庭的问题。

"给一个家庭施了魔法"是有意选取的表达，意在不让被试儿童从一开始就把这个情景代入自身的家庭。但实例证明，被试儿童描绘自己家庭的意愿非常强烈，18%的被试儿童（总数为600人）有意地选择画出自己的家庭，他们会直接在画旁评论："我画的是我们家""这是我们"，或写上自己兄弟姐妹的名字。

此外，还有22%的被试儿童无意识地将任意"一个"家庭等同于自己的家庭，其绘画对象的数量、排列方式和后来通过询问得知的画中被施魔法的孩子的年龄都符合其自身家庭的特征。也就是说，在测试中，共有40%的被试儿童有意或无意地画出了自己的家庭。

在过去几十年中，德国社会学家勒内·柯尼希（René König）提出的"家庭解体"的情况愈演愈烈。特别是在第二次世界大战时期，由于家庭生活中父亲和其他负担家庭支出的人的缺失，无数母亲被迫工作，妇女解放从此拉开帷幕，这更加剧了家庭的解体。从大家庭到小家庭，再到核心家庭的转变趋势和与之相对应的家庭瓦解是我们这个时代典型的家庭状况。这一趋势必然在一些家庭中引发父母和孩子的精神问题。

参与我们的测试以及之前类似的家庭心理画测试的家庭仍保持着已延续了成百上千年，却依然相对牢固的父权家庭结构，只不过大家庭这种早期形式在持续解体。市民家庭所经历的各种发展与危机从半个世纪前开始激发精神分析学家去探究神经症的形成。奥地利精神病学家阿尔弗雷德·阿德勒（Alfred Adler）和他创立的个体心理学体系从一开始就特别阐明，被视为个人社会使命的家庭生活及家庭生活中存在的问题是神经症的一大诱因。弗洛伊德和荣格也都曾强调家庭内部交织的关系对神经症产生与形成的重要影响，他们还通过大量病例证明了这一点。

虽然家庭处于持续解体的过程中，但许多家庭还秉持着父权制的基本立场，至少孩子能感受到父权制在家中的存在。所以孩子与父亲、母亲及兄弟姐妹间的问题一定会显现在投射测试的结果中。投射测试内容可以是游戏、绘画和故事叙述。在游戏测试中，游戏元素就已经包含了这种带有指向性的内容，例如场景测试

（Scenotest）和世界测试（Welttest）中代表家人的布偶；在叙述测试中，此类指向性内容存在于对家庭情景的描述中（TAT、CAT、PN）或在待补充的故事里出现的一些相应的表达形式中。在罗夏墨迹测试这一类的投射测试中，孩子与父母之间的问题会无意识地暴露出来。当孩子在心理诊断测试中遇到"家庭"这个对他们来说十分敏感的词，他们会很难拒绝测试任务，而且游戏般的绘画测试对他们来说很有意思。

在父权制家庭中，父亲处于主宰地位。对外他是家庭的榜样，代表家庭在社会上的使命。虽然在勒内·柯尼希所描述的"家庭解体"的过程中，父亲的权威在很大程度上被削弱了，但他依然作为"隐形的父亲"或"遥不可及的父亲"掌握着父权职能，即使在他缺席家庭生活时也是如此。不过，这种父权往往只是一些消极影响，通过母亲行为让人看到父权的式微。

在我们的调查对象中（共 600 个被试），有 88 个家庭的父亲是父权制家庭中占据主导地位者，另外 32 个因追求社会地位上升而造成问题的家庭应该也可以归在此类。在 100 个被描述得很和谐的家庭中，也存在父权主导的可能；在那些存在争吵的家庭（59 个）和氛围紧张的家庭（102 个）中，应该也是如此。仅仅从这些数字中就能看出，不论是从宏观角度，还是单从数据统计的角度，要摸清家庭氛围及其影响是很困难的。

所以大多数已经处于俄狄浦斯期或滞留在俄狄浦斯期前一阶段的被试儿童会按照父权顺序画出家庭成员，即父亲作为引领者、保护者处于第一个位置，即使他已经长时间没有以这种形象示人了。父亲形象在图画上的大小、笔迹深浅及富有阳物崇拜、男性、攻击性特征的各种配件，如帽子、棍棒、雪茄、武器和装备等，都进一步突出了他的权力。

## 案例 1 ○○

14 岁的哈特穆特是一名工程师的儿子，因在中学成绩差，并且有多次盗窃行为而被送入教育咨询中心[①]。他用从母亲和祖母那里偷来的钱购买糖果送给中学同

---

[①]　在德国，咨询中心（Beratungsstelle）受公共财政支持，在公民遇到各类问题时提供不同类型的支持和帮助，例如知识缺陷、个人生活危机、家庭及伴侣冲突、教育及职业问题等。——译者注

学。他的父亲有一套专制的教育方式，他殴打哈特穆特，但无济于事。

　　哈特穆特的父亲出生在清贫的工人家庭，他早年丧父，自己是一个非常努力上进的人，在学校里和工作岗位上的表现都很优秀。哈特穆特的父亲自我要求严格，在艰苦的环境中成长，他希望长子能够像自己一样。正因为如此，儿子青春期的叛逆行为就更加令他失望。哈特穆特的母亲出身富裕家庭，溺爱儿子，还曾尝试调解父子俩的关系。哈特穆特嫉妒被父亲偏爱的妹妹，和妹妹处于敌对关系。因为学习越来越困难，所以他在初高中过渡期被转入一所寄宿制的国际学校，他认为这是家庭抛弃了他，出现了抑郁的症状。

　　在他画的这幅"被施了魔法的家庭"中，武士装扮的父亲站在第一位。妹妹高高地挺立在画的中央，是一个幻想动物的形象。然后是以猪的形象出现的妈妈，它正在喂养自己的两个猪仔（见图2-1）。

图2-1　案例1

　　拥有绝对父权的父亲领导家庭，他的装扮显示了男性的战争能力：腰间裹着一块缠腰布，下体位置还有一个类似生殖器的物体，手里拿着矛，头上戴着钉盔。在父亲旁边的同一的高度上画着被父亲偏爱的妹妹，哈特穆特在画中将妹妹贬低成"怪兽"。母亲在最后的位置上，背对父亲和妹妹，全心全意地哺育着她的两个孩子，这是哈特穆特的两个弟弟。由于哈特穆特的自我弱化和抑郁倾向，画中并没有出现他自己。

○○○

　　被试选择的动物类型能够体现出父亲的支配地位：父亲在画中是百兽之王狮

子，或者天空的统治者老鹰（参见案例 31、41 和 74）。

所有家庭成员沿一条线（纸张底边或者中间线）依次排序，这种排列方式也强调了男性主宰的秩序。

父亲被等同于强大的魔法师也能体现其在父权制家庭中的绝对权力。

从画中所描绘的家庭情景中，我们能够看出母亲的从属地位。母亲即便有工作，她的工作也只是从经济上巩固父权制：母亲在职场中也遭受父权的压制，承受着工作上和人格上的贬低。在许多身为职业女性的母亲中，只有很小一部分人真正实现了自我解放。孩子在日常生活中能感受到这一点，特别是在母亲不能完全发挥其作用的时候，他会将自己的相应感受在测试中表达出来。在孩子眼里，母亲始终还是扮演着保护者的角色，心理画测试中被优先选择的多种母性动物就体现了这一点（参见案例 1、51、75），孩子在想象或现实中选择代表母亲的标志物也同样如此。母亲的不自信、她在家庭生活中的失败使她经常处于画的最后一位，甚至是以被贬低的形象出现，如极小的老鼠或扫帚、水桶这类的家居用品。

## 案例 2 ○○

九岁八个月大的弗兰茨还在尿床。他的父亲性格内向，母亲有抑郁症。他的父亲母亲已经接受了这种情况，主要因为弗兰茨除了这个问题之外很少惹麻烦，学习成绩好，又很安静。弗兰茨不爱吃饭，因此父母规定，他每长胖一公斤就能得到一本书。三年前，他的祖母因患偏执型精神分裂症自缢身亡，母亲也因抑郁症常年接受心理治疗。弗兰茨的父母都受过良好的教育，他们害怕这些精神疾病会遗传给弗兰茨。内向的父亲总是选择回避，母亲时不时也因为抑郁症发作照顾不了家庭。男孩在溺爱中长大，他智力超群，好胜心强，在学校里是个好学生。父亲经常因为工作原因不在家，母亲和孩子之间保持着紧密的共生关系。

在测试中，弗兰茨将父亲画作墙上的照片，母亲则是一个被涂得很黑的、拟人化的扫帚，拿着两个水桶，站在画的中间。孩子是魔法师的椅子，祖父是桌子，祖母是放在桌子旁边的花瓶。最后弗兰茨还画了坐在桌边椅子上的魔法师（见图

图 2-2 案例 2

2-2）。

弗兰茨的问题在画中清晰地显现出来。男孩将父亲画作一张照片，抬高了他的重要性，但父亲以一种自恋的姿态，用侧面对着其他家庭成员。他或许处于父权主导的地位，位于画的首要位置，但这张画的核心冲突却集中在"桌子"这里，这个冲突可以回溯到口欲期，我们从男孩的进食障碍能够看到这一点。考虑到他母亲的疾病，男孩会有这样的问题并不奇怪。在弗兰茨讲述的故事中，魔法师询问母亲是否会做饭，并对她肯定的答复表示满意。抑郁的母亲不只在孩子的口欲期没承担起母亲的责任，在他的肛欲期也是如此：因为他仍在尿床。

母亲是弗兰茨精神世界的核心人物，也是他画中的核心人物。如果小弗兰茨是魔法师，他会通过施魔法报复家人，尤其是报复他的母亲。但他没有勇气变成魔法师——他退化成了一把没有生命的椅子。他把又脏又湿的东西转移到母亲身上，意图至少象征性地让母亲对自己的尿床问题负责。被涂黑的扫帚突出了他们之间的矛盾冲突。

○○○

紧密的母子共生关系在画中可体现在以下两个方面：其一是空间性和象征性的安排；其二是相同的形象选择（且常常与其他家庭成员保持距离）。处于自我认知阶段前期的孩子常把母亲画在第一位。

## 案例 3 ○○

17 岁的阿洛伊斯是一个外交官家庭中最小的孩子，哥哥姐姐均已成年。阿洛伊斯现在住在哥哥家，疑似有读写困难症，所以在接受心理治疗。

阿洛伊斯的家人并不欣喜于他的降生，即便如此，母亲还是尤为溺爱他。如今他还是母亲的"小宝贝"。他的母亲也承认，他们之间仍存在共生关系。至今阿洛伊斯曾在六个国家上过六所不同的中学，因此他在学校并没有得到充分的关注。他有考试焦虑症，对未来感到恐惧。

他在画的正中央画了一个家庭场景：母亲身形超大，站在画的中央，阿洛伊斯对其画得最仔细。父亲跪着，位于第二位。小儿子也跪着，紧挨着母亲。他的姿态和面部表情与母亲相似，母子都目视前方，而父亲则仰视着母亲。最后是父亲旁边的宠物犬。他们前方有一堆火焰，火上的小星星暗示着火焰的魔力（见图 2-3）。

这位被试在讲述这幅画的故事时将三位家庭成员描述为不能动的雕塑。

男孩的精神发展停滞，固着于母子共生阶段，这些都清晰地体现在了测试中。

更多相关案例，可参考案例 4、41、52、53、59、65、68、71、75、77、87、92、97、99、100、102、104、109。

图 2-3　案例 3

○○○

"让家庭适应孩子"，即适应孩子最基本的欲望和需求，这个要求常常只能部分得到实现。如今在德语国家，在幼儿园和中小学等家庭之外的教育机构中出现的问题不断显现。直到今天，当孩子在家长制教育中不能得到满足甚至反抗成年人的要求时，人们依然会用到"问题儿童"这个曾经在 20 世纪 20 年代用来描述儿童行为障碍的词语。我们慢慢才了解到，父母曾经的不当行为常常就是促使问题儿童出现的原因。里希特（Richters）在著作中指出父母的投射效应在家庭角色中的重要影响，这些投射往往与父母本人儿时或青少年时代亲身经历或者没有实现的某些愿望有关。父母的投射效应会引起孩子的行为障碍与心身失调，这些症状被视为"遗传性症状"。儿童会敏感地意识到来自父母的投射，并在绘画测试中画出自己的感受。绘画结果能为医生和心理治疗师提供重要的指示，使他们能够对症下药地规划心理治疗手段。

在孩子的投射测试中，他们会对父母设定的教育任务表达自己的态度。认同感能让孩子更容易"为了让父母满意"去满足他们的教育要求。而无力满足要求往往会引发焦虑感，比如孩子生长在一个不正常的家庭，家中有人酗酒或患精神分裂症。在这些家庭中，一部分孩子会建立"攻击者认同"，这是一种主动出击式的逃避，用攻击行为消减自己的焦虑情绪。"借助不良幻想消解焦虑"的防御机制也能在 VF 测试中，尤其是对心理画进行描述的戏剧性故事中找到例证。

在家庭的庇护下孩子成长为社会性的人。

动物幼崽在出生后即刻就有站立的能力，这使它们能够离开母亲，但它们会不断回到母亲身边，而"人类的早产儿"离开母亲的子宫后，在很长一段时间内都会完全处于软弱无力的状态。200 年前赫尔德（Herder）将这种孩子称为"自然界的孤儿"。

母子之间的一些本能反应是孩子生存的保障，这其中就包括温尼科特提出的从孕中晚期开始发展的"原始母性"。即使一开始母亲是拒绝孩子出生的（比如在意外怀孕的情况下），到怀孕后半期母亲都会尽全力将孩子尽可能安全地带到世界上，给他找到一个能免受环境不利影响的地方，使他安全地成长。

母亲强大的"盟友"会帮助她照料和哺育孩子，而"盟友"就是家庭成员。在所有文化中，家庭都会在孩子处于最脆弱的婴幼儿阶段时保护母亲和孩子，这是家庭最核心的使命。

家庭可以是所有人类孩童的安全庇护所，在家里，孩子会受到对他而言重要的启发和影响。父母和其他的养育者是他的理想认知对象。

不过，这个生命的故事早在孩子降生之前就已经开始了。父母在选择彼此作为伴侣时就已投射了对未来孩子的愿望与期待，从怀孕开始，这些愿望与期待开始变得具象。孩子是否被拒绝并尝试用堕胎的方式清理掉，母亲是否会因为愧疚而过度保护和溺爱一个计划外的孩子，这些都会在孩子出生的第一年对其情感关系的发展产生影响。儿科医生和心理学家一再指出，母亲与孩子的早期关系对孩子日后各阶段的成长影响深远。

母子关系是家庭的核心。只有当孩子经历过母子关系，他才能和近处、远处的环境以及家庭之外的世界建立联系。从子宫内到子宫外的转变给孩子、母亲和整个家庭都带来了完全不同的生存条件。

除了"原始母性"，新生儿和婴儿的柔弱无助也会有力地提醒母亲要花更多的心思照顾孩子。在数月的喂养照料中，母亲与孩子之间发展出一种成熟的关系，他们互相关怀与依赖，这有助于新生儿和婴儿发展与客体之间的关系。人生之初的这种可靠的情感关系是人类之后所有情感关系的榜样。

这就是"原始信任"，埃里克森认为这是孩子的精神在子宫外开始发展的前提条件。这种信任只有在母亲（或其替代者）和她的孩子之间不受干扰的个人经验交流中才能成熟和发展起来。只有形成安全的第一次客体关系，也就是情感关系的基础上，孩子才能够发展其他的社会关系，但这第一段关系在很长时间内是不稳定的。在三个月大时，婴儿用第一次微笑回应母亲的面庞；八个月大时，婴儿出现第一次社会性发展危机，这时母亲和孩子之间已经建立了牢固的关系，母亲短暂的离开或陌生脸孔的出现都会让失望的、觉得自己被抛弃的孩子产生生存焦虑。婴幼儿的分离焦虑能够持续很长时间，这一点我们从那些住院的孩子身上就能看得到。

所有的这些焦虑都源于出生时的精神创伤。兰克（Rank）认为，这种创伤与孩子在经过狭窄的产道时所遭受的心理及生理上的灾难性冲击有直接联系。弗洛伊德将其更广泛地定义为第一次分离焦虑，在身体与心理上，孩子放弃他作为胎儿的全部安全感，进入一个不舒适的、未知的、充满危险的新的生存空间中。

在孩子降生的第一年内干扰其与母亲之间建立"原始信任"的任何外部刺激

都可能引发孩子的成熟和成长危机，为神经系统的不良发育提供温床。

所有来自人类环境的影响都通过家庭作用于孩子，家庭可以增强或者弱化这些影响。孩子在建立认同和保护自我时很大程度上会迎合他的榜样，尤其是他父母的要求。他会在早期的社会活动中模仿父母的行为和态度，所以，在我们谈到儿童适应和行为障碍的时候，总是应该考虑到父母在这些障碍的形成上起到了多大的作用，作为负面典型的他们是如何促成了孩子的这些障碍。

工业化世界的影响通过电视等渠道渗透进家庭的隐私生活中。从孩子的睡眠障碍能看出，外部环境的影响和其对家庭内部亲密关系的干扰是如何交织在一起的。

在这个重要的早期阶段，母亲始终是保护孩子免于外界不利影响的屏障。安娜·弗洛伊德和多萝西·伯林翰（Dorothy Burlingham）对战时儿童的研究就证明了这一点。但我们认为，那之后的一代人所经历的是充当庇护所的家庭不断解体，年轻母亲本能中的不安全感也随之增加。

VF测试为儿童的各个年龄段和成长阶段提供了社会行为方面的指示，且指出了儿童与家庭之间相互作用带来的干扰和影响。

## 儿童在不同阶段的发展及障碍

### 口欲期

在原始信任中，在"原始安乐窝"中被喂养时获得安全感，这是母亲与孩子的自然关系形成时的初始状态。这种状态给予孩子不可或缺的家的感觉，是孩子生命中所有冒险的起点。母亲每天数次用一个小时的时间给孩子喂奶喂食、换尿布，两人之间产生一种温柔的情感交流，关系越来越密切，并最终形成儿童的第一个客体关系（母亲是孩子情感的客体）。

孩子的第一抹微笑是人类发展的早期体现，是他成长阶段中一个重要的里程碑，匈牙利精神科医生勒内·施皮茨将其称为儿童心理的"第一个组织者"。一些集体早期教育的例子让我们看到母子之间关系的独一无二和不可替代性，比如以色列集体农庄"基布兹"的儿童之家，那里有着和传统家庭完全不一样的哺育条件。孩子在面对母亲或者母亲的固定替代者时，会与面对保育员时呈现不一样的笑容。婴幼儿后期所有的基本学习过程都以原始信任为基础，在母子关系的情感互动中，母亲将原始信任教给孩子，孩子也会在互动关系中学习这种信任。

这种信任关系将在婴幼儿的第一次社会性危机以及这个文明社会从出生就开始培养我们形成的清洁习惯中受到考验。在此之前，主导婴幼儿早期经验世界的是口部的刺激，这也会持续影响儿童之后的成长阶段：此时儿童的占有欲已超越了口部的范畴，成为对接触他人和占有渴望的早期形式。

拒绝和溺爱导致孩子有了情感世界里的第一段失败经历，继而会导致日后儿童的精神发展紊乱。这个时期也是肥胖症、厌食症、抑郁症及早期的品行障碍开始出现的时期。

母亲是孩子人生最初阶段的核心人物。当孩子处于自我认知前期时，母亲在其画中处于第一位。年龄稍小的孩子会将母亲画在第一位，患有发育迟缓、精神退行的年龄稍大的孩子也会如此，他们也是与母亲处在共生关系中的孩子。保护、哺育孩子的母亲被施魔法后会变成与之相匹配的母性动物。若母亲是猫，孩子是鼠，他们之间则处在相互依存，但同时也具有共生关系的矛盾中，因为一方对另一方"喜欢得恨不能一口吞掉"。凶狠、吞食东西的母亲形象会被描绘为女巫。

从绘画对象的大小和空间布局上，我们也能看出母亲与孩子间的联系和依赖。处于共生关系的孩子，尤其是出现意味深长的肚脐绞痛的孩子，他们希望"最好回到妈妈肚子里"，渴望退行到上一成长阶段。在画中被叠画在一起的母子上，这一点也得到了直接体现。

## 案例 4 ○○

七岁的贝尔特拉姆是一名女工的非婚生子，他母亲只有他这一个儿子，在被迫将儿子送到养育院时，她非常舍不得与儿子分离。母亲和贝尔特拉姆保持紧密的联系，一到假期就把他从养育院接到自己身边。贝尔特拉姆胆小、不自信、病弱，常年患有小儿疾病，包括严重的佝偻病、营养失调等。

贝尔特拉姆很适应养育院的生活，对女性保育员们表现出强烈的依赖。养育院中缺少承担类似任务的男性。

这种情况在他的画中也有所体现（见图2-4）。在画里，他画了真实的、没有被施魔法的情景。因为缺少亲身经历，他犹豫不定地问："一个家应该有几个孩子？"最后他决定画四个孩子，其中有一个是"大姐姐"。所有人都画得又高又宽，沿着画纸底边排列，人物线条虚飘，笔触稚嫩。他画的是养育院中的情况，那里的孩子是由年龄较大的女孩或成年女性照顾。左边的小男孩和旁边的女人共生相连，两人被叠画在一起，这一情景符合养育院小龄儿童的情况。因为贝尔特拉姆胆小，负责他这一组孩子的保育员晚上经常需要安抚他，并把他抱到自己的床上睡觉。

图2-4　案例4

相关案例可参考案例71。

孩子在出生的第一年与母亲建立共生关系是心理学意义上的正常行为，但是在第一年的末期，随着孩子身体掌控能力的增加，尤其是运动功能的提高，孩子一步步从亲密的母子关系中脱离出来。如果这个时候母亲愿意放手，并为孩子的成长感到幸福和自豪，那么这个过程就会进行得非常自然。

但是对于独生子，特别是那些很晚才出生的孩子，这个独立的过程就会很困难，尤其是当他们的命运为母亲失去的亲人所累时，例如在父亲或者有兄弟姐妹离开家庭或死亡的情况下，孩子会被迫成为这些亲人的替代品。在出现上述状况的时候，母亲几乎会反射式地让自己最小的孩子（多数是小儿子）睡在自己空出一半的大床上。

　　婴儿在八个月左右时出现的分离焦虑证明了孩子在正常成长过程中与母亲之间自然的喜好关系的存在，这种分离焦虑会随着儿童的成长一点点被克服，但是在有依赖共生症状的孩子与母亲间会持续很久。从患有学校恐惧症的儿童和青少年，或是患有心脏神经官能症的成年人的焦虑情绪与情感依附倾向中，我们也能够看到这种分离焦虑的滞留。在这种情况下会产生神经质的或自我封闭式的共处方式，往往只能通过母子同步治疗来解决。对母亲有情感依赖的孩子仍停滞在自我认知前期与母亲建立的关系中，没有克服俄狄浦斯期的危机。此类儿童的初期症状是睡眠障碍。孩子睡在床上的位置象征性地体现了他与母亲不可分离的共生关系。每晚睡觉时，孩子都会想方设法留在母亲身边，有时还会将父亲赶走，而父亲只是被动地抗议。孩子在父母的大床上睡觉也显示出共生依赖关系中母亲一方的婚姻有问题，并且母亲也没有完全成熟。来自慕尼黑、科隆的病患（总数为200 人）中有 48 个有共生依赖症状的孩子，其中 32 个是独生子女，而在独生子女中有 25 个是男孩；另有 14 个孩子是家中年龄最小的，这些孩子中还有 9 个是在哥哥或姐姐出生后很久才出生的晚生子。其中 8 个孩子患有一种心因性疾病，如哮喘或者溃疡性结肠炎，这些疾病都加剧了共生倾向，也干扰了母亲与孩子的关系，是具有威胁性的疾病。奥地利儿科医生梅丽塔·斯佩林（Melitta Sperling）用"马桶共生"（Klosett-Symbiose）和母子间的"哮喘纽带"（Asthmaband）的概念来描述这种母子关系的怪异程度。这些孩子中只有 2 个是家中的长子 / 女。这 8 个孩子中有 2 个患有结肠炎，他们曾经在很长一段时间里是家中唯一的孩子，在弟弟或妹妹降生后就出现了患病症状。一个男孩患有垂体性侏儒症，他在各个方面都很快被自己的弟弟赶超，一生都是个"小家伙"（参见案例 31）。

　　在一个父子共生依赖的案例中，在已经上了年纪的父亲突然死亡后，母亲与孩子的共生关系替代了之前的父子共生关系，同时孩子出现了支气管哮喘的症状。

**案例 5**

　　八岁的阿希姆两年前因父亲的突然离世患上支气管哮喘，他没有哮喘和其他过敏性疾病的家族史，在父亲离世前一直非常健康。阿希姆是家里最小的孩子，有一个大他八岁的姐姐。男孩与版画家父亲有密切的共生关系。晚上，男孩会黏着父亲直到深夜，他们一起看电视，或者一起工作，父亲为此专门给他做了一块小画板。

正因为如此，在父亲因心脏病突然离世时，阿希姆成为家里第一个发现父亲死亡的人，这也更加让他感到痛苦。办理后事期间，母亲把男孩交给熟人照料，把男孩接回来后，她马上让他睡在大床上父亲的位置。当晚，孩子第一次哮喘发作，之后每次发作都更加严重，很快就发展到只能依赖药物抑制哮喘。母亲没有完全从她丈夫离世的悲伤情绪中走出来。她在丈夫离世后的一年中，每天带着阿希姆去他父亲的墓地探望，风雨无阻，还让孩子带着玩具在他父亲的墓碑旁玩。因为丈夫离世，母亲重拾以前的工作，所以在男孩下午放学后，母亲不得不把他送到一家托管所。在家中，他们母子的关系接替了之前父子间的共生关系。祖父母是孩子的间接哺育者，他们使得计划中的心理治疗手段更加难以实施。孩子恢复的速度缓慢。

图 2-5　案例 5

在 VF 测试中，这个小男孩在整个画面上零散地画了几个不同的物体。中间是一顶黑色礼帽，象征着男孩对父亲逝世的悲痛。不过，他首先画的是一个面包，这证明他最初的口欲没有被满足。树和树枝象征着母亲，是孩子唯一的依靠，也是画里唯一有颜色的物体。除此之外，图上还有一只代表婴儿的大黄蜂和一块代表姐姐的手帕（见图 2-5）。

零散的布局说明这个精神受到打击的孩子在自我认知方面的混乱，父亲的离世让他的世界分崩离析。

○○○

婴儿的慢性吐泻与勒内·施皮茨提出的"情感共同体"有关，其中任何的情绪干扰都会对心身造成影响。根据本内德蒂（Benedetti）的研究，慢性营养不良的婴儿在口欲期对母亲有强烈依赖。这些孩子即便接受了最好的临床治疗发育得也不好。只有当母亲通过心理治疗改变了对孩子的态度，孩子才能克服他们的危机。

在孩子生命早期剥夺对其非常重要的对母亲的情感依赖，会使他们患上情感依赖性抑郁症。

例如，一名有早期品行障碍的青少年从小在福利院中有过很多不愉快的经历。最近一次出走的时候，他竟然只在裤兜里揣了一个安抚奶嘴！这个少年的世界在多大程度上受到口欲期的影响，从下面的例子中就能看出来。

## 案例 6 ○○

14 岁的男生哈拉尔德因品行障碍（盗窃和逃学）被转到教育咨询机构，他因此提前退学。

哈拉尔德是非婚生子，被母亲、舅舅和溺爱他的外祖母养育长大。他一直没有一个固定的、真正的家。这种早期的情感忽视导致了他之后的品行障碍。母亲后来在他 4 岁时结婚，他跟着加入了新家庭，但他很难适应。后来他有了两个妹妹和一个弟弟，但他还是觉得孤独。不过，他的问题直到小学四年级才显现出来，他留了两次级，现在上六年级。他的一个 16 岁的朋友正在缓刑期，在这个朋友的影响下，他共实施了 12 次商店盗窃和 20 次入室盗窃（居民楼、地下室和学校）。他越来越频繁地逃学，非常依赖那个朋友。他与严格、独断的继父从一开始关系就十分紧张。

哈拉尔德是一个体型发育正常的高瘦男孩。当对他进行心理测试时，他表现出了交流障碍。投射测试显示出他有神经性情感抑制和严重的焦虑，特别是对被惩罚的焦虑和愧疚感。他和他周围的世界是对立的，他的智商接近平均水平。

他在画中把全家人都变成了毒蝇伞，画中有父母、三个男孩和三个女孩（见

29

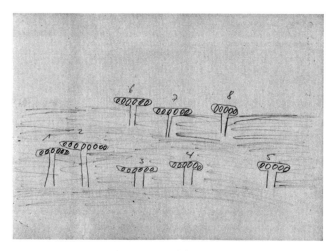

**图 2-6　案例 6**

图 2-6）。父母和三个男孩在画的最下面排成一排，母亲处于第一位，个头较大的父亲高于她。三个女孩位于上一排。哈拉尔德说所有孩子都比他年龄小。他们被施魔法的原因是父亲付不起房租。

他画的是继父的家庭，画中的孩子是实际情况的两倍，从排序上看，女孩们是被贬低的。哈拉尔德只画了毒蝇伞，意味着他觉得整个家庭都是邪恶的，因为他所处的整个环境（他在环境中没有描绘自己）把他完全排斥在外。

这个有品行障碍的男孩的整个口欲世界都被毒害了。对他来说，母亲的位置虽然在左边第一个，但是父亲高于母亲，也就是说，父亲的负面影响更强。

婴儿在降生的最初几个月里，主要经历的是被动的情感关系：在被母乳喂养和奶瓶喂养的时候，婴儿被动地接受食物涌进嘴里。几个月后，婴儿开始长牙，也能更好地掌握运动机能，在口欲期的这个阶段，婴儿表现出更加主动、有攻击性的、渴望占有的愿望。

婴儿专注于他的环境。他"理解""领会"物质客观世界中的逻辑联系，他的物质客观世界超越了母亲的乳房、容貌和形体。他带有目的性的渴望不断增加，这种渴望充斥了孩子出生第一年内的口欲期后半期。

从这个时候开始的"征服世界"的行为体现了儿童最初的核心人格，也就是他的"自我"，这部分的人格在孩子的叛逆行为中表现得更加突出。自我弱化的、还未形成人格的孩子在画中也将自己描绘得更加弱小。

## 肛欲期

第一客体关系基本上是通过口部建立的，但是在口欲期的最后阶段，儿童已有意在开拓其他的领域，这时儿童就进入了肛欲期。至少在我们的文化圈内，肛欲期和儿童大小便习惯的养成，即如厕训练密切相关。

这是儿童经历的第一次社会性危机。如果过早地训练儿童如厕，会使他感到力不从心。人类这种"早产儿"的身体必须先具备从功能解剖学角度看可以完成如厕行为的能力，即中枢神经系统髓鞘成熟，能够保证膀胱和直肠括约肌的反射机制，才能使如厕训练达到预期目的。训练对儿童养成卫生习惯来说很重要，只有在正常的、充满爱的母子关系中，孩子才能不受伤害地完成这种训练。

在学习控制排泄功能的过程中，儿童会有挫败感。在利用教育和榜样示范使儿童对此产生羞耻和厌恶感之前，儿童通过体验膀胱和肠（即弗洛伊德提出的"动欲区"）排空的过程，能得到一种没有约束的性快感。当温热的尿液流到尿布上，或者把自己的粪便抹在尿布上时，孩子会有满足、快乐之感。

克里斯托费尔（Christoffel）曾指出，儿童在遗尿和遗粪时会体验到被动（退行性）及主动（侵略性）的性快感，这种情况被描述为"通过释放大小便来满足性快感的偏好"。扔大便和"高弧度"排尿也算在这种情况中。

母亲对孩子提出正确的如厕要求是从享乐原则到现实原则的重要一步。秩序、洁净、准时、功利社会的原则被早早渗透进家庭教育中，而顺利贯彻这些原则是一个体面家庭的地位象征。

人类学家用原始文明教育儿童的例子来说明，人类早期的如厕训练就是强迫孩子遵守规则，严格抑制他们，而更自由的卫生教育会考虑到儿童的健康成长，促进其宽容性格的形成。然而大城市的共同生活使人怀疑，在现代人的生存空间中能否真正施行这种教育模式，反专制、乌托邦式的教育理想只能在有限的范围内成为现实。如厕习惯的养成一直是一个复杂的过程，和儿童的成熟和成长水平相关，同时也与家庭对社会教育传统的态度相关。若儿童出现身体发育不健全、精神发育迟缓的症状，如心理幼稚症，那么在他养成如厕习惯的过程中，家长不能太过严格。在我们的文化圈中，如厕训练通常都进行得过早。

尿床是家人和社会所能接受的一种儿童发育迟缓的现象。遗尿症患者，即四岁后还在尿床的儿童，是教育咨询机构中最常见的行为障碍者。十个一年级学生中就有一个尿床的孩子。

儿童尿床的原因多种多样，最基本的是器质性原因。

肛欲期的幼儿在培养卫生习惯时会经历第一次强制行为。这样的强制行为代表父性的超我要求，而母爱能使其变得柔和。孩子能在释放便意和必要时憋忍排泄物的过程中体验到成就感，这种成就感缓和了父权专制的教育，让孩子感觉到自我变得越来越强大。

在持续的压力下，幼儿的如厕训练反而不会有成效，在这种情况下，儿童很容易遭受第一次体罚，甚至虐待。目前已经出现过孩子因为尿床被亲生父母殴打致死的案例。

除了简单的儿童发育迟缓问题，家族性精神疾病也可导致尿床，在遗尿症患者家庭中，尿床是遗传性问题，作为"遗传症状"困扰着他们。

## 案例 7 ○○

12岁的莉泽尔一直有尿床的情况，且至今仍未对此采取措施，因为她的父亲直到11岁也还在尿床。她是优等生，极其好胜、固执。她在五个兄弟姐妹中排行第二，她的哥哥在四个月时夭折，她父亲希望有一个男孩代替早夭的儿子。莉泽尔出生后，他的父亲很快克服了失望的情绪，把自己的时间、精力都投入到这个女孩身上，对她另眼看待，溺爱她。莉泽尔的母亲性格软弱，对强势的丈夫百依百顺。莉泽尔嫉妒弟弟妹妹们，尝试像父亲控制母亲一样控制他们。

莉泽尔画了三个人物，这三个人物填满了整张画纸（见图2-7）。位于第一位的母亲是"一个女水妖或一个男水妖"，因为"魔法师想要一个水中生物"。女孩自己是一个小丑，因为"父亲作为魔法师想满足他女儿这个早已蕴藏在心头的愿望"。最后是变成猪的儿子，因为"当父亲发怒时，如果没有什么别的吃的，他就要吃一头猪"。

在这幅画中，莉泽尔象征性地实现了她所有的精神幻想。父亲作为魔法师拥有至高无上的权力，只有很小的孩子才会认为父亲有无限权力。莉泽尔给予父亲的魔力以极大的尊敬，以至于她在画里都没有画她的父亲。父亲是无所不能的，他将女儿尿床的过错推给了母亲，所以母亲变成了亦母亦公的"水中生物"。莉泽尔的性别角色分裂也转移到了母亲身上。父亲实现了她变成男性的愿望，她变形为一个男孩——一个全能的小丑。她是兄弟姐妹中唯一的男性顶梁柱，因为儿子是猪，将被恼怒的、威力无比的父亲吃掉。父亲满足了莉泽尔的愿望，将她从污秽和肮脏的罪恶中解放出来。

图 2-7　案例 7

更多相关案例，可参见案例 29、33、49、59、65、78、79、83、90、93、96、109、124。

○○○

不正常的家庭情况让如厕训练更加困难重重。一个过于专制、追求功利、经常不在家的父亲，一个因此感到不安、负担过重的母亲，是我们这个时代常见的家庭情况，促使一个过了尿床年龄还在尿床的儿童患上继发神经症。

从一开始就不正常的情感关系会一直影响儿童之后的成长阶段。已经停止尿床的孩子会遇到其他危机，如弟弟妹妹的降生、入学与转学等，之前已经消失的症状很容易复发。尿床者的病历显示，尤其是在青春期，所谓的尿床症状表面上会自愈，成为隐藏型的遗尿症，症状会向性格神经症方向发生转变，患者会出现攻击性抑制或品行障碍。

在有尿床问题的儿童的心理画中能找到针对其症状和家庭环境的特有迹象，其中一些在其他心理测试中已经有所表现。恩格勒（Engler）将80份尿床儿童的场景测试结果与相同规模的对照组儿童的测试结果进行对比后发现，在测试中他们更常使用具有退行性特征的玩具，如婴儿娃娃、奶瓶、毛皮和躺椅，厕所是尿床者的首选。选择猪作为玩具证明他们认同自己的持续失败。作为洁净的象征物，用来拍灰尘的藤拍或者盥洗盆也会出现在他们的测试中，象征攻击行为的鳄鱼也常被尿床的儿童选取使用。

一个10岁男孩在画中将所有亲人变成床，这一举动投射了他的症状。

## 案例 8 ○○

10岁的奥托因为尿床被送入教育咨询中心。因为有家族神经症病史，他那胆小、没有安全感的母亲被建议参加一个母亲团体治疗。慢慢地，这个治疗也有效地缓解了奥托尿床的症状。奥托尿床可能是因为其大脑早期受到轻微损伤。他和弟弟之间存在正常的兄弟间的对抗关系。他学习成绩优异。

在结构简单的家庭环境中，家庭成员间的紧张关系，包括殴打孩子的行为，都促成了奥托神经质的行为障碍。

图2-8　案例8

在VF测试中，奥托将所有家庭成员都画成了床（见图2-8）。画中上面一排是家长的大床，下面是两张孩子的小床。他把专制、喜欢责罚孩子的父亲画在第一位，把胆怯、没有安全感的母亲画在了最后一位。

房子的内部空间再次暗示了他对家庭保护的渴望。这四张床指出了他尿床的症状，持续的紧张和失望使他自己的症状成了整个家庭的症状。灰色的阴影将代表疾病的区域和家中的其他空间分隔开来。

他在故事中将画中的"家庭"命名为"兔子家庭"，把自己对尿床的焦虑以及尿床的情况转移到了全家人身上（参见第 5 章关于"象征性动物"的内容）。

在我们的被试（共 1225 人）中，共有 113 个遗尿症患儿和 39 个遗粪症患儿。

一些遗尿症儿童的画中会出现水的象征物，如水神，他们还会把自己贬低为猪、扫帚和便桶，而母亲则会成为痛苦的承担者，或是对尿床症状也负有责任的人（参见案例 2、7）。

### 遗粪症

排泄系统均由"原始泄殖腔"发展而成，所以排泄系统内部存在相互依赖性。在大多数情况下，遗粪症会伴随着遗尿症，而遗尿症很少伴随遗粪症。一个原因是在这一阶段，儿童开始产生羞耻感和厌恶感，他们接受的教育将排便贬低为不净的过程。患有遗粪症的儿童很难承受来自周围人的压力，他会将反抗作为防御手段，例如可能会出现的顽固性便秘的症状。幼儿在遗粪症和顽固性便秘症状之间反复的也不在少数。患顽固性便秘的儿童会出现人格性反抗的行为，如"爱生气"，保留粪便、尿液不排出，或顽固的沉默。有些患儿会固执于自己的症状，并发展出其他的攻击性行为。遗粪症患儿多为男性，他们在之后的成长阶段中表现出明显的品行障碍。在反抗和攻击的表象背后，总是隐藏着儿童因在情感关系中缺乏安全感而产生的焦虑，这常常是源自他们被最亲近的人殴打和惩罚，这些人表现出的抵触会让儿童有被抛弃的感觉。我们曾经见过一个被父母关进猪圈的遗粪症患儿。

尿床的症状比大便失禁更容易被隐藏，会被家人解释成一种病，即膀胱功能不健全，而遗粪症则是对象征家庭体面的洁净习惯的明确挑衅。所以这些孩子更容易成为"无法无天"的、不讲卫生的"坏孩子"。我们曾治疗过两个患遗粪症的儿童，他们是难民的孩子，父亲已经去世。人们称他们为"瘟疫双胞胎"，把他们赶出了学校和村子。这两个孩子就像是卡斯帕尔·豪泽尔[①]，心灵没有归属。两个孩子的画中充斥着无家可归的情绪，他们被人描述为肮脏的，出现了全面沟通障碍的迹象（参见案例49、50、79）。

**攻击性抑制障碍**

除了如厕训练，在出生后第二年，也就是肛欲期阶段，还有一个重要的发育过程，即语言的发展。语言能力是一个人习得的新能力，孩子学习说话的过程能最清晰地体现出遗传与环境的共同作用。

腓特烈二世（Friedrichs des Zweiten）的著名实验已经表明，在这个阶段，成人说话的模样对于处在模仿期的孩子有多重要。

勒内·施皮茨在描述母亲和小婴儿之间"快乐的叽叽喳喳"时指出，学习语言的过程充满强烈的感情。

## 案例 9 ◐ ○ ○

10岁的男孩沃尔夫冈患有遗粪症，在治疗无果后被转入心身医学科。他在幼儿时期正常、顺利地完成了排便的训练，大便失禁的症状是从一年前才明确出现的。

沃尔夫冈在农村长大，他的父亲在农村经营着一家餐馆。沃尔夫冈从小就是一个内心敏感的孩子，而且容易生病，有肥胖症的倾向。他一直很依赖母亲，母亲把自己的焦虑传递给了孩子，因为母亲在生下他之后无法再次生育。

一年前，男孩被父亲餐馆的一名员工引诱，成为同性恋者。他对此感到十分害怕，不敢把情况告诉父母。直到因此出现大便失禁症状，这件事才被公之于众，司法调查也已介入。

---

① 卡斯帕尔·豪泽尔（Kaspar Hauser），19世纪初德国著名的"野孩子"，出身不详，于1828年突然出现在德国纽伦堡街头。——译者注

　　他的画纸是竖着放的，整幅画表现了他的心身发展还滞留在肛欲期（见图 2-9）。男孩只画了三只猫的背面，猫的尾巴高高翘起。母亲被画在左边第一个位置上，因为她在家里和餐馆里都占据主导地位，所以被共生的孩子放在第一位。父亲位于中间，孩子在最右边。

**图 2-9　案例 9**

　　三只猫被涂黑，显示出压抑的基调和男孩的焦虑，这时男孩还没有走出他所经历的创伤。

　　更多相关案例，可参见案例 49、50、79、102 和 105。

○○○

　　早期语言意识的培养对智力的发展至关重要。在肛欲期训练孩子如厕时，对孩子提出的第一个超我要求对其语言习得也有影响。早期的强迫和各方面的抑制也会导致神经性口吃这种特殊的语言障碍。不过，由器质性原因引起的运动功能发育迟缓或由儿童早期脑损伤导致的后果需要借助神经系统检查和脑电图来明确。

口吃的孩子几乎无一例外地表现出普遍的行为障碍，大一些的孩子已经表现出语言障碍者的性格结构。他们往往在专制的家庭环境中承受过大的超我压力，自身无法发展，过早要求他们达成成就也是造成他们口吃的原因。因此，他们的自主性和主动性的自由发展受到阻碍，从而影响了自然的自我强化。

口吃者的特点是试图用神经质的进取心弥补攻击性抑制。这种特点在场景测试中体现为摇摆不定的高塔，在其他投射测试中体现为爆炸和火箭的形象（罗夏墨迹测试和绘画测试，参见案例67）。同时，测试绘画中缺少人的形象，显示出约束倾向和沟通障碍的迹象。从图形来看，孩子们绘画中的线条走向有时可显示出他们焦虑不安的情绪（其他口吃孩子的 VF 测试结果，参见案例48、67、71、97、103 和 118）。

### 缄默症

选择性缄默症是一种被极度抑制的攻击性行为，这种病症与癔症和强迫症相关，可以利用作为治疗手段的木偶剧游戏或心理画甄别。无论是象征沉默的鱼，还是象征大声呼喊的过大的嘴，尤其是全能魔法师的大嘴，这些元素的出现都说明孩子口欲期的发展出现问题。一个患有缄默症的孩子在画纸上只写下了被施魔法的人的名字，以便能够跟他们搭话，而他自己无法开口。

## 案例 10 ○○

7岁的约瑟夫在学校不说话。他听从老师的命令，完成书面作业，但就是不说话。他躲避陌生人，不论大人还是小孩。

约瑟夫的父母在30多岁时因在同一家企业工作相识，结婚五年后生下大他两岁的姐姐伊尔莎，之后母亲便不再工作。

约瑟夫的父母都有过一段艰苦的少年时光。他们寄人篱下，很年轻时就要辛苦工作。母亲年轻时十分腼腆，现在与家庭之外的人交流仍有障碍。父母的婚姻关系不紧张，他们与外界的接触较少。孩子们虽然被逼着劳动和学习，但他们并不反抗。兄弟姐妹之间经常吵架，他们嫉妒心强，都想把母亲据为己有。约瑟夫如今仍喜欢玩娃娃。

约瑟夫在画纸的中间画了一个高大的魔法师，他使劲涂黑并强调了魔法师紧闭的嘴（见图 2-10）。魔法师的右边是一栋没有窗户的房子，房子前有一只狗和一只猫在跑。房子左侧有一个围着篱笆的花园，里面有树。父母在花园里的一个有魔力的圆圈中，没有被施魔法，他们旁边有一棵圣诞树、一件包好的礼物和一只叫"布鲁米"的小熊。

约瑟夫讲述了以下这个故事："我是魔法师，我的名字叫哈奇·布拉奇，我对所有人都施了咒语。我把马丁变成了狗，把伊尔莎变成了猫。然后我施了魔法让房子倒塌。现在我变出了一个大花园和一个大房子。然后我再把它们变回原样，把我自己变回家。"

图 2-10　案例 10

约瑟夫当了一回全能的魔法师，可以对所有人、所有东西施魔法。他变出一栋精心装饰的房子，但房子没有窗户，门没有门把手，看起来就像一座监狱。房子前的男孩女孩被变成了动物，与左上角未被施魔法的父母形成对角冲突。花园、鲜花、树木和礼物体现了孩童的理想世界。魔法师似乎被赋予了改变一切的力量，然而男孩固着在退行的状态，将一切变回原来的样子，并将自己变回家了。

○○○

### 抽动症

抽动症属于攻击性障碍的一种。患儿会不停地做着抽搐的动作，以此抵御强大的超我压力。他们的运动机能性障碍有时类似于口吃儿童的伴随动作。

## 案例 11

10岁的维罗妮卡因严重的眨眼抽搐、做事磨蹭和在家中对兄弟姐妹的嫉妒及攻击行为而被转诊给心理咨询师。她是三姊妹中最小的，两个姐姐已经在家里找到了认可：罗泽帮忙做家务，埃尔弗里德在大学里成绩优异。这一家人的生活并不富裕，父亲是电车检票员，母亲是保洁员。父母有强烈的望女成凤的愿望，但经济能力难以满足，所以在金钱、空闲时间和家庭成员的个人活动方面都要仔细安排。在有两个完美姐姐的环境中，维罗妮卡不自觉地要为自己找一个负面角色，因为正面的角色都被姐姐们抢走了。她的眨眼抽动是对父母不断施加的教育压力的一种防御，磨蹭是对完美主义家庭的抗议。

维罗妮卡的VF测试绘画象征性地代表了家庭的情况（见图2-11）。父亲变成右下角的柜子，母亲是一只坐在柜子上的猫，猫身上的跳蚤是一个5岁的小女孩。高大的魔法师站在中间，用魔杖指挥着一切，身上穿着女孩的衣服。魔法师的上衣布满了睁大的眼睛。

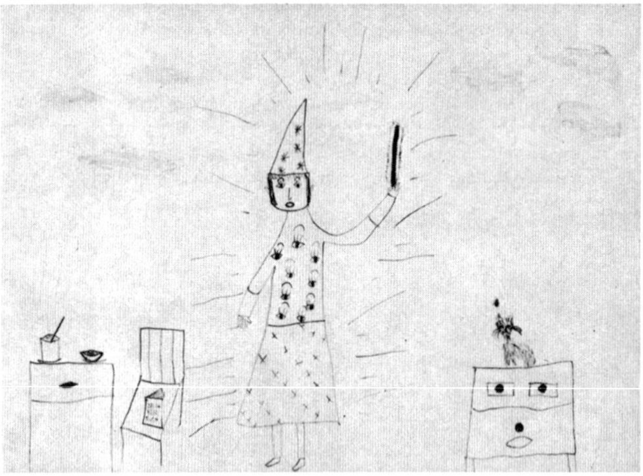

通过这种描绘，维罗妮卡表达了自己对家庭角色的认识，还象征性地满足了自己的愿望。作为猫的跳蚤，她体现了与母亲之间矛盾的共生关系，她没有画她的姐姐，把她们排除在画外。她是双重身份，穿着女孩衣服的魔法师也是她，这样她终于可以指挥全家人了。衣服上众多圆睁的眼睛指出她的症状。

图2-11　案例11

### 生殖器期

生殖器期的孩子受俄狄浦斯情结的影响，会将父母作为自己的性投射对象，渴望与父母中的异性一方建立更强烈的情感关系。在弗洛伊德所说的性欲早期发展高峰期，儿童体现性好奇心的行为会逐渐增多，如显露生殖器或者医生扮演游戏。这些行为有助于儿童认识自己的身体。父母如果对这些行为表现得过分严苛，如严格禁止这些行为，会造成儿童心理上的异常发展，特别是性行为心理的异常发展。

## 案例 12 ○○

7 岁零 3 个月的特奥是一年级的小学生，注意力不集中，害怕被人冷落，最近患有入睡困难症。他是一对年轻职员的独生子。由于工作原因，一家人经常搬家。

父亲经常出差，母亲每天外出工作半天。父母都急于把孩子培养成佼佼者。他们会从画报上寻找教育建议，尤其是性教育方面的建议，因为母亲在这方面比较保守，所以她对孩子的性教育感到无能为力，经常因为男孩的提问陷入窘境。母亲劳累过度，容易情绪爆发。她在育儿过程中经常感到不安，但又对此充满期待。特奥因频繁的搬家而苦不堪言，尤其是最近的一次，他们从偏僻地区搬到大城市，这样的改变让他失去了心理平衡。因为他的房间还没布置好，所以他不得不在父母的卧室睡觉。大概是从那时起，他开始难以入睡，越来越焦虑。

在 VF 测试中，特奥在左边第一个位置画了一个体型超大的妈妈，妈妈身上"全是小螃蟹"。中间偏上的位置是魔法师，魔法师右边是 13 岁的花朵"弗兰齐"。在画的最下面，魔法师的下方是变成螃蟹的爸爸（见图 2–12）。

与母亲有共生关系的特奥把母亲的形象画得很大，画得很仔细，突出了母亲的重要性，而把父亲画成一个小动物，让其处在最后的位置，即在画纸底部，这是一种俄狄浦斯冲突式的贬低。特奥将孩子描绘成一朵花，花在离母亲最远的位置上，表达了自己的无力感。他通过变成 13 岁的"弗兰齐"，让自己变老，来达到安慰自己的目的。但是花儿不能动，花儿不能阻止父母交媾，不能阻止"妈妈身上全是小螃蟹"的情况发生。

图 2–12　案例 12

母亲在性启蒙教育方面的笨拙，加上最后一次搬家后在父母卧室观察到的景象，使这个男孩感到了深深的困扰，而且他正处于俄狄浦斯期。他用隐喻的方式描绘了让他不安的冲突，选择了带有口欲－生殖器－攻击性的动物螃蟹，让它们占有母亲，它们也随之成为男孩的小竞争者，而他作为一朵花无力改变这样的现实。整幅画象征着他内心的焦虑。

○○○

小女孩想嫁给父亲，小男孩努力想睡在母亲的床上，想亲近母亲的身体，这些都是符合年龄的、寻求满足的本能需求。

及早开始并不间断进行的爱的教育，即适龄的性启蒙教育是防止精神压抑最有效的保护措施，有助于儿童的人格正常发展。

每个家庭中都或多或少存在的兄弟姐妹间的竞争，也往往是在俄狄浦斯期冲突的基础上上演的。

儿童在 VF 测试中的身份选择同样受俄狄浦斯情结规律的影响，这个规律能更好地解释儿童的心身与行为障碍。父母的行为将成为"症状家族史"，会被孩子接纳或者拒绝。在有精神分裂史和其他明显不正常环境的家庭中长大的孩子，他们经历过的攻击行为可能在他们这个年龄阶段已经触发了"攻击者认同"的防御机制。

根据以色列儿童认知导向的研究，特别是对以色列集体农庄（基布兹公社）

儿童之家的观察表明，尽管那里的家庭结构不同，但孩子的俄狄浦斯情结依然存在，这意味着俄狄浦斯情结并不是我们文化中特有的现象。这一点在对原始族群开展的人类学研究中也得到了证实。

对儿童早期性意识的宽容会延长和加深儿童对父母的俄狄浦斯情结，俄狄浦斯冲突导致的最突出的症状是阉割焦虑和阳具嫉妒，禁止儿童自慰也会让他们产生以上这些症状。在那些因手术而导致身体完整性被破坏的儿童身上，我们也能看到阉割焦虑的持续影响。

所有与手术相关的心理创伤都可能是阉割焦虑。承受阉割创伤的孩子在游戏和绘画中会表达他们对断肢的幻想。阉割焦虑也包括遭受虐待的儿童所经历的创伤（参见案例 51）。

这个阶段的幼儿如果不能克服俄狄浦斯情结带来的问题，会产生退行性的、神经质的防御行为，其中包括癔症转换性症状和心身疾病等。其中许多病症，如呕吐、脐绞痛、哮喘、心绞痛等，从外在表现上就已经具有癔症的特点。

根据德谢纳（Dechenes）对儿童精神病症的研究，女孩更多的是患退行性心身疾病，而男孩更容易与权威发生冲突，并出现社会行为障碍。独生子女在核心家庭中要更直接地处理与父母的这些冲突，所以他们尤其容易形成这些症状，将其作为针对冲突的防御机制。

在这个阶段，儿童在叛逆行为中体验到自我肯定，同时在成人不宽容的情况下，儿童的俄狄浦斯情结引发的冲突会进一步升级。儿童在叛逆阶段的高峰期（大约四岁左右）出现语言障碍的情况也不少见，如果一开始仅仅把这种语言障碍看作叛逆期的一种过渡性生理反应，不给予充分的重视，那么在专制的教育模式下，儿童会固着在这一阶段，形成神经性口吃。

进入幼儿园使儿童有机会将俄狄浦斯情结投射在同样具备养育者功能的其他人身上，消解已经从精神上开始形成固定模式的亲子关系。这是儿童接受集体教育的一个重要作用，特别是在当今这个在家庭生活中普遍缺失父亲角色的社会中。增加幼儿园中的男性教师有助于这一过程的发展。

## 潜伏期

接下来的儿童人格发展阶段包括学龄初期。克服了俄狄浦斯期冲突的儿童学会了认同父母所做的表率。相关儿童行为分析研究证实，在这个时期，之前的俄狄浦斯危机虽然会退居幕后，但性这个问题并不会完全消失，并将在接近青春期时，即在下一个成熟阶段再次成为核心问题。

孩子把对父亲的认同转移到学校的老师身上，在这个过程中，孩子愈加渴望学习新事物，为以后在选择的生活领域进行创造性活动奠定重要的基础。在过去，父亲的手工劳动曾经是儿童学习的对象，现在已经被其他活动取代。如今对孩子来说，忙于工作的父亲是"隐形"的，他可能会是一位只在周末出现的父亲，这使得孩子很难从父亲那里学习到社会经验。因此，社会对母亲角色提出了越来越多的要求，包括但不限于监督孩子完成学校的任务，这会导致母亲角色的混乱，而不能真正促进作为母亲的女性得以解放。除此之外，这些情况还会导致家族性精神障碍。

## 学生时期

在潜伏期的开始，作为功利社会代表的父亲是隐形的，儿童生存空间的核心是学校及与学校相关的问题。

当潜伏期接近尾声时，青少年开始向青春期过渡，这个过渡过程充满危机，特别是当孩子的成熟速度加快，已经处于前青春期阶段时，不过我们还是应将青春期当作一个完整的阶段来看。一些家长因自己童年时在学校经历的冲突而更加渴望荣誉，他们会决定让自己的孩子提前入学。然而，在班级中学生人数多、成绩压力大的情况下，孩子很难实现社会性的成熟。

VF 测试能反映儿童及其家庭的社会心理状况，可以用来解读学校冲突问题。如果孩子还停留在自我认知前期或处于共生的母体关系中，他甚至可能将自己画在第一位，如期入学对这种还处于幼儿退行性情感关系中的孩子来说是一个过高的要求。如果孩子还没有对学校生活做好心理准备，那么他就会出现口吃、选择性缄默症、尿床、睡眠障碍等症状。

除此之外还包括很多学龄期的心身疾病，例如与学校相关的呕吐、腹痛、头痛、哮喘等症状，这些功能器官紊乱与作为诱因的各种学校冲突相关联，而学校则是儿童需要取得学业成绩的地方。在我们的患者中，患有学校恐惧症的孩子极多，且人数似乎有增加的趋势。

这些疾病与智力高低没有关系，很多患病的孩子智商都很高。

如果怕上学、不想上学已经成为一种病，那么为了治疗就需要认真做出诊断。

克莱恩（Clyne）曾写过一本专著，研究在学校出现的疾病与逃学行为，其他英美国家的研究人员，尤其是美国的巴克斯鲍姆（Buxbaum）等人也证实了这些学校问题的严重性。

我们首先要弄清楚是哪方参与导致了这些问题，是家长、教师还是学校这一机构。虽然家长方面主要影响的是孩子的情感，有时教师也是如此，但学校作为一个机构，则主要是对孩子提出学习成绩上的要求，虽然这种要求也是通过教师与家长来实现的。专制地要求学习成绩会阻碍孩子智力天赋的发展。

在学校恐惧症中，孩子最害怕的并不是学校，而是去上学会与母亲分离。在大多数情况下，可以确定患有学校恐惧症的孩子与他们的母亲有共生关系，只有极少数孩子会仅仅因为在学校遭受了直接的创伤而造成学业失败。若孩子在校被虐待，原生家庭的错误行为也往往会在不知不觉中发挥诱导作用，使孩子在班级群体中扮演挑衅的"异类"角色（参见案例 51）。

克莱恩指出，在患有学校恐惧症的孩子的画中经常缺少有生命的物体。一些案例确实证明了这一点（参见案例 113）。在另一些例子中，一些与学习相关的物品，例如书包、打字机等，则成为来自孩子学业失败的"犯罪现场"的证明。除此之外，家庭内部关系的破坏被证实是孩子学业失败的情感基础。

## 案例 13 ○○

因康拉德患有学校恐惧症，所以他的父母求助于青少年教育咨询中心。这个男孩学习成绩优异，小学时他的成绩一直在班上名列前茅，但是在学校的表现很差。高中时父母尝试将他送到寄宿学校，他曾在冬天夜晚的大雾中，怀着巨大的恐惧，独自一人绝望地走了 30 千米的路返回家中。此后他的母亲每天用车接送他上下学。

康拉德有一个比他大五岁的哥哥，母亲怀孕和生产康拉德的过程很正常。他五岁时，商人父亲去中美洲做生意，一家人住在偏僻的农场里，孩子主要由一个年轻的当地女孩照料。康拉德从小就是一个安静的孩子。回到家乡后，一家人一直住在偏僻的森林中的一栋房子里，这样过了许多年。

在 VF 测试中，康拉德画了自己的家人（见图 2-13）：先是左边的哥哥，他是一只抓着横杆摇晃的猴子，旁边的父亲是一条狗，父亲下面的母亲是一条鱼，最后右上方的自己是一个书包。

这幅画的构图展示了他对哥哥的矛盾感情，他们两人一个被画在第一位，另一个被画在最后一位。康拉德觉得自己什么都不如哥哥，他试图以猴子的形象来贬低哥哥，同时又尊重哥哥年长于自己的地位。他父母的身体也都朝向哥哥。自我弱化的康拉德将自己画在最后一位，前三人变为动物，而他是唯一无生命的物体。书包指出了他特殊的冲突点。

**图 2-13　案例 13**

## 案例 14 ○○

10 岁的爱德华在学校成绩不好，他干扰教学并在课堂上做出滑稽行为，因此他的父母求助于青少年教育咨询中心。爱德华有三个哥哥姐姐，他的父亲是位十分忙碌的医生，母亲有抑郁症，并有自杀倾向。在抑郁症发作时，孩子对她来说就变得无关紧要。她早有意离开丈夫和孩子。爱德华幼儿阶段的发展是正常的，在正常年龄顺利地解决了大小便的问题，但上学后尿床的情况开始反复。因为搬家频繁，他错过了上幼儿园的年龄。后来他不情愿地去上小学，在二年级时就经常干扰课堂，以此引起大家的注意。当问题更加严重时，他进行了第一次心理检查，并得到了治疗建议，然而治疗却无法进行。读了五年小学后，他和他的哥哥姐姐一样上了文理中学。在这里，学校对学生的要求越来越高，他则继续调皮捣蛋。

汉堡韦氏儿童智力测试（HAWIK）显示他的智商是 114。其实他的父母在教育所有孩子时都遇到了困难，在他们看来教育大儿子也需要咨询中心的建议，这个儿子患有脑部损伤引起的精神机能性焦虑。造成家族神经症性解离的原因一方面可以解释为父亲是工作狂，他本人对孩子没有表现出什么兴趣，另一方面也可以解释为母亲抑郁情绪的影响，她以前是成功的医生，从一开始就不满于家庭主妇和母亲的角色。

在 VF 测试中，爱德华先是在左下方画出强大的父亲——一头头朝左大步向前的大象（见图 2-14）。大象上面画的是排在第二位的母亲，她是一只目视前方的兔子，母亲旁边是变成火柴人的长兄和变成书本的长姐，然后位置靠下很多的是变成窗户的二姐，接着是跟在哥哥姐姐后的爱德华自己，他位于最后，与哥哥姐姐和母亲同高，是一台比哥哥姐姐大了不少的打字机。他说这是一台古老的打字机，在仓库里放了多年，已经不能使用。此外，在他讲述的故事中，他是紧随着父亲被施了魔法的。最后他在中间画了一个电灯开关，代表一只名叫"本格尔"的狗。

爱德华画的是自己的家庭。他按照父权顺序，将父亲——一头好脾气的、强壮的大象，画在了第一位，他对自己家的父权制结构没有任何质疑。大象不关心

图 2-14　案例 14

其他人，只向左边前进，走出画面，把一切都抛在后面。

接着是画中的母亲——一只兔子，突出了母亲的抑郁症在家庭中传播的焦虑不安。在爱德华的讲述和愿望中，他才是紧挨着父亲的。而在画中，他与父亲的位置呈现出对角线的张力。

安排在父母身后第三位的是他的长兄，长兄退化成火柴人，暗示他脑部精神机能性焦虑的症状。长兄后是两个作为无生命物体的姐姐，一本书和一扇窗户。这些被画得很小的物件的选择和安排，体现了家庭中解离的心理状态，即家中的每个人都是孤立的。

爱德华是家庭成员中最后一位被画出的，是一台古老的打字机。打字机被画得很大，这代表了他正在面对学业问题：他自己就如同一台已经没有用处的打字机。

最后，他在画面中心画了这只名叫本格尔的狗，它是灯的开关，被画成了插座。最近这只狗为爱德华提供了心理安慰。可能他也认为自己有多重身份，同时认同自己为本格尔这只狗，寻找与他人的联系和接触，通过调皮捣蛋争取存在感。

在这样的"解离家庭"中，孩子就算有很好的智力天赋，想要达到规定的成绩水平依然会困难重重。"在仓库放了很久、已经无法使用的古老打字机"需要治疗，方法是"购置新打字机"。这个例子也说明，向父母详细解释孩子的 VF 测试画，并提示他们负起相应责任是十分重要的。

当易患学校恐惧症的儿童长期处于来自强势一方对于学习成绩要求的压力下，他的学校恐惧症可能还会伴随口吃和选择性缄默症等。有共生关系的儿童的学校恐惧症是神经性焦虑症的一种特殊形式（参见案例 41、68、75、77、97、98、99、113）。

### 儿童的焦虑

儿童都会有焦虑心理，从幼儿的分离焦虑，到对母亲产生最初的情感失望，焦虑心理贯穿在儿童的整个社会心理发展过程中，只是程度有所不同。焦虑可以表现为各种形式的睡眠障碍，从伴随着分离焦虑的入睡困难，到伴随着噩梦中恐慌叫喊的夜惊。

许多心身反应，如心脏病、支气管哮喘、结肠炎，都与焦虑有关。除此之外，焦虑还可以表现为精神机能性的不安状态和攻击行为。在许多尿床的孩子身上能明显看出不安状态和攻击行为在交替出现，有遗粪症状的孩子更加明显。

我们从心理画的形式、其中描绘和描述的对象以及象征物中都能寻到焦虑的踪迹。过小的图像、在画纸边缘的图像、显得不确定的线条等特征都指向孩子的焦虑。补偿性的过大的图像同样体现了孩子的焦虑，如同精神病患者在画纸中渴望用元素将空白填满，过大的图像也可掩盖孩子"恐惧空白"的心理。因为焦虑情绪，自我弱化的孩子会把自己画得很小或画在最后的位置，又或者干脆忘了画自己。

## 案例 15 ○○

10 岁的男孩赫尔穆特在父母磕磕绊绊的婚姻中长大，是家中的独子。父亲是一名死板、有强迫症的公务员，不停地唠叨妻子和儿子的行为。他患胃溃疡多年，所以家人都得迁就赫尔穆特的饮食习惯。他不断地把自己对身体健康的过度担心转移到赫尔穆特身上，担忧他的健康。赫尔穆特的慢性支气管炎反复发作，最近又出现了哮喘的症状。无助绝望的母亲在丈夫无情、自私的父权控制下隐忍地生活。由于现实的经济原因，她多次试图离婚未果。

赫尔穆特在这个长期争吵不休的无爱之家中成长。他还没有结束漫长的叛逆期，期间会猛烈地爆发出愤怒的情绪。同时他有强烈的焦虑情绪，尤其是焦虑与母亲分离，并且他还患有入睡困难。

在 VF 测试中，男孩先是在一棵树旁画了魔法师，然后是云彩和闪电，之后才描绘了一家人：先是母亲变成了一块石头，有不清晰的人形，然后是在母亲左边的男孩自己，是一棵带着树枝的小树，最后在母亲的另一边是父亲，一口吊桶井（见图2-15）。

**图 2-15　案例 15**

画中的场景并不丰富，小图像位于画纸的下边缘，而上边缘的"雷电"则象征着家庭的争吵环境，点出了家庭生活中情感的缺失。只有在画中排在第二位的男孩还有生命力，他用稀疏的树枝表现了他的成长趋势。母亲对于他来说是排在第一位的，且一直是这个小家庭的中心，但她的生命力只剩下模糊的外形：多年来，在长期不正常的家庭环境的影响下，她已经变成了石头。每个人都依附于父亲这口提供水源的井，但井也是危险的，即人有可能掉进这口深不可测的井中。父亲被男孩贬低性地排在最后一位，离男孩最远，男孩受母亲保护。

这家人是因为吝啬被施了魔法。强迫症的父亲十分小气，一直控制着家庭的支出，这让母子俩饱受折磨。他是家庭中的"批评机器"。

更多相关案例，可参见案例18、24、47、50、59、74、75、76、80、90、92、94、97、98、99、100、101、109、110。

○○○

将绘画对象涂得非常黑，与带有攻击性的绘画元素一样，都体现了男孩克服焦虑的过程。

一个胆小、极度依赖母亲的男孩也在其绘画中采用了涂黑的绘画方式，描绘出他长年忍受着患有精神分裂症父亲的攻击性行为，此外还有医院和手术带来的心理创伤。

## 案例 16

六岁的理查德患有严重的焦虑症，因为他经历了住院、肠穿孔手术带来的心理创伤，以及与母亲分离的焦虑，但从根本上来说，他其实是受到了有精神分裂症患者的家庭环境的强烈干扰。长期患有精神分裂症的父亲多年来一直困扰着母亲和她唯一的孩子，到晚上，父亲的情况更加糟糕。母亲38岁才结婚，与孩子之间存在紧密的共生关系，特别是在从医生那里听说自己无法再度生育的消息之后。

这个男孩从很小的时候就在母亲的影响下产生了焦虑情绪，他直到五岁才停止尿床。他在其他孩子那里得不到认可，经常被欺负，推迟了一年才去上学。

在 VF 测试中，他首先在左边画了一个简单的房子代表母亲，然后画了一棵树代表父亲，在第三个位置上，他画了一个变成猫的孩子，最后画上了魔法师（见图 2-16）。景物的稀疏代表孩子情感发育落后，也强调了他情感发育的曲折。

图 2-16　案例 16

对这个处于母子共生关系中的孩子来说，母亲是处于第一位的。房子对这个小男孩来说代表了他对安全感的渴望，因为他在家庭中经历过患有精神分裂症的父亲突然发病，因此缺少安全感。像锯子一样带有威胁性的树立在母亲和孩子中间，体现了父亲的暴力，父亲处于家庭的中心位置。

更多相关案例，可参见案例 21、24、50、78、93、101、111、118、119。

○○○

一个年龄稍大的男孩把他的家人描绘成鳄鱼，表现了与他的溃疡性结肠炎及其治疗相关的攻击性行为。

## 案例 17 ○○

13 岁的霍尔格因溃疡性结肠炎伴有肝炎综合征，从另一家儿童医院转诊来做心理检查。两年前霍尔格患上这些病，很快就因为肝脏损伤而体力不支。霍尔格和两个弟弟在农村中长大。他敏感、胆小的父亲从事手工业，是自由职业者。父亲和三个儿子被超重的、有过度保护欲的母亲所控制，大儿子在病中尤其感到被母亲所摆布，他处在一种"马桶共生体"类型的关系中，完全依赖于母亲。医生建议霍尔格每天进行灌肠，母亲则自己在家接管了这件事。霍尔格的心理医生叫停灌肠治疗后，他的肠道才停止出血。自从患病以来，霍尔格的身体发育明显滞后，不过智力发展得不错。他具有抑郁状态表现，基本行为消极，还有攻击性抑制的迹象，这在测试绘画中表现得尤为明显。他此前即使在青春期也没有表现出对父母的反抗。

图 2-17　案例 17

在第一次 VF 测试中，这个 13 岁的男孩把全部五个家庭成员都画成了鳄鱼，其中大而强壮的父亲被画在第一位，父亲下方是母亲（见图 2-17）。他把自己画在其他人之上，排在最后一位被画出，和一个兄弟朝着相反的方向。

在选择动物时，他把溃疡性结肠炎患者特有的自我破坏性攻击行为转移到了家庭中，这种攻击行为与自我攻击的免疫过程并行。因为父母性格对立，他在家经常能听见他们争吵。同时，他把家人都画成同一种动物，说明他拥护家庭团结，这种家庭团结的安全感对长期患病的孩子来说不可或缺。

在之后的测试中，随着男孩逐渐康复，测试中的画面又呈现出正常的状态，家庭中代表每个人的动物都不一样了。父亲还是在第一位，是一头呼呼喘息的牛，母亲是一只乌龟，男孩自己是一只善良的腊肠狗，他还是排在最后一位。

关于鳄鱼的形象，参见第 5 章"象征性动物"一节。

作为焦虑象征的兔子也会出现在画纸上。家人都被恐惧笼罩，不是孩子害怕，就是母亲害怕。兔子的角色被分配给患儿，但全家可能都会成为兔子，或者因为绘画者嫉妒的心理，他会将一个兄弟姐妹贬低成兔子的形象。

## 案例 18

八岁的安德烈娅因为焦虑症被送到教育咨询中心。她在五个孩子中排行第二，家中其他孩子都是男孩。她的父母都是知识分子，两人关系一直很紧张。这个大家庭生活拮据。父亲专制地控制着妻子和孩子，母亲以受虐的方式依附她的丈夫。渐渐地，所有的孩子都被送到了咨询中心，因为他们都出现了神经症的症状。

安德烈娅画的图形较大，分散铺满整张画纸（见图 2-18）。排在第一位的是父亲，他是一只大鳄鱼，半张着满是牙齿的嘴，纸张的左边缘将鳄鱼从中间截断。第二位是中间靠上的一个六岁女孩，她是一只目视前方的兔子。她下面是一个也在目视前方的八岁男孩，男孩被画成一只熊。排在最右边的第四位的鸭子是一个三岁的小女孩。排在左下方的是母亲，一条精心装扮的鱼，位于鳄鱼父亲下，像鳄鱼一样是侧面像，身体冲着孩子们。

在皮格姆测试中，安德烈娅解释说鳄鱼对她来说是"可怕的动物"，但泰迪熊是可爱的动物。关于这幅画她讲述了一个复杂的长故事，故事反映了她的家庭

图 2-18　案例 18

氛围。

在这个被施了魔法的家庭中，安德烈娅感受到的是父母的冷漠和危险，自己和兄弟姐妹们则无助、恐惧，充满友爱。父亲作为不受欢迎的鳄鱼，被纸张边缘截断，对于这个敏感的女孩来说，父亲应该是一个特殊的问题。母亲是她的效仿对象，她同时将自己认同于父亲的攻击者角色。安德烈娅把母亲画得最美，但位置在父亲之下，排在最后一名，而且是一条"冰冷"的鱼，从中可看出她对母亲的矛盾感情。

作为一只焦虑的兔子，安德烈娅与母亲处于对角线的紧张关系中，她自身也处于父母与其他子女的冲突之中。

参见第5章"象征性动物"一节中关于兔子的内容。

○○○

通过对母子共生的细微观察，可以看到母亲如何被孩子当作抵抗恐惧的对象，母亲心甘情愿地充当这个角色，测试绘画中母子双方的位置和被分配的形象体现了这一点。

母子同时接受治疗的手段被用于治疗孩子的学校恐惧症或母子共生关系，解决母子之间的神经质依赖问题，为孩子提供自我强化和独立的可能性，从而解决他们各方面表现不佳的问题，其中也包括在学校的表现。然而，往往只有在成人不再逼迫孩子去满足学校的要求和义务后，并经过一段较长的过渡期，上述的治疗方式才会奏效。这就像面对孩子在学校和学习上的不佳表现，需要有关各方的密切配合和理解。

### 儿童与兄弟姐妹

对于独生子或没有幼儿园经历的儿童，存在于兄弟姊妹间的问题如果没有出现在他们的早期经验中，那么就会以在同学群体中的冲突形式出现，这些孩子要在群体中获得认可会更加困难。

人是社会性动物，兄弟姐妹会对人的成长产生影响。阿尔弗雷德·阿德勒对兄弟姐妹间的关系进行了基础性的研究，他指出兄弟姐妹的重要性及其对婴幼儿成熟和成长发展的正面和负面影响。最受欢迎的孩子和总受欺负的孩子是兄弟姐妹或同伴圈中的极端角色，这些角色的特征也反映在 VF 测试的画中。

不成熟的、以自我为中心的儿童，尤其是那些还处于幼儿自我认知前期的儿童会在画中放大自己的价值，神经症患者身上的这一特点往往会一直延续。同样，图像大小、空间排列（如中心位置）、用笔力度、绘画对象的选择（如动物的选择），可能有助于我们认识孩子自身的地位。这里还要提一下受欢迎的孩子或有癔症性格特征的孩子，后者在女孩角色里最常选择的是公主，场景测试中也可以观察到这一现象。

## 案例 19 ○○

九岁的桑德拉在近东地区长大，她的母亲是德国人。桑德拉有一个在德国出生的同母异父的哥哥，他们跟这个哥哥的父亲已经没有任何联系，此外，她还有一个亲弟弟。他们的父亲是这个国家某大城市一名成功的商人。

小桑德拉从小就被父母宠爱和娇惯。母亲自己有癔症症状，众多功能器官都有出现问题的趋势，因为好胜心强，她把自己未实现的理想强加到女儿身上。她把女儿送去学芭蕾舞，并在女儿的舞蹈表演中体会到了自恋式的满足。随着前青春期阶段的到来，教育女孩开始变得困难重重。桑德拉的哥哥在异国他乡长大，曾经历过巨大的生活冲突，以矛盾的心情批判地关注着妹妹的成长。

在稍高于画纸底边的位置，桑德拉将绘画对象排成一排（见图 2-19）：先是左边的魔法师，然后是变成椅子的父亲，接着是在所有人中处于中心位置的她自

图 2-19　案例 19

己，她是一位公主，紧挨在右边的母亲是一个插着花的花瓶。然后是哥哥——装着鸡蛋的篮子，最后是变成鸟的弟弟。

因为有恋父情结，她把变成椅子的父亲放在第一位，这也符合她所在国家的父权制家庭传统，椅子上是空的。挨着父亲的女孩作为公主渴望着中心的位置，她体现出癔症的性格特征。在公主旁边，母亲的形象重复着公主的角色，自恋地当起了花瓶。然后是被贬低的兄弟俩，哥哥是装着鸡蛋的篮子，弟弟是一只小鸟。值得注意的是，女孩在解释画的时候两次口误，先说了弟弟的名字。她和弟弟有同样的血统，弟弟作为玩伴和她的距离更近。

○○○

性格不强大、焦虑不安、抑郁拘谨的孩子画自己的时候会下笔很轻，把自己画得很小或是画在纸边缘的位置，把自己画成老鼠、蜗牛、刺猬、虫子、小鸟，或者干脆忘了画自己。这些动物都是在皮格姆测试中受到鄙视的动物，孩子或是被动选择，或是主动认同自己是这些动物，并配有相应的评论解释，如"因为这样你就看不到我""因为这样你就不能对我做什么""因为这样你就不会打扰我了"。

## 案例 20 ○○

克里斯托夫的家人多年来一直生活在焦虑和紧张的状态中，他的父亲酗酒，是一名个体工匠。大父亲 13 岁的母亲主宰着父亲和整个家庭，争吵、流泪、责备和经济拮据的情况充斥着日常生活。父亲不愿意接受治疗。12 岁的男孩克里斯托夫从青春期开始就一直经历学业失败。他嫉妒父亲最宠爱的妹妹。

他先用肯定的笔触画出左上角变成一朵花的妹妹，第四个被画出的对象镰刀正威胁着她的生命（见图 2-20）。在妹妹下面，他把父亲画成拟人化、有手臂的蛇。蛇看向被排在最后一个被画出的小黑刺猬，小黑刺猬是儿子。中间一只头戴王冠的大鸟是母亲，她翼下有徽章，尾巴有力，张着的嘴中有许多牙齿。鸟的爪子绑在一块涂黑的石头上，眼睛看向花朵。画在最后一位的是最右边的魔法师，他面对着这一家人。

克里斯托夫在叙述中说道："女孩被施了魔法，变成一朵被镰刀威胁的花。父子俩变成刺猬和蛇，在打架。母亲是一只极美的鸟，但她的爪子被石头固定住，所以她不能飞走。如果一个月后他们都还活着，魔法师就会解除他们身上的魔法。"

**图 2-20　案例 20**

他的绘画和故事展示了家庭中焦虑的、易产生争吵的紧张氛围。他的"攻击者认同"首先表现在对妹妹的描绘上。克里斯托夫因俄狄浦斯情结，与父亲处于冲突关系中，这种冲突在青春期苏醒，充满了焦虑和侵略性，在蛇与刺猬的斗争场景中表现得淋漓尽致。男孩在画纸的第四个位置，用非常小的、涂黑的刺猬来强调他对自己消极的评价。他预期被给予过高评价的母亲会在无意识下逃跑，而他画的石头象征性地阻止了母亲的这一举动。

○○○

焦虑的儿童有时也倾向于用超大的图像、幼儿式的对全能的幻想或是认同魔法师的方式来平衡自己的情绪（参见案例 86），他们在绘画中用力的、攻击性的涂黑方式也起到了同样的作用。

## 案例21 ○○

10岁的汉诺经历了一场无个人过失的车祸，在这场车祸中，他受了致命伤，不得不通过手术切除破裂的脾脏。事故发生几周后，他画出了事故现场，画中一辆警用巡逻车在路边用机关枪"消灭"了肇事者。

在事故发生之前，汉诺一直和一个年龄稍大一些的哥哥一起成长，他被焦虑的母亲过度保护着。现在母子之间的共生关系逐渐变得极端，她不断地将车祸后愈加严重的紧张、激动情绪转移到孩子身上。汉诺患上了焦虑症，害怕上街，夜里会在梦中惊叫。同时，他在家里和学校都开始表现出攻击性。因为这些持续的神经症，他被转去接受心理治疗。

**图2-21 案例21**

汉诺在左半边纸的底边画出了自己的家庭成员，并将他们都涂黑（见图2-21）。最左边的第一个形象刺猬是哥哥，旁边的腊肠犬是男孩自己（在皮格姆测试中腊肠犬是正面的角色）。然后是高高站立的父亲，他变成了一头熊，最后是最右边的唯一朝向前方的母亲，她是一只章鱼，最外侧的触手向右伸去，"为了给自己抓一条鱼"。

涂黑和画阴影的绘画方式表明了汉诺的焦虑和攻击性。汉诺首先认为自己是一只腊肠犬，但他也可能认为自己有双重身份，是排在第一位的、画在最外面的刺猬，离母亲最远，从而表现出它的防御姿态。与他共生的、作为吞食者的母亲有缠绕在一起的触手，她被看作危险的章鱼。母亲抓的那条鱼就如同男孩的命运。孩子们在直立的父亲身后躲避母亲的攻击。母亲目视前方，处于底部边缘的中心位置，具有核心意义。被涂得很黑的父亲站在母亲和孩子中间，成为处在家庭神经症冲突中的人物。

在我们的社会中，攻击行为具有性别差异。在与我们同属一个文化圈的国家中，因行为失常而被送到咨询中心的儿童和青少年中有 2/3 是男孩，1/3 是女孩。究其原因，男孩会更迫切地想释放和满足其运动机能的需求，这种带有性别差异的人格发展在婴儿时期就已经显现出来。之后，他们很快就会因为家庭荣誉，特别是父亲的鼓励而继续这种趋势。这使儿童不可避免地与社会发生冲突，因为社会追求的是适应和成就，会对他们形成约束。

在欧洲文化圈中，鳄鱼是一种攻击性的象征，这在我们自己早先对患哮喘的儿童以及精神分裂症患者家庭中的儿童的调查中得到了证实。在现有的病例中，男孩画鳄鱼的频率是女孩的四倍（参见第 5 章）。

男孩比女孩更容易在运动机能方面出现问题，而女孩的问题则是更容易倒退至生理方面，即产生心身方面的问题。德谢纳的相关研究结果为我们的研究提供了特别的帮助，因为我们的研究来自同一个咨询中心，研究样本也大致相同。除了独生子女、晚生子会承受家人的溺爱负担外，德谢纳的另一个重要发现就是，家中年龄倒数第二小的孩子也会遭受到特殊的危害。如果之前这个孩子一直是家中的独生子女，后来家中又添了一个最小的孩子，那么年龄第二小的孩子往往会表现出神经症的症状。

众所周知，家中年龄处在中间位置的孩子处境艰难，他们为了争夺父母的宠爱，得与年龄最大和年龄最小的兄弟姐妹两头作战。一位有四个孩子的母亲用这样的话来形容她的第三个孩子的处境："我们的弗里茨就是三明治里的夹心！"如果儿童是家中所有孩子里唯一的女孩或者唯一的男孩，这样的处境会使这些孩子在之后的成长阶段中产生性身份识别障碍。

托曼（Toman）用大量的家庭调查证明了兄弟姐妹之间的关系是如何对人的一生产生影响的，尤其是影响他们自己的家庭组建。

### 双胞胎

我们的被试（总人数 = 600 人）中有四对双胞胎。双胞胎二人各有各的命运。勒内·施皮茨从深度心理学角度分析了吉夫德双胞胎研究（Giffordschen

Zwillingsuntersuchungen），并指出，在同卵双胞胎中，双胞胎早期性格特征的个体发展程度取决于他们在母亲这个第一教育者心里的优先顺序。通过检查双胞胎中神经质异常的孩子及另一个正常孩子，我们可以更清晰地认识他们之间的联系和依附性。在这方面，早期的教育分离并强调两个孩子的个性，可以带来积极的教育效果。

接下来的这个案例显示了同卵双胞胎在一个孩子经历出生创伤性损伤的情况下，如何在一同成长和彼此认同的过程中，经历严重的神经质发展缺陷（感应性精神病意义上的双子共生）。

## 案例 22/ 案例 23

英格和玛丽昂是经历长时间分娩的早产同卵双胞胎。她们由于吸吮能力差，无法进行母乳喂养，在医院待了六周。抚养这对双胞胎给身体孱弱的母亲带来相当大的压力。很快，其中一个孩子玛丽昂表现出发育迟缓的迹象：三岁时，她的心智运动功能异常；四岁半开始，她就出现了神经运动性发作（颞叶癫痫）的症状。经过正规的抗癫痫治疗，她的病情有所改善。她的脑电图证实了她的病症。同时，她也患上了孤独症社交障碍。对她进行智力检查后发现她的智商为68（HAWIK 得分），每次测试只有微弱差异。

两个孩子都是在与母亲的密切共生关系中长大的，与其他孩子很少接触。即使在两人三岁进入幼儿园后，"她们仍然把自己封闭在只有两个人的小圈子中"。

因为经常在一起，双胞胎中那个健康的孩子很快也开始模仿生病孩子的异常行为，还模仿她的癫痫发作，做出跳来跳去、磨牙和失神的动作。对英格进行的智力测试表明，她的智商为117（HAWIK 得分），没有很大的分数波动。老师允许两个孩子在同一个年级上学。

父母对孩子非常重视，但他们的洞察力有限，继续支持她们的共生关系，为她们的绘画"艺术"作品感到自豪，然而这些作品只是无休止地重复同样的题材。这两个孩子生活在古怪、自闭的世界里，患有二联性精神病（家庭性精神病）。

　　两个 10 岁女孩的这种共生性还表现在她们的 VF 测试中，在治疗师家访时，她们同时在不同的房间里绘制这次测试的图画。

　　二人的测试图显示出高度的相似性，有着相似的图像和布局。更有天赋的英格画了三种不同的动物，即狗、兔、猫，它们都看向画画的人（见图 2-22）。她认为胆小的兔子是婴儿，在父母之间受到保护，这就是她自己以及与她共生的双胞胎姊妹的情况。智力水平较低的玛丽昂选择画了三只不同的狗，并给狗加了嘴套，对应的是两个孩子中年龄较小的那个。她很可能以此暗示她出现过攻击性的发作及其口部症状（见图 2-23）。

图 2-22　案例 22

图 2-23　案例 23

○○○

　　弟弟妹妹的出生是童年的创伤，类似于"原始场景"（Urscene），这是人类的原始创伤。即使成人及时、详细地向孩子解释，他们也不是总能克服这种创伤。面对这种原始创伤，孩子可能会发泄暴力，产生报复行为，无知的孩子甚至会有犯罪倾向：他们可能会把一桶能闷死人的沙子倒在小婴儿头上，给婴儿喂鹅卵石，甚至"不小心"地将他扔到窗外。兄弟姐妹出生后，他们就会说："邮递员应该再悄悄地把他带走""他那么小、那么笨，我不和他玩"。他们对新生儿的拒绝和否定不加掩饰。有时孩子的这种防御态度在母亲怀弟弟妹妹期间就很明显了。

## 案例 24 ○○

七岁的女孩蕾娜特因焦虑和入睡困难接受心理治疗。她对她的妹妹尤其有攻击性。繁重的家务让母亲感到力不从心，经常不回家的工作狂父亲还忽视她的存在。由于母亲偏爱小女儿，所以父母之间的关系也经常很紧张。

在测试中，蕾娜特首先把父亲画成了左边的小丑，"因为他总是那么好笑"。排在第二位的妹妹是兔子，"因为她还很小"。她自己是一只狗，排在第三位。在右边的母亲排在最后一位，是一个大球。蕾娜特带着强烈的情绪把大球中心涂黑了（见图2-24）。

她在皮格姆测试中提到，她最愿意当一只狗，她也确实把自己画成了一只"大牧羊犬"。她一口气连着补充说，她无论如何都不想成为一个球。在描述这幅画时，她又说："因为有陌生人过来了，所以狗叫着咬人。"

图 2-24 案例 24

通过将妹妹变成兔子（焦虑象征），蕾娜特将自己的焦虑转移到小妹妹身上。她自己是一只狗，背对着母亲，却正对着父亲和妹妹。

母亲目前怀了第三胎，伴有严重的孕吐，她对第三次怀孕的态度很矛盾。这一次怀孕将为蕾娜特带来下一个竞争对手。

蕾娜特在画中将圆球的中心部位涂得很黑，球是"她绝对不想变成的东西"，即母亲腹中不受欢迎的婴儿。她作为一只狗，因为陌生人来了所以吠叫、咬人，而这个陌生人正是母亲腹中的婴儿。

○○○

大多数被要求描绘家庭的被试也会画出家庭中的孩子。因此，他们会无意识地描绘出与兄弟姐妹之间的问题。在所有被试儿童中（总人数 =1225），仅有 25 名被试儿童只画了父母；在所有同时参与了心理画及故事测试的被试儿童中（总人数 = 600），有 223 名儿童，即超过三分之一的儿童在画出来的孩子中漏掉了兄弟姐妹。这种"遗忘"说明兄弟姐妹间的同胞竞争从幼儿时期便开始了。

88 个孩子（总人数 = 600）在他们的画中额外添上了兄弟姐妹，这可能是因为他们是独生子女，想要兄弟姐妹，也可能是孩子想通过认同多重身份来展示他性格和行为的不同方面。

如果让同一家庭的多名孩子完成 VF 测试，那么测试能让人更深入地了解他们之间的关系及他们的家庭情况。

在我们的被试（总人数 = 600）中，拥有兄弟姐妹的人数分布为：

- 35 人有 2 个兄弟姐妹；
- 1 人有 3 个兄弟姐妹；
- 1 人有 4 个兄弟姐妹；
- 5 人有 2 个兄弟姐妹。

以下是一个关于一组兄弟姐妹的例子，测试图画揭示了家庭问题是孩子行为障碍的原因。[①]

## 案例 25/ 案例 26

两个月前，9 岁的罗斯玛丽首次出现严重的哮喘发作，这次发作与她父母的离婚有关。长时间以来，父亲一直有婚外情，他不想和情人分开，但还是继续和家人住在一起。孩子的母亲认为没有办法再继续和他共同生活下去，所以考虑离婚。罗斯玛丽 13 岁的哥哥安德烈亚斯患有肥胖症。

---

① 请注意：当一组兄弟姐妹进行测试绘图时，为了避免他们相互交换信息，他们是分开同时作画的。

图 2-25　案例 25

图 2-26　案例 26

罗斯玛丽先是把母亲画成了一条鱼，母亲对面是父亲——一只大乌龟。然后是两个比她小的弟弟妹妹，之后是变成老鼠的大哥，最后是变成蜗牛的她自己（见图 2-25）。

罗斯玛丽的画暗示家庭成员相互之间的孤立。她嫉妒哥哥，在地位和角色上贬低他。而安德烈亚斯在测试中将父亲画成一头公牛，排在第一位，然后将母亲画成一只豪猪。他自己位于第二排，在父亲下面，是一只公羊，之后是变成兔子的妹妹，接着是变成猫和老鼠的两个弟弟妹妹（见图 2-26）。

年龄稍大一些的安德烈亚斯更明显地感受到父母之间的紧张关系。画中他像父亲一样有角，他认同父亲。患有哮喘病的妹妹站在兄弟姐妹的中间，代表她患病后获得的家人的关注。猫和老鼠暗示着兄弟姐妹之间存在的其他竞争关系。

○○○

　　所有的心理治疗都必须着重考虑孩子与兄弟姐妹的关系。只有在不对兄弟姐妹或家庭其他成员造成额外痛苦的情况下，才能对孩子进行心理治疗。在一个孩子通过心理治疗康复的时候，兄弟姐妹中的另一个孩子患上神经症或出现心身反应的情况并不少见：他们希望通过自己患病，恢复家庭神经症式的平衡。

但是，孩子也可能真的患上与兄弟姐妹相同的神经症，或者经历同样的心理治疗。他们是"影子"，笼罩在兄弟姐妹的神经症或疾病及其治疗的阴影下，结果自己出现了反应性精神障碍。在 VF 测试中，如果儿童被试没有自我弱化，并在画中遗漏自己，那么他们就会报复性地遗漏兄弟姐妹，或者把他们贬低为物体。

### 青春期

在 10 岁到 11 岁左右，潜伏期结束，前青春期阶段开始，孩子进入了极其重要的成熟阶段。在成熟阶段的最后，年轻人通过建立自己的身份认同找到了自己的个性。

在加速成熟的时期（早熟），青少年向婴幼儿阶段倒退的现象也不少见，特别是一些早期情感被忽视的青少年，他们的危机期可以持续 10 年左右。大多数有行为障碍的儿童是在 11 岁左右被带到教育咨询中心的，这标志着危机期开始的年龄段。

自我意识的成熟是人对不断增加的本能冲动的一种抵御，作为一种文化心理上的延迟，延长的青春期为青少年提供了向符合社会规范的方向升华的可能性。

那些在这一阶段感到自己被强烈的本能需求控制的青少年，如果没能从父母那里得到相应的性教育，就会用神经质的防御机制来保护自己。

这会导致孩子在青春期产生禁欲心理，最终可能表现为理智化，这是一种升华的方式，但也有可能会表现出向幼儿期的退行，甚至出现神经性厌食症的状态。厌食症患儿对食物的拒绝象征着对身体的拒绝，同时也象征着对成熟的拒绝。

厌食症患儿的绘画特点是笔触细腻、线条中空，不画人类的身体。书本代表了学业通常很优秀的女孩们的理智化，这是她们的一种心理防御机制。

## 案例27

　　15岁的海拉在六姐妹中排行中间，她还有一个小弟弟。与其他姐妹不同，她的学习成绩平平。她在家里承担很多家务劳动，就像是家中的灰姑娘。专制、内向的父亲只关心已经上大学的几个女儿还有心爱的小儿子。母亲长期负担过重，家庭生活中充满了压抑与紧张的氛围。

　　由于并没有接受过相关的性教育，海拉的月经初潮对她来说是一次强烈的心理冲击。她难以接受自己的女性角色，患上了厌食症，后被送进医院，生命垂危。

　　在VF测试中，海拉先用柔和的笔触在左上角画了变成风景画的父亲，排在第二位的是一只插着灯芯草的高花瓶。排在第三位的是画纸中间的弟弟，他是一本打开的书，然后是变成小书的两个年幼的妹妹，她们与其他书一起放在右上方的书架上（见图2-27）。

**图2-27　案例27**

　　父亲自恋地变作一幅装裱过的画，被拔高了形象。在海拉的理智化防御机制中，书本的世界占据了主导地位。因为嫉妒上大学的姐姐们，她在画中忽略了几个姐姐。弟弟是一本打开的大书，位于中心位置，作为独子，他受到的关注最多。他处于对角线的中心，体现了家庭的矛盾状况。在他旁边的花瓶里，干枯的灯芯草是唯一的活物；母亲不知道应该向她的女儿说明性成熟这个问题。海拉因为自我弱化而无法描绘自己。虚弱的笔触暗示着她的精神衰弱。

在另一个厌食症女孩的测试绘画中，她认为自己是一个站在动物父亲和动物母亲之间的幻想动物，这象征性地表明她尚未完成分离性别特征和形成自己独立性别意识的过程（见案例 104）。

由于早期的情感经历，孩子可能会消极地为自己找一个女性或男性的角色，或者拒绝这些角色，这会使得性身份识别这个青少年整体身份认同的核心问题更加困难。那些先天畸形或有荷尔蒙功能障碍的青少年难以或者不可能自然地形成正常的性别身份，这些青少年有他们特别的问题。

我们观察到两个诱发深度阉割焦虑的两性畸形案例。这些例子证实，精神压力或所经历的创伤越重（在案例中是性别转换问题），测试绘画对问题的说明力就越强。

## 案例 28 ○○

因患有两性畸形、15 岁的赫米进入儿童医院接受治疗。赫米的行为举止一直就像个男孩，进入青春期后，这种情况变得尤为明显，且她出现了第二性征（胡须、变声）。

在心理检查中，她的男性倾向也占主导地位：她在 TAT 测试中讲述了许多冒险故事。在皮格姆测试中，她认为自己是一匹黑色的雄马。但与此同时，她也透露出强烈的焦虑，这种焦虑源于她所经历的身份认同危机，特别是她尚未克服的性身份识别危机。即使在医院中，其他孩子也自发地把她视作男孩，并用男性化的名字"赫尔曼"，而不是用女性名字"赫米"来称呼她。她对卡尔·梅（Karl May）的书、汽车与飞机、战争电影和侦探故事都很感兴趣。

赫米在兄弟姐妹的陪伴下度过了美好的童年。虽然她在出生后不久就被查出有性发育异常——她有与男性生殖器相似的性器官，有阴囊转变的阴唇，但母亲出于焦虑，一直没有让她接受任何临床检查和手术。

赫米的体检显示，她在骨骼和肌肉系统上表现出男性的身体特征，乳房也没有像女性一样发育。染色体状态显示，赫米在细胞形态学意义上被确定为男性。

妇科检查发现，她只有一个退化为线状的子宫（没有进行开腹手术）。

在 VF 测试中，赫米画了公寓内部的情景和几个残缺不全的人（见图 2–28）。

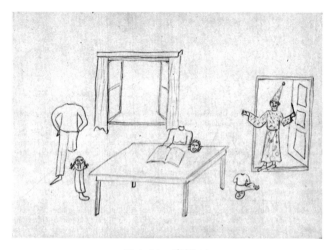

图 2–28　案例 28

对于画，她描述说："母亲的身体坐在桌子旁，旁边的头自己看着报纸。桌子旁，无头的孩子坐在父亲的头上。孩子的头在父亲被截断的左腿上，它们在散步。所有的头都在笑。"门敞开着，魔法师站在门口，窗户也是大开着的。

在可怕的残肢幻想中，孩子尽情释放了她强烈的阉割和生存焦虑。头作为人的个性身份象征，在空间中被不断调换位置，她借此指出了自己的困境：她不知道自己是谁，将来是会成为母亲还是父亲。同时，她被描绘成一个扎着辫子的小女孩，这就是她作为女孩长大的样子。赫米退行到自我认知前期阶段，在母亲那里寻求保护（她把母亲画在第一位），母亲坐在桌子前（母体的象征），位于父亲旁边。出于嫉妒心理，她没有画她的兄弟姐妹。

四年后，赫米死于转移性睾丸肿瘤，这是一种病灶来源于卵巢的胚胎型混合肿瘤。

下面的这个案例说明，心理准备工作和进一步的心理治疗对于用手术改变性别身份的患者来说十分重要。

## 案例 29

15 岁的艾格尼丝在 13 岁之前一直以双性人的身份长大。后来她做了生殖器的整形手术，切除了阴茎。不久之后，艾格尼丝开始来月经。9 岁之前她一直在尿床，手术后，她又开始尿床。女孩的父母是偏远林区的普通农民，父亲性格温和、头脑简单、木讷，他只关心经济状况，把教育孩子的任务交给了他的妻子。这位母亲认为自己才是家里的男人，但她也几乎不和孩子说话，因为尤其是提到亲密关系时，她就会表现得很拘谨。艾格尼丝有一个 13 岁的妹妹和一个 11 岁的弟弟。

艾格尼丝一直是个孤僻的孩子，跟弟弟妹妹没有话说。艾格尼丝没有被告知手术的性质和会来月经的情况，她偷偷地隐瞒了她来月经的情况。她心里认为手术和随之而来的月经初潮是对她手淫的惩罚。母亲只注意到她又开始尿床了，所以带她去看医生。

在测试绘画中，善良公正的魔法师惩罚了这个贫穷的家庭，之前他曾帮助这个家庭脱离苦海，但他们却忘恩负义。魔法师把父亲变成一只猪，把母亲变成男人，把六岁的女儿变成山羊。艾格尼丝并排画出目视前方的父母的形象，其中母亲的形象最大。她在母亲旁边画了一个很小的山羊侧面像（见图 2–29）。

艾格尼丝被她所猜测的阉割惩罚所激怒，在测试中呈现出同一性混乱。由于母亲是个男人，她不能与母亲产生认同，只能认同父亲这个阴茎所有者。然而，由于遭受手术和月经初潮的惩罚，这种认同也变得不可能。所以测试画中的父亲变成了一只有罪的、肮脏的猪。艾格尼丝只剩下一条出路——退行到之前的症状中。六岁女孩变成小山羊的过程象征性地体现了这一点。

图 2–29　案例 29

近几十年来，我们在儿童和青少年身上观察到加速成长或早熟的现象。个别情况下，这种早熟的迹象在儿童的幼年时期就能够观察到，但主要还是发生在前青春期和青春期。智力的早熟通常伴随着身体的成长，而情感的发展并不总是与身体发育同步，这种情况会导致巨大的发育障碍，进而使成长加速的孩子产生更常见的行为障碍和心身反应。在试图让行为符合他们心身发育的过程中，他们常会因周边人的过高期望而感到力不从心，继而与之发生冲突。

## 案例 30 ○○

14岁的布鲁诺一直是班里最高的。在过去的两年里，他长高了40厘米，身高达到了两米。这种身高只有在运动中才有优势，除此之外给布鲁诺带来的只是烦恼。所有人都觉得他比他真实的年龄要大、要成熟，他对女孩还没有兴趣，但已经有很多女孩在追求他。布鲁诺依然热衷于用10岁孩子的方式玩玩具火车。他根本不想长得那么高，显得那么成熟。

布鲁诺的母亲是个说一不二、控制欲很强的女人，布鲁诺是母亲的独生子，他们之间仍存在共生关系。母亲决定他能做什么，不能做什么，强迫他学习，认为不这样他就什么也不会做。布鲁诺试图从母亲那里逃脱，但同时又因为母亲替他承担责任而感到高兴。布鲁诺的父亲死于一场车祸，当时男孩还不到两岁，所以他对父亲没有记忆。母亲在一年后嫁给了布鲁诺的继父，这是一个好脾气但非常忙碌的男人。母亲温柔而坚定地替丈夫做主，和她管理儿子的方式一样。

布鲁诺因为学业困难被送入教育咨询中心。

他把家人画成了三栋摩天大楼。母亲排在第一位，第三栋大楼是孩子，孩子边上那座小房子被划掉了。这三座大楼有相同的外观（见图2-30）。

布鲁诺把自己身材高大的问题投射到全家人身上，就像他习惯于把一切令他烦恼的事情推给家人，尤其是推给母亲一样。通过划掉小房子，他不自觉地表达了维持自己独生子地位的幼稚愿望。

图 2-30　案例 30

○○○

身体发育迟缓的儿童和青少年在同龄人中尤其难以得到认同，因为同龄人都被成就和野心所驱使，他们把"大个子"当作榜样。如果这种发育迟缓也是由荷尔蒙或染色体决定的，已经无法进行治疗，那么自卑感、自卑情结以及抑郁症就是不可避免的后果。

## 案例 31 ○○

16 岁的赫尔曼是一个垂体性侏儒症患者。家人中没有其他已知的生长发育障碍的病例，但母亲的身材矮小。赫尔曼有一个比他小七岁的弟弟，弟弟的身体发育和运动能力早已超过了他。

孩子们在餐馆中长大，都不可避免地被家长忽视，很多事需要自己处理。小城空间狭窄，有很多历史悠久的建筑，孩子们没有地方做游戏。两个孩子的怀孕和生产过程都很正常。易染病的赫尔曼从一开始就有营养吸收问题，很快就出现了明显的身体发育迟缓。在上学之后的几年中，他出现了典型的垂体性侏儒症的外貌特征。青春期时的临床治疗以失败告终。赫尔曼胆小拘谨，有自卑、疑病症的倾向，生活态度消极。虽然他的智商很高（HAWIK 得分为 116/129/101），但很晚才上高中。因为他性格随和，体贴周到，所以和同学关系不错。他与母亲强烈的共生关系并未完全停止，母亲在工作和生活中精力充沛，但对他充满焦虑担忧。

在 VF 测试中，他有力求弥补自卑的表现，也展示了内心强烈的焦虑。

在第一次测试中，14 岁的他展现出高超的绘画天赋，用深重的黑色笔迹画了一头三头龙［见图 2–31（a）］。他在焦虑中体验到了家庭的强大，并试图通过自我认同为魔法师来掌握这种力量。

图 2–31（a）　案例 31：第一次测试

在两年后的测试中，他在身体发育停滞的情况下把自己描绘成了魔法师的儿子，有肌肉，具有垂体性侏儒症特有的矮壮体型和典型的面部表情，同时他用戏剧性的童话故事把自己描述为"异常高大"［见图 2–31（b）］。他具有双重身份，之后被魔法师变成了一只鹰，他的父亲被变成了海蛇，母亲被变成了双臂是蛇的女水妖。他再一次感到自己所处的环境是高度危险的，他的身体是虚弱的，于是将自己变成空中最强大的动物——鹰，试图以此逃脱自己所处的环境。

图 2–31（b）　案例 31：第二次测试

**案例 32** ○○

15 岁的奥斯卡是垂体性侏儒症患者，看上去只有 7 岁。

他来自一个朴素的乡村家庭，他的父母和 16 岁的姐姐在附近的工厂做工。奥斯卡曾经是个好学生，但最近他很沮丧。奥斯卡饱受侏儒症之苦，因此学习成绩也有所下降。村里的孩子们对他态度恶劣，他经常被同龄人欺负，遭人讥笑，就连他开始感兴趣的女孩们也会嘲笑他。

他的父母见识不多，不能为聪明的奥斯卡指出可能的弥补途径。他仍非常依恋他的母亲，他的母亲溺爱他，任他依赖自己。

奥斯卡用细腻的短线条首先画出魔法师的侄子，然后是变成布偶的母亲，之后是作为魔法师的父亲，再之后是一个不属于这个家庭的"小牧羊人"，最后是家庭中的女儿和儿子，他们是魔法师侄子的布偶（见图 2–32）。

所有人都在一个类似帐篷的建筑里，顶部挂着一盏枝形吊灯。

魔法师以正面示人，是画中最大的形象，站在帐篷中间。小牧羊人正对着他，看着他。魔法师的侄子和三个布偶坐在旁边。

奥斯卡讲述了下面这个故事。

图 2–32　案例 32

魔法师把他的家人变成了布偶，给他的侄子玩。他说："如果有人能告诉我，我把我的家人变成了什么，他们就能重获自由。"

全世界很多人听到了这个故事，甚至很多人出发去寻找答案。一个人来找魔法师，说："你把你的家人变成了猴子。"另一个人说："你把他们变成了鱼。"来了好几百人和工匠，但他们都不知道魔法师把他的家人变成了什么。

有一天，一个可怜的牧羊人听说了这个故事，他去找魔法师，准备施计谋骗过他。他到达魔法师那里，跟魔法师说："我跟你赌1000先令，我知道你把你的家人变成什么样了！"魔法师笑着说："如果你知道我把我的家人变成了布偶，我就把我所有的钱都给你！"当魔法师意识到自己上当时已经无法挽回他的败局。魔法师的家人被拯救了，小牧羊人从此成为世界上最富有的人。

在VF测试中，奥斯卡象征性地实现了自己被压抑的欲望。俄狄浦斯情结中的一对敌人，即父与子，在画中都被象征性地提高了地位，父亲成了无所不能的魔法师。而奥斯卡以三重身份出现：一是魔法师的侄子，他的父亲给了他一份礼物；二是被送出去的布偶；三是魔法师的战胜者，魔法师父亲俄狄浦斯情结的对手——那个狡猾的"小牧羊人"。

奥斯卡变成被送出的礼物，代表他终于可以参与到父性、男性的魔法之中。他作为布偶被动地被交出去，最终又解脱出来。作为小牧羊人，奥斯卡象征性地击败了魔法师父亲，从而至少在想象中解决了俄狄浦斯情结的问题。

## 身份认同形成

在青春期和少年期建立起来的身份认同，绝不仅仅是各个成熟和成长阶段的部分身份认同的集合，而是青少年个体人格形成的第一个高峰期。

这种身份认同在孩子反抗父母以及与上一代人发生的阶段性矛盾中被发展和维持。有些青少年为了找到自我，在这一时期会表现得很孤僻，为的是让社会能够允许他们延迟心理社会性的发展。青少年可以单独寻找身份认同，也可以在一个亚文化圈中按照他们自己的规则在群体中进行这一过程。从披头士乐队到嬉皮文化，他们在自己的行为规范中经历着入会仪式。由于失去父亲，或者身处成为普遍现象的"无父社会"中，负面经验的积累使青少年形成消极的群体认同、拉帮结派等，直至道德堕落和犯罪。

青少年的性身份识别是其身份识别形成的核心，俄狄浦斯冲突的重演促使他们寻找异性伴侣。

## 案例 33

直到一年前，所有人都认为 12 岁的古斯蒂是个男孩，这是她非常自豪的事情。自从进入青春期后，她再也做不到这样了，快速发生的身体变化让女孩非常恼火，因为她不得不放弃自己假定的男性身份。古斯蒂用激烈的无节制的排便来惩罚自己和周围人，她因此被转入教育咨询中心。

古斯蒂是一对记者夫妇的长女，她有两个弟弟和一个妹妹，所有的孩子都尿床。父母在一起生活得并不幸福，经常争吵。父亲喝酒，并把所有的烦恼都留给母亲，家中经常经济困难。聪明的古斯蒂是她教父最宠爱的孩子，她教父是个单身，资助她上学，并称她为"我的小男孩"。古斯蒂非常讨厌自己开始出现的女性特征，她希望通过手术变成男孩。

古斯蒂将 VF 的测试画命名为"交换特征"，父亲具有母亲的特征，婴儿具有 12 岁男孩的特征，母亲具有父亲的特征，12 岁男孩具有婴儿的特征（见图 2-33）。

由此，古斯蒂象征性地表达了其同一性混乱的问题。她让父亲变成女人，反之，父亲让她变成男人，只有这样，她才能认同父亲。强硬的母亲被描绘成其在家庭中实际扮演的角色——男人，但是古斯蒂并不想认同这个"男人"，她想成为 12 岁的男孩，但这是不可能的，所以她只得退行。在测试绘画中，她成了父亲怀中的婴儿。

图 2-33　案例 33

## 案例34 ○○

14岁零6个月的艾尔莎生活在一个非常规的家庭中。她的父母没有结婚，因为父亲不愿意离开他病弱的妻子，而艾尔莎的母亲因战争失去丈夫而守寡，也没有催促艾尔莎的父亲与她结婚。所以，艾尔莎的父亲实际上同时有两个家庭，同时精心地抚养着自己唯一的孩子艾尔莎。直到一年前，艾尔莎没有遇到任何教育上的困难，学习好，是个快乐的孩子。随着青春期的到来，她觉得自己被管教得过于严格，自由空间太少。这引发了她与父母激烈的争执，特别是与她父亲的争吵。束手无策的家长最后求助于教育咨询中心。

在测试中，艾尔莎从左至右依次画了"有水妖手、魔鬼脚的怪人"父亲，之后是"美人鱼"女儿和面向女儿的拟人化的"蛇"母亲。女儿在空间上更接近父亲，但眼睛却看向母亲，她站在父母之间（见图2-34）。

图2-34　案例34

VF测试显示了女孩青春期的全部矛盾，而家庭关系的错综复杂更加剧了这种情况。青春期复苏了之前的俄狄浦斯冲突，艾尔莎想认同母亲，她看向母亲，但总是离父亲更近。

她试图通过把父亲变成"怪物""魔鬼"来贬低他，但也感觉父亲作为"水妖"和变成"美人鱼"的自己是同类，是相互关联的。变成没有下半身的女孩实现了她青春期的愿望：她依然美丽，而不必从中承受其他后果，因为美人鱼不能完成肌肤之亲。母亲作为"蛇"，因其引诱艾尔莎成为女性而被贬低和惩罚。

女孩处于身份危机之中，在男性和女性身份之间犹豫不决。

同一性混乱会使人难以认识到自己的性别角色，或导致对自己性别角色的排斥。

## 案例 35

13岁的库尔特从小就有交际和适应障碍。他在学校一直表现得不错，直到一年前青春期到来。渐渐地，他变得抑郁，产生了有关性的强迫幻想。他觉得自己长得丑，想做一个女人，像流浪汉一样生活。他无法再上学，想要自杀。库尔特先后通过节食、过度吸烟和服用大量安眠药自杀。被送进医院时，他已经极度虚弱。

库尔特是一对老夫妇的独生子。父母都是乡村的小公务员。父亲害羞、有精神分裂症状，母亲容易焦虑不安。儿子的青春期困境让父母感到非常意外，他们在一个家庭中生活，但却不清楚家人身上发生了什么。

在库尔特的 VF 测试画（见图 2-35）中，掌握"读心术"的魔法师根据大家的愿望对大家施魔法，尤其是对男孩和女孩施魔法，库尔特讲了以下这个故事："13岁的女儿变成了男孩，衣服脏兮兮的，留着长头发。母亲变成了一把电吉他，她想弹电吉他，组建一支乐队。'岳母'变成了一只巨大的蜘蛛。11岁的男孩希望成为女孩，一个'裸体的女孩'，这是他未来的梦想。父亲是慢转密纹唱片，乐队的一把手。"

图 2-35 案例 35

库尔特的部分绘画对象身上有涂黑的痕迹，他在以一种色情的绘画方式描写进入青春期的青少年。他画得很快很随意，这些人物填满了整张纸。

库尔特在测试绘画中展示了他内心的冲突。他满足了自己作为"善良的"魔法师的愿望，在画中、在性别角色的混乱中自由畅想。父母冷酷的"客观"表现都成了服务于儿子愿望的物体。在幻想出的裸体女孩旁边站着一个流浪汉，他有流浪汉特有的标志：烟卷、破破烂烂的西装、过长的头发，这是库尔特的另一面。变为巨型蜘蛛的"岳母"其实是母亲的第二重身份，这表现的是母亲糟糕的一面，母亲的生殖器威胁引发了青少年的阉割焦虑。虽然男孩最后画的是父亲，但是父亲仍在这个父权制家庭中优越于所有人。

## 案例 36

17岁的诺伯特孤身一人住在科隆，他的父亲是一名高级公务员，因公务带着一家人，即他的妻子、两个大女儿和小儿子一起迁居到另一个城市。因担心搬家会影响诺伯特上学，所以他被安排在一个和他们家交好的朋友家中寄宿。诺伯特是个好学生，但最近他患上了失眠、抑郁症，无法再和同学们融洽相处。他越来越无法忍受自己的状况，所以去看了心理医生。他讲述了自己的情况，谈及了自己对爱情的极大失望。他的同龄女友与他分手，因为觉得他很幼稚。他支支吾吾地承认，自己作为男友让女友失望了。他现在很关心自己是否正常，担心自己的男子汉气概。

在VF测试中，诺伯特迅速而肯定地首先画出左边的魔法师，然后是右上角发光的两个美丽的姐姐，下面是三个衣衫褴褛的、丑陋的兄弟，比其他人物小了很多（见图2-36）。

他讲述了以下故事："魔法师给一个家庭的孩子施了魔法，却让父母安然无恙。他把所有的幸福和美丽都赐给了女儿们，把不幸、贫穷和丑陋都留给了儿子们。兄弟们出于嫉妒，先是杀了姐妹俩，最后出于愧疚自杀。"

在诺伯特的画和讲述的故事中，我们可以看到他内心矛盾的关键所在。被深深压抑的对姐妹们的不伦之恋给诺伯特的初恋蒙上了阴影。

因为冲突完全发生在兄弟姐妹之间，所以魔法师——命运的力量，让父母未受搅扰。

图 2–36　案例 36

○○○

埃里克森所说的同一性混乱，即青少年同一性形成失败，能延伸到精神病症式的感觉和体验的边界。

## 案例 37 ○○

勒内最初作为独生子长大，后来他有一个妹妹，但妹妹从年龄上已不适合做他的玩伴。这个孩子很早就出现了行为抑制和交际障碍，他智商很高，这又使他在年龄大得多的同学中更加被孤立。他于是沉迷于阅读，并在 16 岁时，出国旅行了数周，期间完全不向父母报告自己的行踪。他的日记暗示着他的成长危机，这种危机有时以近似精神病的同一性混乱的形式呈现出来。

勒内在 VF 测试中描述了这场危机：父母和小女儿一家三口在被施魔法的过程中融化了（见图 2-37）。虽然勒内仍然把母亲画在第一位，与女儿同高，但画在第二位的父亲在画面中却占据主导地位，勒内尤其体会到与父亲权威的冲突。因为自我弱化，他没有画自己。

图 2-37　案例 37

吸毒是一种同一性混乱的表现形式，是青少年对不积极的父亲角色的消极抗议，这一点在青少年的测试画中也有所体现。他们抗议的特点一是公开、开放的，二是通过象征性加密的形式表现自己的家庭状况。

## 案例 38

忧心忡忡的父母因其 15 岁的女儿在精神、行为方面的堕落求助于教育咨询中心。

海尔加成长于一个普通家庭，她有一个比她小一些的妹妹，她与妹妹一直处于竞争冲突中。她以前很拘谨，没有什么朋友。事业心强的"隐形"父亲无心照顾家庭，忧虑、胆小的母亲对女儿的成长问题也无能为力，女儿现在处于加速成长期，看起来比真实年龄整整大了两岁。很快父母就不再专制地惩罚她。

在一个女性朋友的影响下，海尔加在一年的时间里形成了潜伏的精神、行为堕落的状态。她搬进了与其他青少年合租的公寓，她是其中年龄最小的一个。她的学习成绩逐渐下降，只是偶尔去上学，抗拒父母给她安排的心理治疗，最后治疗也以失败告终。海尔加抵制一切家长式的管教，不断与父母起争执，父母虽然一片好心，但对她束手无策。

海尔加在画纸右侧把父亲画成了一只非常大的幻想动物，它把钞票"纷纷扬扬地"撒向家人。母亲则变成一只狮身人面的动物顺从地蹲在父亲脚下，母亲身后左边的角落里是一只"不知道年龄多大"的乌龟。特别显眼的是，父亲在用大爪子追踪孩子们，即使他们已经"躲进了蜗牛壳里"（见图 2-38）。

图 2-38　案例 38

女孩嘲讽地描绘了自己的家庭，但没有特别强调。父亲"高高在上，有权力"（由于父亲有极高地位，在皮格姆测试中她拒绝使用猛禽这个形象）。他的爪子连孩子们的蜗牛壳都能穿透，他们总也逃不过父亲的爪子。她鄙视母亲，母亲顺从、卑微，在经济上完全依赖父亲，父亲把钱撒给她。在皮格姆测试中，她认为自己是一只蜗牛，像乌龟一样，在遇到危险时可以缩到壳里，进入"一个属于自己的房间"，这是她一直以来的愿望。但即使在壳里，她也无法避免当代社会中父亲的父权专制性权力的影响。父亲曾以她的年龄为由，拒绝让她从家里搬到合租公寓；她在经济上仍然依赖父亲。

这幅画记录了青少年对父母的抗议，对权威的抗议。

○○○

经历同一性的形成过程，对于一些青少年来说也会引起心身疾病，特别是如果这些疾病在幼儿阶段曾引起过他们的心身反应，或者他们有这些疾病的家族史。对他们来说，通过性格和社会心理的成熟战胜危机才是一种真正的治愈。在患者的自我发现过程中，心理治疗能辅助患者康复。

自杀（及自杀企图）是很多青少年选择的出路，他们认为自己无法应对生活中的问题。自杀未遂和完成自杀者的数量在青少年进入青春期时呈持续上升趋势，青春期后的几十年中这两者的数量则会维持稳定。自杀者中女性居多，这既因为在成长危机中，她们的自主神经系统紊乱，情绪更加不稳定，也因为她们的整体人格在危机中发生了极大的变化。在20个有自杀倾向的患者中有18个是女孩，且都处于严重的青春期危机。VF测试有助于明确她们的自杀动机。

## 案例39

13岁零10个月的艾丽卡家庭贫困，家里的成年人都酗酒。她五岁时，母亲与有犯罪倾向的父亲离婚。父亲明确拒绝承认她这个女儿。离婚后，母亲和一个做小工的人同居，她很快就发现这个人有酗酒的问题。母亲情绪不稳定，抑郁的时候，她就和男友一起喝酒，住在家里的祖父也酗酒。艾丽卡六岁半的时候，她10个月大的弟弟在婴儿床里被卡住身亡。醉酒的祖父本来负责看管婴儿，但他却指责艾丽卡，让她为弟弟的死负责。自从一年前月经初潮后，艾丽卡明显变得忧伤、睡眠质量差、逃学，行为缺乏节制的母亲并没有发现她的这些变化。最后艾丽卡拿出有关死去弟弟的剪报文章和他的照片，试图结束自己的生命。

在VF测试中，艾丽卡首先在画纸中间画出了魔法师，魔法师左边排在第二位被画出的是"邪恶的"姐姐，蛇从她的嘴中掉下来；魔法师右边排在第三位被画出的是"善良的"妹妹，魔力把她的眼泪和话语化为珍珠和红宝石（见图2-39）。

**图2-39　案例39**

艾丽卡写下了一个有关这幅画的长故事，故事的灵感可能来自佩罗（Perrault）的童话《仙女》和格林童话中的《灰姑娘》。故事的名字叫《善与恶》：善良的克莉丝汀失去了母亲，父亲娶了冷酷而富有的第二任妻子，第二任妻子带来了坏姐姐伊尔塞。父亲去世后，克莉丝汀的处境非常糟糕。因为她怜悯一个乔装成乞丐的仙女，她得到了奖励，哭出的眼泪会变成珍珠，说出的话会变成红宝石。而恶毒的姐姐却受到了惩罚，她每说一句话就会有蛇从她嘴里掉下来。

故事像一本低俗的小说，以大团圆结局：最后那个善良的妹妹嫁给了王子。

如同艾丽卡在测试中所描绘的，她的人生很孤独，有"善"与"恶"两面。魔法师，也就是命运，在画中分隔开她的两面。除此之外，魔法师并没有出现在故事中，他的角色被"善良"的仙女所取代。

因为在酗酒家庭中长大，她有口欲期滞留的问题，并体现在她所选择的童话故事中：邪恶姐姐的嘴被惩罚，善良妹妹的嘴被赏赐。青春期的到来让艾丽卡真正意识到自己是一个缺乏爱的、被人忽视的孩子。

她与命运抗争，做着西格蒙德·弗洛伊德所说的"家庭小说"的梦，并试图压抑不断升级的攻击性情绪，因为这些情绪让她感到焦虑。最后，她把暴力的冲动对准自己，对弟弟的死亡有了俄狄浦斯弑父般的负罪感，所以企图自杀。她的童话故事完全对应于她的"家庭小说"，这个童话体现出低俗故事的风格。祖里格（Zulliger）呼吁人们关注低俗幻想对焦虑的缓解作用。

## 案例 40

13 岁的安吉拉和她同母异父的 3 岁妹妹、精神与行为异常的母亲，以及有犯罪倾向的继父生活在一起。继父经常殴打安吉拉，他们的家庭氛围很紧张，她是家里的受气包，母亲偏爱同母异父的妹妹。在一次争吵之后，安吉拉开煤气自杀未遂，被送进医院。

心理检查显示她智商中等、焦虑、神经质，处于严重的青春期危机。

在 VF 测试中（见图 2-40），母亲成为"魔法扫帚"，这代表母亲女巫般邪恶

的一面，安吉拉把父亲贬低为小丑，母亲将他与孩子们分隔开来。被偏爱的妹妹

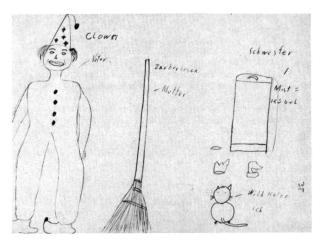

被贬为便桶，在便桶下面，安吉拉把自己画成一只背坐的野猫，排在最后一位。她在皮格姆测试中自我认同于野猫。

安吉拉在画中描绘了自己的家庭，象征性地表达了自己对家人前意识的、攻击性的情感，展示了自己脆弱的自尊心。

更多相关案例，可参见案例 35 和案例 122。

图 2-40　案例 40

## 不正常的家庭与环境

安娜·弗洛伊德曾指出，儿童行为障碍只是部分基于神经的异常发展，其可以追溯到儿童早期对失败的体验。根据我们的经验，所有行为障碍案例里约有 2/3 是由于儿童在成长过程中没能以恰当的方式解决各个阶段的危机，它们只是以对神经的影响体现出来而已。弟弟妹妹出生时的嫉妒态度就是一个例子。

然而，这些压力以何种形式落到孩子身上，被孩子如何处理，在很大程度上取决于儿童成长的家庭环境，以及通常从一开始就由父母和其他起教育作用的榜样赋予他们的角色任务。在家庭环境被极端破坏的情况下，儿童和青少年会表现出社会性神经症。

纵观父母的性格结构和行为，可以看出孩子在漫长的成长岁月中可能承受哪些压力（见表 2-1）。

表 2–1　　父母性格结构和行为对家庭环境的致病影响（总人数 = 600）

| 性格结构和行为 | 父亲 | 母亲 |
|---|---|---|
| 缺失 | 15 | 1 |
| 隐形 | 49 | 5 |
| 软弱 | 105 | 35 |
| 焦虑不安 | — | 58 |
| 没主见 | 7 | 29 |
| 易受影响 | 15 | 11 |
| 拘谨 | 7 | 4 |
| 抑郁 | 15 | 27 |
| 不堪重负 | 4 | 70 |
| 多疑 | 2 | — |
| 患慢性病 | 6 | 10 |
| 脑部损伤 | 5 | — |
| 过度保护 | — | 31 |
| 完美主义 | — | 19 |
| 强迫症 | 13 | 14 |
| 迟钝、冷淡 | 6 | — |
| 头脑简单 | 21 | 38 |
| 不成熟 | 3 | 13 |
| 专制 | 47 | — |
| 冷酷 | 14 | 37 |
| 有野心 | 15 | 18 |
| 渴望晋升 | 30 | 4 |
| 管理主义 | 11 | — |
| 注重知识 | 2 | 6 |
| 有活力 | 11 | 12 |
| 神经质 | 4 | 61 |
| 易冲动 | 3 | 2 |
| 易怒 | 11 | — |

续前表

| 性格结构和行为 | 父亲 | 母亲 |
| --- | --- | --- |
| 粗暴 | 18 | — |
| 心理变态 | 24 | 9 |
| 精神行为异常 | 3 | 2 |
| 酗酒 | 29 | 4 |
| 有犯罪倾向 | 2 | 1 |
| 精神分裂 | 14 | 3 |
| 精神病 | 4 | 5 |
| 无明显特征 | 85 | 71 |

这张表记录了每一种可能对孩子产生致病性影响且促使孩子产生行为障碍的父母性格特征。

从表中能够看出，男性职业世界的父权制（专制、渴望晋升和管理主义）仍然在很大程度上决定了家庭的面貌。在这些家庭中，父亲根本没有履行其教育子女的职能，或履行得不完全（缺失、隐形或软弱）。面对反抗的声音，他们有的持有攻击性的态度，粗暴易怒，有的精神异常，有的沉迷于酒精。

对于父亲消极的教育态度，母亲的反应是焦虑不安、无助和抑郁，或者是用神经质和冷酷来抵抗。其中大部分的母亲感到不堪重负。有些母亲过度保护孩子，或者以完美主义要求孩子。

然而，以上仅仅是指出了由于父母双方致病性格的结合而导致父母行为紊乱的几种主要情况。只有85名父亲和71名母亲在与调查人员接触、提供日常信息以及与孩子谈话时没有表现出异常。

受到这类父母消极影响的孩子会感知到令人压抑、沮丧的家庭氛围。我们在335个案例中发现了家庭状况异常的情况，从家庭神经症，到家庭精神行为问题，即所谓破碎家庭。

为了能够在异常的家庭中生存，孩子发展出了相应的防御机制。就家庭而言，防御机制体现在儿童在家庭中的地位上（见表2-2）。

表 2–2　　　　　　　　　　　孩子在家庭中的地位（总人数 = 600）

| 孩子在家庭中的地位 | 人数 | 孩子在家庭中的地位 | 人数 |
|---|---|---|---|
| 肯定 | 95 | 不受保护（抛弃情节） | 43 |
| 偏爱 | 17 | 孤立 | 20 |
| 溺爱—被爱 | 44 | 被家庭压迫 | 20 |
| 溺爱—品行障碍 | 28 | 在家里处主导地位 | 12 |
| 被迫承担积极角色 | 18 | 挑唆父母关系 | 3 |
| 被迫承担消极角色 | 20 | 家里的坏孩子 | 21 |
| 共生的孩子 | 45 | 与兄弟姐妹敌对 | 39 |
| 被无意识地拒绝 | 47 | 与父亲有冲突 | 22 |
| 被公然拒绝 | 13 | 与母亲有冲突 | 9 |
| 夹在敌对的父母中间 | 28 | 没有主见 | 56 |

在 600 个孩子中，有 462 个孩子成长于家庭成员完整的家庭，有亲生父母陪伴左右。表 2–3 提供了其余来自不完整家庭的儿童的情况。

表 2–3　　　　　　　　　　　来自不完整家庭的孩子（总人数 = 600）

| 家庭情况 | 人数 |
|---|---|
| 没有父亲（去世） | 14 |
| 没有母亲（去世） | 2 |
| 继父 | 5 |
| 继母 | 5 |
| 由亲戚抚养 | 9 |
| 父母离婚，跟随父亲和继母生活 | 16 |
| 父母离婚，跟随母亲和继父生活 | 49 |
| 非婚生子，跟随父亲和继母生活 | 1 |
| 非婚生子，跟随母亲和继父生活 | 11 |
| 非婚生子，跟随母亲生活 | 11 |
| 被领养 | 8 |
| 领养父母之一去世 | 2 |

续前表

| 家庭情况 | 人数 |
|---|---|
| 在福利院长大 | 5 |
| 总计 | 138 |

## 非婚生儿童

大多数非婚生儿童都是在不完整的家庭中长大的。出于经济压力，母亲重新出去工作，如果家中没有祖辈或姑姨照顾孩子，那么一些母亲就只能被迫将孩子安置在寄养家庭或者福利院中。只有在少数国家，如奥地利，母亲在孩子出生后的第一年会得到国家的补助，这种资助能够保证母亲在这一时期亲自抚养和照顾孩子，同时确保她不会失业。

## 案例 41 ○○

10 岁的格尔德因为拒绝上学被带到教育咨询中心。格尔德的母亲自己就是非婚生子，她的母亲拒绝养育她，在她 7 岁时因癌症去世。之后，她被安排到各个寄养家庭中生活。从青春期开始，她就过着流浪的生活，直到遇到了比她年长许多的格尔德的父亲。他控制欲强、冷酷、不尊重女人，两人没有结婚。男孩的父亲于两年前去世。

格尔德和他母亲一样也是非婚生子。由于经济困难，母亲常将他安置在不同的福利院和寄养处。孩子之前经常生病，饱受母亲情绪多变和紧张不安状态的折磨。在同龄人中，他通过搞怪吸引别人的注意。虽然他与母亲生活在一起，联系紧密，但在每天下午放学后他还是得自己照顾自己。他与母亲维持着密切的共生关系。这个无人庇护的孩子患有焦虑神经症，症状表现为恶心、呕吐和睡眠障碍。他的智商达到了 125（HAWIK 得分），但他的学习成绩平平。从很多方面可以看出他缺少应承担教育者和榜样角色的父亲对他的影响。

在 VF 测试中（见图 2–41），格尔德首先在画纸中间画了母亲，母亲是一头骆驼，然后在第二个位置画了变成猴子的儿子，第三个被画出的是左上角变成老鹰的父亲，最后是变成水族箱中的鱼的妹妹。只有母亲和儿子站得比较近，其他人排成一行，没有互动。

母亲是一头耐心的骆驼，承担着家庭的重担。男孩作为猴子渴望取悦自己和他人，就像他在同龄人中间一直搞怪一样。父亲在左上角外围，是一只强大的老鹰，正要起飞。对于家庭来说，他早已死去，因此不再是男孩的榜样。最后，男孩画了一条水族箱里的鱼，鱼代表婴儿，或许这暗示着男孩想要一个弟弟或妹妹的愿望。

图 2-41 案例 41

格尔德目前被安置在一所特殊教育寄宿男校，并取得了不错的成绩。在他床头的墙上有一个图腾动物装饰，是一只巨大的猴子。

更多相关案例，可参见案例 4、6、34、42、43、54、92、102。

## 福利院儿童

将儿童安置在婴儿福利院和托儿所，他们仍会面临精神发育停滞的危险。我们在 31 名儿童身上发现了早期的品行障碍问题（占比为 5%），这是儿童在生命早期缺乏情感关怀的结果。慕尼黑儿科医生冯·普芬德勒（von Pfaundler）率先指出"医院病"对婴儿精神造成的伤害。儿童精神病学家勒内·施皮茨对福利院儿童的成长进行了细致入微的观察，其观察结果全面证实了这些发现。虽然这些令人担忧的发现被许多国家的研究人员通过在儿童之家的观察所印证，但现有的福利机构及其对儿童的伤害没有发生任何改变。

福利院护理人员不足会危及每个福利院儿童，他们会患剥夺综合征，心智发展水平下降，这表明这些儿童的整个身心发展停滞不前，走向衰退。

然而，儿童和青少年在生命早期经历情感忽视后，一旦其在年龄较大时不被约束，就有可能出现精神行为异常和犯罪（见案例 6）。瑞士儿童心理学家朱莉娅·施瓦茨曼（Julia Schwarzmann）认为，情感上的无归属感是日后青少年出现精神行为异常的主要原因。

## 案例 42

12 岁的温弗里德是他母亲的四个非婚生子中的第三个孩子，他的母亲冲动、精神行为异常，将所有的孩子或早或晚都送进了收容所，之后就很少再管他们。

温弗里德是典型的福利院儿童，他适应福利院的生活，没有什么自主性，学习成绩平平。他因为被母亲抛弃而非常痛苦，但母亲却一次又一次地让他失望，说来探望他却从不遵守承诺。他因急性肠道出血入院，这种病是溃疡性结肠炎的前兆。

在 VF 测试中，我们能看到这个在生命早期就经历情感忽视的福利院儿童的处境（见图 2-42）：孩子孤独地坐在父母身后的椅子上，排在最后一位，还未被施魔法，他无法起身跑到父母身边，魔法师已将父亲变成一只狗，将母亲变成一只仙鹤。据他说，他自己后来变成了一只鸡。

他渴望家庭团圆，但他从没见过父亲，他无助地喊道："妈妈，爸爸，你们在哪儿？"虽然两人都回答"在这儿"，而且他盼望的慈爱的母亲又说"在这儿呢……我的孩子"，但在魔法师的咒语下，两人都背对孩子，没

图 2-42　案例 42

有来到孩子身边。即使是男孩生活多年的福利院也无法给他家的安全感。

更多相关案例，可参见案例 4、41、72、87、102、106。

○○○

一部分孩子的非婚亲生父母通过后来缔结的婚姻而成为合法夫妻。但是，像其他强制性婚姻一样，这些婚姻并不总是配偶之间维持长久联系的基础，因而也不是组成可靠家庭的基石。

### 被收养儿童

我们的研究对象（总人数 = 600）中包括被收养的儿童。被收养的儿童有他们自己的问题。他们自身携带着养父母不知道的遗传问题，被收养得越晚，这些遗传问题就越显得突出。在收养过程中，即便借助专科医生检查和心理检查，养父母也永远不可能将被收养儿童的身心状况弄得一清二楚。某些器官性损伤，如出生时的创伤性脑损伤，有时只能在后果出现时才被查明。同样，对于长期生活在福利院的孩子来说，剥夺性损伤的后果也是如此。

这与养父母的愿望和期望形成鲜明对比，这些愿望、期待也受到无意识神经质态度的影响，这在很大程度上决定了这些被收养的儿童为他们的父母承担了什么样的角色。对于一些"帕西法尔儿童"[①]来说，因为不知道自己的出身，所以他们会在青春期去追寻自己的身世，"寻找父亲"。因此，养父母要及时告知被领养儿童其大概或详细的身世，最迟也应该在入学时告知，以免他们在以后出现严重的身份危机。

### 案例 43 ○○

12 岁的马蒂亚斯因为持续的攻击行为，特别是在学校里的攻击行为而被送入

---

① 帕西法尔（Parcival）是德国作家沃尔夫拉姆·冯·埃森巴赫（Wolfram von Eschenbach）在 1200 至 1210 年间写下的史诗剧，讲述了帕西法尔为了实现成为骑士的愿望，离开母亲，踏上征途，从无知到拥有精神意识，最后与家人团聚的故事。——译者注

教育咨询中心。他是非婚生子，在10个月大时被收养，除此我们没有得到任何关于他的背景信息。他的养父母真诚地对待男孩，但他们不知如何教育他，在宠溺他的同时也打他。养父是一名处于领导职位的公务员，他对养子天赋的评价波动较大。因为父母不确定男孩的能力，这个男孩在短短的求学生涯中已先后进入了七所不同的学校上学。

养父母有一个自己的女儿，已经25岁，没有出现过什么问题。在马蒂亚斯三岁的时候，夫妻俩又收养了一个男孩，这个男孩到目前也没有显示出什么与众不同，夫妻二人并没有给马蒂亚斯解释领养的事。

马蒂亚斯在画纸的上半部分用坚定有力的线条画出了两个变形的父母形象，父亲排在第一位，母亲在第二位，他们由一条链子拴在一起。排在第三位的是一个很小的、无脸的魔法师，他在这条锁链上跳舞。被画在第四位的是父亲手臂上的儿子，另一个靠近母亲的儿子被画在第五位（见图2-43）。

**图2-43　案例43**

男孩对着这张描绘家庭的画即兴讲了以下这个故事："父亲变成了强盗，胳膊上的肌肉和脚上的肉球也是魔法变出来的。这位女士就是母亲，她是女强盗。她只有一个鞋跟，拿着一根蜡烛，滴下来的蜡油变成她胳膊上的一块肌肉。她杀死了其中一个孩子，滴下来的血成了新的孩子。随后，父亲用刀子把第二个孩子也杀了。魔法师在一条链子上跳舞，链子把两个强盗绑在一起。"

当被问及父母为什么杀了孩子时，他说："因为他们是强盗。新长出来的孩子，是由被母亲杀死的那个孩子的血长成的，他们不会再杀了这个孩子，这个孩子是魔法师的作品。"

父母被无脸的"帕西法尔孩子"（魔法师）锁在一起，被丑化、贬低为强盗，他们杀死孩子们，又象征性地让孩子们重生。

孩子不确定的出身及其引发的焦虑和攻击性被这幅画清晰地展示出来。

相关案例可参见案例 92。

## 离异家庭儿童

研究中有 65 个孩子（总人数 = 600）来自离异家庭。在父母不和谐的婚姻中长大的儿童同样命途多舛，因为他们还要经历父母可能的分居和离婚。如果在离婚之前，父母之间常年争吵，充满仇恨，那么离婚可以是一种有益的分离，父母和孩子们的生活有机会重新变得正常起来。

但如果旧的争吵延续到新的关系中，那么在父母神经质的固着的仇恨之爱中，孩子很容易成为父母争吵的焦点，在父母自私地解释和执行探视规则时身不由己地被摆布。这些孩子被迫生活在深重的痛苦之中，VF 测试常常能揭示出父母及其与孩子之间的这种悲剧性冲突。在离婚诉讼中，对于这些冲突的深度心理学解释可以为司法判决提供重要的指示，为孩子的心理健康服务。

## 案例 44

七岁的男孩恩斯特长时间处于亲生父母的离婚争吵中，并因此患上焦虑神经症。他的父亲是一名教师，与家人不住在一起。父母因为男孩而结婚，但一年后就因为彼此性格不合而离婚，父亲没有再婚。他是一个大男子主义、专制的父亲，试图通过司法机构获得孩子的强制探视权。

在离婚后的动荡期，母亲并没有成功地让男孩学会如厕。在恩斯特四岁的时候，他会用尖叫反抗母亲出去工作，并通过紧紧抓着母亲来回应父亲的强制性探视。在学校里，他成绩优异，用搞怪来吸引注意力。

恩斯特六岁的时候，他的母亲再婚了。继父试图通过收养他给他带来更多的外部安全感，但却遭到了男孩生父的坚决反对。恩斯特嫉妒继父一岁的女儿。

在 VF 测试中，恩斯特在右侧画了一个非常高大的魔法师，魔法师摆出一副威胁的姿态（见图 2-44）。在魔法师对面，画面左侧最下面有三颗涂成灰色的人脸样的水滴。水滴依次是：最左边的被首先画出的孩子，然后是在其右边一定距离之外被画出的父母（先画了父亲，然后画了母亲）。在恩斯特讲述的故事中，魔法师把他们一家变成了水滴，他们不再有生活上的困境。

图 2-44　案例 44

魔法师象征着一直困扰着男孩家庭的男孩生父或命运的力量。画纸上只有一个孩子的形象，可能是因为男孩嫉妒继父的女儿，所以没有画她，或者是因为男孩自我弱化，所以没有画自己。

在水滴父亲的掩护下，水滴孩子远离魔法师和他的威胁。水滴父母站在一起，但最后一个被画出的母亲离魔法师的威胁最近——魔法师是她的丈夫，即男孩的生父。

更多相关案例，可参见案例 39、50、52、64、79、83、125。

## 仅有单亲在世的儿童

在参与调查的儿童中（总人数 = 600），有 14 名儿童的父亲去世，2 名儿童的母亲去世。对孩子来说，失去最亲近的亲人是一件极其严重的事。亲人离世对年幼儿童的影响尚不明确，但等孩子到了青春期，他们才会真正意识到自己失去了亲人。在那之前，健在的父母一方会将悲痛转移到孩子身上，孩子往往在很小的时候就背负着责任，他们被健在的父或母视作去世的生活伴侣的替代品，而孩子在情感上无法应对这样的生活，所以他们用各种防御机制来保护自己，心身危机也是其中一种防御形式。为了保护自己不受失去亲人之痛及其后果的影响，孩子可能会本能地与活着的父母一方建立共生关系。

## 案例 45 ○○

10 岁男孩弗里茨因焦虑状态被转入教育咨询中心，其焦虑状态与他长时间患癌的母亲离世有关。弗里茨是四个兄弟姐妹中最小的一个，对母亲有很深的感情依赖。他在得知母亲的死讯后，目睹了父亲的崩溃，从此以后，他就十分依赖父亲。他睡在父亲的床上，睡在母亲的位置。到目前为止，他受到了所有人的特别宠爱，因为他是家中最小的孩子。

尽管他表面上很快乐，但他一直感到沮丧。这个男孩还没有克服母亲离世的悲伤，且对新的、未知的厄运充满焦虑。他在母亲去世后不久就上了初中一年级，在新环境中，他总是发烧和腹泻。

弗里茨在摆着水果和配有椅子的桌子前画了一个没有脚的魔法师，除魔法师外没有别的人（见图 2-45）。他说："来了一个魔法师，他把全家人都变没了——他们被变到了另一个房间。"母亲的去世意味着孩子最重要的客体关系受到了干扰。魔法师看起来像是小男孩自己，但他没有脚［奈利·斯塔勒（Nelly Stahel）曾指出，这种画中人物缺手少脚的现象表现了绘画者对生活的焦虑心理］。

自从母亲去世，他失去了最重要的行为动力。

"全家人都被变没了，被变到另一个房间去了"暗示着母亲——和谐家庭的灵魂已经不在了，去了另一个世界。

放着水果的桌子象征着与母亲的共生关系断裂的孩子有向口欲期退行的现象。

更多相关案例，可参见案例 5、68、72、84。

图 2–45　案例 45

○○○

## 再婚家庭儿童

共有 87 名参与研究的儿童（总人数 = 600）来自再婚家庭。再婚，尤其是对女性来说，往往是在失去配偶后不使子女受到伤害或陷入穷困的唯一生存途径。除了离婚后的再婚，这种情况也包括非婚生子的母亲和她的孩子通过婚姻将身份合法化。

早在神话和童话中就曾出现过继父母对配偶在之前婚姻中留下的孩子有偏见的情况。目前，科学研究已经推翻了继母"基本没好人"的观点。

在第二次婚姻中，继父母的艰巨任务仍然是博得伴侣带来的孩子的好感和信任，而不是偏爱自己的亲生孩子。到了青春期，随着俄狄浦斯情结问题的再次出现，这个任务也变得越来越困难。

继子女是可以成功融入第二个家庭的，但由于亲生父母离婚，他们可能会继续受到亲生父母一方及其利己要求的困扰。尤其是在青春期、青少年时期的成长危机中，他们更容易被神经症所影响。

**案例 46**

　　直到半年前，13 岁零 10 个月的埃尔温还与患有精神分裂症的 56 岁母亲一起生活。母亲精神行为异常，对儿子疏于照顾，于是他的父亲——一个 50 岁的饭馆老板，把他接到了身边。几年前，埃尔温的父亲娶了更年轻有活力的第二任妻子，因他酗酒而变得惨淡的饭馆生意也在她的经营下略有起色。父亲再婚后，继母生下埃尔温同父异母的 7 岁弟弟。

　　埃尔温为自己的亲生母亲感到羞耻，对继母又敬又畏，他爱他的父亲，对同父异母的弟弟的态度则很矛盾。

　　家庭变故给这个青春期少年造成了严重的心理冲突，引发了他的抑郁症和疑病症。在 VF 测试中，埃尔温没有画自己的母亲，把拥有"阳性"力量的继母画作一架飞机，把父亲画作一辆车，车中坐着弟弟和他自己。弟弟被变形为驴头，他自己则变为牛头（见图 2-46）。

　　在这幅画中，他象征性地实现了摆脱继母的愿望，但同时也承认了继母的强大。

　　自我弱化的埃尔温和同父异母的弟弟都在父亲身边，成为一个家庭组合。飞机与汽车画在两条平行线上，表达了埃尔温与继母之间存在距离感，但也表达了他对继母的赞赏、敬佩。

图 2-46　案例 46

　　更多相关案例，可参见案例 30、39、40、44、52、64、83、84、102。

## 问题家庭儿童

在我们的研究中，有 101 名儿童在和谐的家庭环境中长大。在 76 个家庭中，母亲的影响力占主导地位，在 88 个家庭中，父亲的影响力占主导地位。在其余的 335 个家庭中，家庭中的问题对儿童的成长产生了负面影响（见表 2–4）。

这些问题家庭中有一部分是所谓的离婚家庭，离婚家庭子女多年来经历了父母婚姻破裂的悲剧，这也是家庭完整性的破裂。然而，很多婚姻并没有以离婚告终，其中一部分原因是母亲出于对现实的考虑选择不离婚，如果她们在父权制社会中被迫工作谋生，那么如何养育孩子对她们来说会是非常直接的难题。

表 2–4　　　　　　　　家庭氛围的负面影响（总人数 = 600）

| 家庭中的问题 | 人数 |
| --- | --- |
| 争吵 | 49 |
| 缺少主心骨 | 43 |
| 职业发展困境 | 32 |
| 父母不善教育 | 47 |
| 酗酒 | 17 |
| 品行障碍 | 14 |
| 和孩子一起离群索居 | 15 |
| 紧张敌对 | 102 |
| 家境衰败 | 16 |
| 总计 | 335 |

但有时夫妻双方神经质的纠葛让他们得到无法放弃的神经质满足。而孩子作为破裂婚姻的唯一纽带，是家庭神经症的受害者，也不断受到家庭问题的侵扰，父母出于神经质的利己主义，剥夺了孩子接受治疗的机会。

在这种问题家庭中，父母与孩子的交流方式也往往会引发孩子的心身障碍。

**案例 47** ◯◯◯

费迪南德在 14 岁时首次问诊，当时他被诊断患有心脏神经症和学校恐惧症。从那以后，他一直在不定期地接受心理治疗。他善于用多种借口逃避心理治疗，比如有时他会说他在外面，不方便去医院。

费迪南德是父母的独生子，出生很晚。费迪南德的母亲的第一段婚姻有三个孩子，而小她七岁的丈夫，从小就是个被溺爱的独生子，很晚才结婚。

费迪南德作为父母最小的孩子，被父母溺爱。在幼儿时期，他睡在父母的卧室里，这导致一种强烈的母子共生的癔症反应，这种反应后来也一直没有消失。他没有上过幼儿园，后来由母亲接送上下学多年。当他转学上高中时，去学校学习变得非常困难，很快他便不能正常地上学了。费迪南德频繁出现自主神经性晕厥、大量盗汗等症状，这是一种严重的生存焦虑的表现。在越来越难以挽回的婚姻中，母亲把孩子更紧地约束在自己身边，但因为她自己有癔症的倾向，总是很不安，所以无法给孩子真正的安全感。费迪南德一次次地留级，到 14 岁时，已经没有公立中学能够接收他，他只能暂时上私立学校。发展到最后，他只能参加远程课程，每到临考都会感到恐惧。父母的富足使他能够逃避一切社会责任。

14 岁时，他在 VF 测试中把父母描绘成动物：他们像家人一样围坐在一张桌子旁，但被贬低为驴（父亲）和猪（母亲），孩子们则被画成了猫。7 年后，他画了第二幅 VF 测试绘画，这幅画中缺乏情感，他在描述这幅画时同样意识到了这一点（见图 2-47）。

费迪南德首先画出父亲，是一棵冷杉，他还描述了父亲的专制。画中排在第二位的是母亲，但在他讲述的故事中母亲是第一个出场。母亲是房子，他认为她是极其强大的，但他后来为房子添上了滚轮，使房子失去了稳固、庇护的功能，这样房子就降级成了房车，无处停泊，这一点恰恰体现出他自己不断更换地方的处境。

图 2-47　案例 47

最后他在父母下方画了他自己，一具棺材，很明显比父母小了很多。他的情感越来越匮乏，根据他的描述，他变得"呆滞、麻木"，他把死亡看作自己悲惨人生的唯一目标。

他拒绝了所有进一步的心理治疗和其他方面的治疗，同时他也因为无数病痛成为急诊和门诊的常客。

在许多有行为障碍、神经症和心身问题的儿童家庭（总人数 = 600）中，家庭气氛紧张（102 例）和持续争吵（49 例）都是常事［这里不包括家境衰败造成的家庭破裂（16 例）和酗酒家庭（17 例）的情况］。

VF 测试的要求是中立的，仅仅是让孩子们画一个家庭，而没有规定是谁的家庭，但许多孩子在神经症的痛苦压力与强迫承认的推动下画出了自己的家庭。

一个 15 岁、患有口吃的少年在测试时曾解释说，他画了五个家庭成员，恰好和自己家人一样多，这纯属偶然，其实没有什么含义。而这种附加的声明其实更能证明他画的是自己的家庭。

## 案例 48

15 岁的汉斯患有严重口吃数年，已无法参加学校课程。他处于专制父亲的重压之下。焦虑、担忧和不安的母亲自己小时候也曾患有焦虑症和睡眠障碍。因为是晚生子，汉斯在很长一段时间内与母亲保持着共生关系。母亲不允许他离开自己身边，所以汉斯无法接触其他孩子，后来上学时他仍有社交障碍。直到一年级他还有吃手的习惯。汉斯胆小，有强迫症状，行为刻板拘谨。

在汉斯的 VF 测试绘画中，由弯折柱子支撑的"三角形底座"象征家庭。在画纸左侧边缘能隐约看到魔法师的轮廓，他以威胁的姿态高举魔杖（见图 2–48）。

**图 2–48　案例 48**

汉斯讲述的故事如下："把这个底座下的任何一根柱子移开，整个底座就会倒塌。它是一个三角形底座。这个家庭有五个人，我们家也是五个人，但这纯属巧合。这儿还需要添加一个柱子。上面这个是整个家庭的幸福、家人间的良好关系……中间的柱子应该能够撑到最上面……说不准这幅画中谁是父母，谁是孩子。"

在这个故事中，他将画中的家庭等同于自己的家庭。他借此指出家人间的关系面临威胁，没有这种关系，家庭将分崩离析。那个顶盖，即那块三角形底座象征着家庭的完整。他感受到家庭整体是不稳定的，始终濒临倒塌。

弯折的柱子象征着自己的家如同"破碎之家"，名义上的一家人实际过着不相干的生活。这幅画还体现出对家庭中心支柱的渴望。

汉斯的沃特戈绘图完形测试也证实了这一测试的结果：他在第三个小方格（顺序位于第六位）中画出了带有倾斜柱子的庙宇，类似于 VF 测试中的三角形底座，揭示了他在问题家庭环境中未能克服的成长问题。

更多相关案例，可参见案例 15、39、40、42、46、49、50、74、76、80、81、82、91、113、115、121、122、127。

○○○

在投射组合测试中，VF 测试往往是唯一一个能够彻底揭示被试深刻心理冲突的测试形式，而所有其他测试则容易压抑和掩盖儿童内心冲突。在 VF 测试中，所有变成石头、岩石或石化的图像元素都呈现了"破碎的家"的情况（参见第 5 章"物品"一节关于石头的内容）。

### 酗酒家庭儿童

家庭中的酗酒者对儿童造成的心理社会影响大于遗传影响。在酗酒者家庭中长大的儿童面临种种危害。饮酒通常会引发一些精神上的遗传症状，因此我们迫切需要采取措施，保护儿童心理健康。在科斯的研究中，40 名来自酗酒家庭的儿童中（其中一些也出现在我们的研究中），有 32 名患有精神障碍。这些儿童过早地经历情感忽视，致使他们在这种家庭环境中无法培养出原始信任。

我们共调查了 600 个家庭，其中 17 个家庭中有酗酒者。在成长的过程中，孩子们不断经历家人醉酒的场面，母亲和孩子经常受到醉酒父亲的虐待。家中缺少主心骨，孩子出现了潜在的因缺乏关注而形成的品行障碍（"约束力缺失综合征"），如撒谎、盗窃、游荡、逃学，或者将自杀（自杀企图）视为解决办法。家庭经济能力下降、社会功能丧失导致家庭的完整性逐渐受到威胁。

## 案例 49 ○○

九岁的海因里希成长在一个酗酒者家庭。他始终没有解决大小便的问题，现在还有遗粪的现象。他的父亲是一名公务员，长期酗酒，多次戒酒都没能成功。他的母亲也是公务员，性格温柔，她无法阻止丈夫喝酒，但作为母亲占据强势地位。家里还有两个比男孩大的孩子，男孩的姐姐已经结婚成家。虽然男孩一次次目睹父亲醉酒的场面，但他情感上很依赖父亲，父亲同样也很依赖他。男孩与姐姐的关系紧张，他嫉妒姐姐。

在 VF 测试中，酗酒的家人对孩子精神行为的负面影响跃然纸上（见图 2-49）。男孩沿纵向绘图，这样一来，左侧狭窄的房子就显得更加压抑。窗户里的房间大多是空的，只有几个窗户里可以看到小小的身影，他们是父母和一个男孩。右侧阴森森的景象占据了大部分的空间：魔法师从中间那条道上走来，手举魔杖，姿态富有威胁性。所有的路都是向下通往房子的。魔法师想对周围的一切都施以魔法。一群徒步旅行的人已经逃到了另一条小路的树上。家里年龄较大的男孩躲在另一棵树后面。

在故事中，家人被施了魔法，变成了狗、猫和老鼠，"他们互相争斗"。他通过三种角色呈现自己，"就像在梦中"一样：其一是父母的受害者，也就是年龄稍小的男孩变成的小老鼠；其二是躲开危险的年龄稍大的聪明哥哥；其三是无所不能的魔法师，如愿以偿地为家庭所受的羞辱复仇。

图 2-49　案例 49

男孩对混乱构图的描述就像是在描述最终坍塌成瓦砾的房子，体现出这个有遗粪症状的孩子的潜在品行障碍，以及酗酒家庭明显的行为问题。这个精神上无依无靠的孩子面临的是卡斯帕尔·豪泽尔的处境。

更多相关案例，可参见案例 20、33、39、46、83、106。

○○○

### 精神分裂症患者家庭中的儿童

在我们的研究中（总人数 = 600），有九个孩子是在精神分裂症父母身边长大的。这些孩子面临特殊的生活难题：在很小的时候就不被父母接受，从而无法发展，或者只能发展出不完整、不正常的情感关系。精神分裂症患者的健康伴侣往往也因为患病伴侣受到精神方面的影响，面对这种情况，健康一方的行为和态度决定了家庭的命运。做到换位思考、真正关怀患病伴侣和孩子，才能确保家庭的稳定。

精神分裂症患者的孩子认为他们的父母患有重病且有行为障碍，所以非常焦虑，会产生被抛弃的感觉。当他们不得不早早面对患病父母难以捉摸并带有攻击性的情感爆发时，他们总会一次次地因情感关系的不可靠而感到失望。

如果被试经历过病人的攻击性行为，这种经历可以直接或象征性地表现在被试对绘画对象的选择上。有研究对100个精神分裂症患者家庭中的240名儿童进行了"动物家庭"测试及场景测试，研究结果表明，这类被试选择鳄鱼的次数比其他儿童多。

在以下这个案例中，一个九岁的男孩从一开始就被长期患有精神分裂症的母亲冷落，他认为自己和自己的弟弟是两个垃圾桶——他只在纸上画了两个垃圾桶，表现了两个孩子被抛弃的情结（见图2–50）。这个男孩患有焦虑性神经症、抑郁症、遗粪症。

## 案例50 ○○

鲁道夫的母亲是独生女，她在童年和青少年时期就表现出胆怯、抑制，有社交障碍，已患偏执型精神分裂症多年。在伴侣一方有神经症倾向的条件下，男孩的父母在战后艰难时局下结婚，两人的婚姻关系从一开始就很紧张。在第一次怀孕分娩了死胎后，鲁道夫的母亲非常焦虑地期待着鲁道夫的到来。

在第二次怀孕和生产时，母亲的偏执型精神分裂症爆发，她无法抚养孩子，就把孩子交给了一个年迈的保姆照顾，她自己也被这位保姆照顾过，且和保姆仍保持着共生关系。由于病情发展，母亲曾多次住进精神病院和疗养院。在家期间，她依旧放纵、忽视孩子们。鲁道夫除了患有焦虑性神经症和社交障碍外，其主要问题是遗粪症，而被母亲完全排斥的弟弟则有严重的睡眠障碍。在这种压力下，他们的父亲决定离婚。他把孩子们交给了无儿无女的年龄稍大的养父母抚养，但仍然会每天照顾孩子们。在新的家庭环境中，两个孩子的神经紊乱情况逐渐好转。但他们还是一直有焦虑情绪，尤其是大儿子。

鲁道夫画了两张画，一张是被施魔法前的家庭，一张是被施魔法后的家庭。在第一张图中他只画了两个男孩，他认为这就是他自己的家庭。被施魔法后，两个男孩变成了两个垃圾桶（见图2–50）。

两幅图中都有被用力涂黑的部分，表明了这个压抑的孩子情绪抑郁、焦虑。

在第一幅画中，孩子缺乏安全感的状态表现在其中一个孩子向另一个孩子伸出手寻求帮助，而且父母并没有出现。第二幅画则强调了这种安全感的缺失，在画中两个孩子都变成了垃圾箱，这体现了孩子们的悲惨人生。他们从出生起就被迫在有精神分裂症患者的家庭环境中生活，没有母亲照料，家中经常因为生病的母亲产生争吵，他们觉得自己仅仅是家中的"垃圾"而已。

图 2-50　案例 50

在对画的评论中，鲁道夫认为孩子们是因为邪恶而被施魔法，这再次表达了他在成人社会、破碎家庭中所感受到的情感匮乏。他们觉得自己只是替罪羊。

男孩在 TAT 投射测试中反复描绘死亡经历，这同样是他患有抑郁症的表现。

更多相关案例，可参见案例 16。

## 被虐待儿童

对儿童的虐待表明家庭中存在更深层的情绪障碍，这种情况往往出现在破裂的家庭中。儿童不断经历失望，没发展出任何一种人际关系中的"原始信任"。在大多数情况下，身体虐待会引发原始创伤，即阉割焦虑和失去母爱时的分离焦虑。

受虐待的儿童也相应地把自己描绘得残缺不全，他们的身体体验已经不完整了。然而孩子也可能在家庭外受到虐待。例如，孩子在学校遭受教师的殴打甚至虐待，形成心理创伤。可靠的情感关系也不一定能弥补这些创伤。

## 案例 51 ○○

10岁的男孩伯特在受到老师的虐待后，立即被家庭医生转介到教育咨询中心。伯特仍处于这段经历的阴影中。他有一个比他大四岁的哥哥。伯特的父亲性格固执，在一个问题家庭中长大，曾短暂当过演员，随后失业，还做过需要离家数周的临时工，他有着披头士的外表：梳理整齐的长发，有时用蝴蝶结扎成莫扎特式的辫子，穿着相应的夸张服饰。

在谈话中，这位父亲强调自己反对既存的社会规则，对孩子的哺育和培养有自己的看法，在孩子上幼儿园的时候，他就已经和幼儿园老师发生过争执。他敏感的妻子在很年轻的时候就认识了他，总是尝试去调和他与别人的矛盾。家务和家庭的重担全都落在她身上，她常常感到被丈夫抛弃。

伯特的父母其实并不想要他。母亲是在他出生后才和父亲结婚。伯特出生时只有4磅[①]（约2千克）重，一直很爱生病，对母亲非常依赖。他身材矮小、敏感、不自信、有社交障碍。他偷糖果送给别人，试图以此建立友谊。在小学一年级的时候，老师很快就因为伯特的父亲与伯特产生了矛盾。伯特的一些稍有违规的行为是诱发师生冲突的导火索，老师突然无法控制情绪，在伯特脸上打了好几下，导致伯特的鼻子流了很多血。

图 2-51　案例 51

在参加VF测试时，受到伤害的经历对于伯特来说仍然记忆犹新。在伯特的画中（见图2-51），左上角是站在"雷电"中的魔法师，矮小而驼背的父亲

---

① 1磅约为0.453千克。——译者注

被画在其他三个人物中间。其旁边是被画成一只巨大的羊的母亲，最后是右边的大而畸形的怪物女孩，她是一个"半人半兽"。

雷电象征了伯特所经历的暴力虐待。父亲无法保护他免遭虐待，伯特就把父亲退化成一个小而驼背的男人，剥夺了他所有的"美貌"，伯特的同学经常因为他父亲的这种造型而嘲笑他。虽然父亲缺席了家庭生活，但他依然是在魔法师之后第一个被画出的，并且带有男性的特征（礼帽和拐杖）。紧随其后被画出的是母亲，她是一只好脾气的羊，家庭的所有重担都压在她身上。她超大的体型体现了她对于男孩的重要性，在男孩的故事中，她也是第一个被施魔法的人。

最后，伯特自我弱化地把自己画成一个女孩，而且是一个畸形怪物：这是刚被老师虐待过的后果。他以正面视角向观众强调了他的痛苦。

○○○

### 难民儿童

第二次世界大战结束几十年后，难民移民潮仍未停止。难民儿童在新环境中适应得好不好在很大程度上取决于其父母的适应情况，人的年龄越大，适应新环境就越困难。即使在极重的负担下，假使父母能够给孩子安全感，这对孩子适应新环境也是很重要的。安娜·弗洛伊德和她的合作者们在这方面有过重要的论述。上文也提到过无父的难民儿童出现遗粪症的问题。

针对235名难民儿童的研究表明，1/4来自完整家庭的儿童尚未克服逃亡创伤，在逃离家园的两年中，他们一直住在难民营里；而大多数在问题家庭中长大的儿童基本上都刻意压抑了自己的流亡体验。

## 案例 52

为了离开家乡，八岁的桑多的母亲年纪轻轻就嫁给了一个来自东方国家的外交官。在孩子两岁时，他们的婚姻破裂了。桑多对父亲的了解仅仅来源于父亲休假在家的时光、父亲的礼物以及他从全世界各地打来的电话。桑多五岁时，母亲和一个大学生同居了。这个"叔叔"以母亲亲戚的身份示人，从内心深处排斥这个孩子。桑多的父亲犹豫不决，不知道是要把孩子带到自己身边，还是放弃他。桑多的母亲觉得桑多是个负担，因为桑多，她不能从事正常的职业。母亲、孩子和"叔叔"生活在一个像无人区的大城市里。在家里他们说母亲的家乡话，因为他们的德语都不好。为了使桑多和父亲能相互沟通，他被送进了一所法国学校，在学校中，他展现出高超智力，但从一开始他就有行为障碍的表现。

与桑多共同生活的人缺乏安全感、有攻击性行为，为生活而感到焦虑，因此他一出生就生活在这种家庭氛围中。

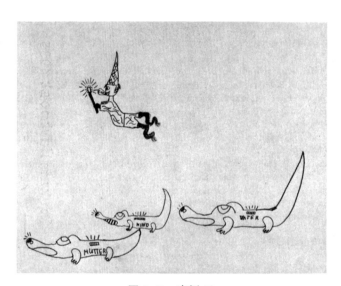

**图2-52　案例52**

在VF测试中（见图2-52），桑多首先用肯定的笔触在画面左上方画出了一个飘浮在空中的魔法师，魔法师下方先是看向左侧的孩子，然后是孩子前方的母亲，最后是右边的、处于母亲和孩子后方的父亲。他们都变成了鳄鱼。魔法师和孩子都具有威胁性地龇着牙，但母亲和父亲却没有牙齿。从画里的对话框中可知，魔法师"嚓嚓"地笑着。

从他叙述的故事中我们了解到，鳄鱼最终死在了全是水的房子里。男孩与母亲关系紧密，而母子也明显与父亲疏远。男孩用绘画和讲故事的方式表达了母子富有攻击性的恐惧防御心理。

# 儿童、疾病与医院

疾病，尤其是心理作用引起的疾病，除了能体现儿童身体器官的功能状况，还能反映儿童作为家庭一分子的情感状态。年龄越小的儿童，就越容易受心理影响，出现完全的心身反应。随着他们的成熟和成长，儿童会出现向健康和疾病状态的分化。

在模仿父母和其他起示范作用者的疾病行为的同时，孩子的认同感开始发展，这种情况尤其适用于易受影响或产生认同的癔症性格结构。阿尔弗雷德·阿德勒所指的"因器官缺陷产生的自卑"，其含义就部分源于此。了解米切利希（Mitscherlich）所说的"症状家族史"能够避免我们过分高估基因遗传的影响。母亲越是固着于和孩子之间的共生依赖关系，她支持孩子病态的退行行为的时间就越长。

## 儿童的心身疾病

我们在观察组中发现很多儿童患有不同种类的心身疾病，这些疾病都是由其生活经历决定的，所以能在家庭绘画测试中映射其家庭的神经症情况。常见的疾病包括支气管哮喘、溃疡性结肠炎、肥胖症、厌食症和心脏神经官能症。对于后面这几种疾病，我们在研究组中仅观察到个例，无法进行有效的统计分析，但记录了 73 名患有支气管哮喘的儿童和青少年（总人数 = 1225）。

支气管哮喘是目前最为常见的儿童和青少年心身疾病，对此也有很充足的研究结果。许多作者都不约而同地指出了疾病中母亲与孩子的关系问题，即"母子间的哮喘纽带"。哮喘患儿在患病的过程中逐渐形成固定的神经症行为，不过在 1/4 的病例中，神经症在哮喘发作前几年就存在了。

哮喘患儿紊乱的情绪会表现出焦虑和攻击性的两极对立，通过攻击自身引发哮喘发作，类似于湿疹发作和结肠炎患者的绞痛发作。虽然绝大多数儿童是在上呼吸道感染（包括百日咳或麻疹等传染病）后患上支气管哮喘，但心理问题的影响有时同样会引发病症（见案例 5）。

肛欲期儿童的如厕习惯问题也是他们患支气管哮喘的一个主要原因。过严、过早地进行如厕训练导致孩子哮喘发作的情况并不少见。随着下一个孩子的出生而失去优势地位是幼儿面临的第二个危机，这种情况也经常发生在肛欲期的年龄较大的孩子身上。

年幼的孩子在疾病中与母亲保持共生关系，这种亲密关系在哮喘患儿中尤为常见，特别是当孩子是独生子女、家中最小的孩子或晚生子时。母亲在孩子哮喘发作期间能体会到孩子的恐惧，所以双方能维持保护性共生关系。大多数死于哮喘的儿童是与母亲有共生关系、依赖可的松的儿童。药物依赖往往是共生关系的一部分。

一旦在VF测试中确认这些共生现象，我们就要采取相应的心理治疗措施，对于这些孩子和母亲来说，除了暂时不可缺少的药物治疗（药物剂量经过仔细考量），母子双方还要同时接受形式不一的心理治疗。只有在这种情况下，使用美国人穆雷·佩什金（Murray Peshkin）推荐的"父母移除术"，即把哮喘患儿与父母分离，才是有意义和负责任的。从原发性母婴共生现象可知，将孩子和与其有共生关系的人突然分离会斩断孩子与世界的唯一联系，这对于孩子来说是致命的。

哮喘病患儿通常会出现神经质行为，尤其是社交障碍和攻击性抑制，而患儿发病时所处的孤立状态更促进了这种行为的发展。在场景测试中，哮喘患儿比存在其他行为障碍的儿童更愿意选择象征攻击的鳄鱼玩具。布偶选择和游戏场景的单一化是社交障碍性哮喘儿童在场景测试中表现出来的特点。

在VF测试中，哮喘患儿的家庭关系体现出以下这些特征：

- 以某种共生的形式退行至母体；
- 退行至洞穴，洞穴象征着呼吸困难，一般来说也象征着回归子宫；
- 对可怕的哮喘发作产生的生存焦虑，以及被疾病压倒的无力感，可能通过对鬼魂等形象的描绘表现出来；
- 与母亲的共生矛盾，即以双头动物表现出无法摆脱母亲的状态，但也会用猫鼠或章鱼等动物表现出吞食与被吞食的状态。

**案例 53**

　　八岁的乌特多年来一直患有严重的支气管哮喘，她的整个家庭都承受着过敏性疾病的困扰：她的母亲有顽固的过敏性鼻炎；在过去的 10 年里，她的祖父一直患有严重的支气管哮喘，乌特经常拜访祖父，曾目睹过他哮喘发作；比乌特大两岁的哥哥也曾患有支气管哮喘，在他六岁做了扁桃体切除手术后，支气管哮喘的症状消失。乌特则在婴儿时期患上了痉挛性支气管炎，后逐渐发展为支气管哮喘，扁桃体切除术并没有让她的哮喘痊愈。因为乌特的严重哮喘，母亲已经带着她去看过很多医生，也在北海和巴特赖兴哈尔疗养过。最近一次的治疗是在瑞士一家专业哮喘诊所，她在那里接受了七个月治疗。患病后，她有明显的癔症行为，通过这种行为，她反复地尝试把母亲和自己更紧密地联系在一起。

　　在前一次会面中，心理治疗师已经注意到母亲和孩子之间的密切关系，并建议她们同时接受治疗。在乌特的母亲童年时，其心理状况曾被长时间忽视，因此她遭受了巨大的痛苦。乌特的父母都出身于商人家庭，母亲现在也在帮助父亲做生意，对两个孩子照料不足，这必然引发了她的负罪感，所以她在孩子生病期间对孩子投入了大量的精力，以弥补之前的不足。乌特从一开始就嫉妒年龄稍小又健康的弟弟。

　　乌特的身体发育速度略快，她虽然患有慢性病，表现得很柔弱，但身体基本状态较好。

　　在 VF 测试中，她首先用较轻的笔触画出一只老鼠，这只老鼠在向左边的房子爬（见图 2-53）。房子是最后被画出的，代表父亲。她画的第二个形象是她的哥哥——一个球，然后是排在第三位的母亲，她是最右边一棵枝条向斜下方伸展的杉树。

　　乌特讲了以下这个故事："从前，房子中住了一个孩子，他有一个不愿意送给别人的球。那个房子里住着一只老鼠，这只老鼠总是吓到孩子的母亲。房子旁边有一棵杉树，鸟儿在杉树上筑巢。一天，这个男孩带着球到树林里去，但他没有意识到老鼠在后面跟踪他。之后球掉进了一个狐狸洞，小老鼠钻进去把球拿了出

**图 2-53　案例 53**

来。男孩在杉树下给小老鼠挖了一个深洞，从此以后它就住在那个洞里。"

乌特首先将自己画成小老鼠，正在远离母亲，向父亲靠近，父亲在她的画中占有极其重要的位置。她因癔症和哮喘产生了自恋心理，把自己画在了第一位。她在病中的行为让家人一次次地为她担忧，母亲尤其担心她。

旁边的哥哥因为她的嫉妒变成一个球，当球滚向那棵杉树，消失在杉树旁边的洞里，也就是消失在母亲那边时，她离开父亲，追着球，让球与母亲分离，以便自己退行到与母亲的共生中，再次与母亲合为一体。

房子是渴望安全感的象征，她一开始靠近房子，靠近混乱的、商人气质浓厚的家庭，这至少说明她希望从父亲这方获得外部的稳定，房子毕竟比杉树高很多。窗帘和烟囱中冒出的烟也表明房子中是有人居住的。

## 案例54

10岁的马克斯学习成绩不好。由于患有哮喘，他不得不一次又一次地入院治疗。马克斯和母亲单独生活在一起，他是非婚生子，他的父亲辜负了母亲的期望，没有与她结婚。

父亲是个老单身汉，比母亲大20岁。战争夺去了他的财产，尽管他是一名学者，但他无法养活自己，生活在贫困之中，靠朋友们微薄的救助度日。他尽自己最大的努力照顾马克斯，但他在教育方面的努力是失败的。

母亲有一份不固定的工作，她很辛苦，对生活失望、不满。马克斯哮喘发作时，她就会焦虑，马克斯考试成绩不理想时，她又会生气。

马克斯依赖母亲，但他也厌烦母亲不断的辱骂和抱怨。在 VF 测试中（见图 2-54），他首先把父亲画成一只鳄鱼，鳄鱼看向儿子。儿子被画成一条狗，站在母亲身边，但却看向父亲。母亲在最后被画出，是《怪医杜立德》（*Doktor Doolittle*）中的双头兽，叫着"别推我，别拉我"。

图 2-54　案例 54

马克斯认同他的父亲，他首先把父亲画出来，自己作为一条忠诚的狗望向他。然而，作为鳄鱼，父亲对他来说仍然是危险的。虽然他站在父母中间，但他离母亲更近。双头动物体现了母亲和儿子因哮喘而形成的矛盾共生关系。

更多相关案例，可参见案例 5、25、62、80、89、100、101、108、109、119。

在哮喘患儿的家庭中，哮喘患儿会对母亲和其他家人提出以自我为中心的、自恋的要求，在这种家庭中，兄弟姐妹之间的竞争是造成"影子儿童"的一个重要因素。例如，一个经过心理治疗的哮喘患儿康复后，他一直身体健康的弟弟也得了哮喘病，以这种方式迫使母亲关注自己、为自己投入精力。

本书还将讨论由心理原因引起的其他疾病的病例：

- 溃疡性结肠炎：案例 17、70、107；
- 厌食症：案例 27、104、123；

- 心脏神经官能症：案例 47。

## 患有慢性病的儿童

不仅是哮喘能够使儿童、母亲和其他家人在漫长的病程中学会通过形成神经质防御行为来适应疾病，其他慢性病也会使儿童和家庭出现类似的情况，无论儿童是住在医院、养育院、疗养院还是家中。疾病本身会带来生理后果，如数月或数年的卧床、被石膏绷带和器具禁锢，以及因疾病而造成的残疾，例如小儿麻痹症晚期、截瘫或神经肌肉系统退行性疾病导致的状态。除此之外，疾病还会让儿童的内心越来越封闭，慢性病患儿会过分关注自己，出现疑病症、自恋的心理状态，越来越沉浸在自己的世界中，不与外界沟通交流。对儿童来说，与自己处于共生关系中的母亲会成为外界的替代品。在画中，笼中之鸟象征性地表现了儿童被疾病禁锢的无助。我们首先在小儿麻痹症病房中病情最严重的瘫痪儿童身上观察到"鸟笼综合征"。

糖尿病对孩子来说也是一种漫长的折磨，尤其是对口欲的压抑，因为患儿必须控制饮食，接受药物注射。齐尔（Zierl）借助场景测试指出在糖尿病儿童的测试画中食物与禁忌的重要地位。这些儿童也会将约束和失望象征性地投射在鸟笼形象中（参见案例 127）。

安娜·弗洛伊德和特西·贝格曼（Thesi Bergmann）指出了儿童和青少年因为长期住院而发展出的心理防御机制。

患有血液疾病（血友病）的儿童与糖尿病患儿类似，他们也要定期做好预防措施。在疾病发展过程中，他们的关节会扭曲变形。与糖尿病患儿类似，血友病患儿也会因为不合适的运动引发出血。不论是糖尿病患儿还是血友病患儿，带有自我惩罚愿望的受虐倾向都会引发心理危机，促使病情加重。由于病痛，血友病患儿在生理上对父母的依赖性会越来越强，长期被父母的心理影响，很难脱离父母。在母子保持的退行性共生关系中，母子双方神经症固着的情况会随着疾病的发展而进一步发展。我们对 20 名血友病儿童和青少年开展的研究证实了这一点。

在 VF 测试中，一个 13 岁的男孩在房间中画了一只章鱼（头足类动物），体现了他被可怕的病魔，即一种命运的力量随意摆布的状态，表达了自己内心的绝望和被束缚的感觉。

## 案例 55

14 岁的尼古拉斯经常担心自己的健康。作为血友病患者，他担心自己将来会终生依赖轮椅生活。尼古拉斯是个好学生，他想以后学习数学。他是家里唯一的孩子，因此他的父母，尤其是母亲，非常关心他。这个男孩的病是整个家庭最重要的事情。

在 VF 测试中，尼古拉斯首先把一个四岁的女孩画成一只老鼠，然后把父亲画成一只巨大的章鱼，最后把母亲画成一条蛇，位于女孩和父亲之间（见图 2-55）。他用红色的笔给这只章鱼描了边。与章鱼呈对角线的右上角是一台电视，屏幕上是火箭发射到月球的情景。火箭的火焰也是红色的。

图 2-55 案例 55

尼古拉斯在他对画中故事的叙述中告诉我们，家庭中的这三个人可以通过一个人无私的爱与照料重获自由。

在 VF 测试中，尼古拉斯将他无法行走的痛苦投射到沦为爬行动物的父母身上。疾病的阴影深深笼罩着男孩，如同在地上四处爬行的巨大章鱼一般。疾病阻碍了他对男性的自我认同，因此他自己退化为画面右下角的一只小老鼠。画面中对角线的安排进一步强调了他生病状态带来的冲突：在对角线的一端，章鱼笨拙地趴在地上；而在另一端，电视屏幕中的火箭正飞速升空。在他讲述的故事里，他希望如愿以偿地从病痛中解脱。

在只绘画不讲述故事的这一组儿童中，有 49 名 7~14 岁的儿童因慢性肺病（大部分是肺结核，一部分有明显的肺部症状）在儿童疗养院接受了长达数月的治疗。对这组慢性病儿童的统计分析并没有得出针对这个集体的一致性结果。

我们对此的解释是，现在这种疾病一般不会再对孩子的心理产生严重的影响，因为治疗手段已取得重大进步。该儿童疗养院高强度的康复措施也在很大程度上起了作用，从一开始就避免了因长期住院或患病在家而造成的"医院病"。

**患有神经系统疾病的儿童**

参与我们研究的患者还包括患有非特异性脑损伤、癫痫、脑瘤和李特尔氏病（痉挛性瘫痪）的儿童。

儿童的神经系统疾病会引起亲属及患者本人的特殊反应，即斯特罗茨卡（Strotzka）所说的"攻击、内疚和羞耻"。斯特罗茨卡在分析癫痫患儿的家庭结构时发现，"母亲会补偿性地过度强调其潜在的死亡愿望，儿童有精神性的成熟抑制及退行行为，变得更焦虑和有攻击性"。一部分患儿的父亲会以家庭外的活动为借口选择逃避，另外一部分父亲则表现得富有攻击性。

我们从病例中观察到，孩子会感到内疚并带有攻击性地将疾病投射到他人身上，作为自己对疾病的回应。

在 VF 测试中，魔法总是作为一种命运般的干涉被施于画中人物的头部，头部是患有神经系统疾病的孩子不适感集中的地方，他们一直具有头痛的伴随症状。为了不成为唯一一个感受到奇怪疾病的人，孩子们常常把这种感觉转移到画中的亲人身上。因此，这些孩子在画中会非常突出头部，这种绘画特点显示了他们的异常症状。

其中一些患儿画出了毁容、残疾、"畸形"的形象和"丑陋的生物"，这些变形多数发生在绘画对象的头部。

**案例56** ○○

　　芭芭拉九岁时得了腮腺炎，不久后她开始在夜里出现痉挛症状，被怀疑是局灶性癫痫发作。芭芭拉出生时，她的父母已经结婚五年了。她在家中一直享受着公主的待遇，备受宠爱，直到五岁时她的弟弟出生。她从一开始就十分嫉妒比自己更有活力的弟弟。芭芭拉是个好学生。她的父母关系融洽，整个家庭都希望父亲能获得晋升。但他们都为芭芭拉的病感到非常忧虑。

　　在 VF 测试中，女孩画了一幅栩栩如生的家庭场景（见图 2–56）。首先，她把父亲画在中间，但是父亲以背影示人，正看着镜子里的自己。然后芭芭拉画了第二个人物鲁迪（八岁的儿子），最后画了母亲，他们都看向父亲。画中的三个人都因杀蛇而被魔法师惩罚，必须将趴着蛇的石头在头上顶一个星期。

图 2–56　案例 56

　　"头部"的疾病吓坏了女孩，她认为这是石头一般的负担，蛇象征着疾病危险重重。为了减轻自己的负担，芭芭拉立即将疾病投射给所有家庭成员，但将诅咒的期限限制在"一个星期"。

　　芭芭拉还没有自我认同于母亲，所以她先画出了父亲。因为嫉妒，她没有画弟弟，而是按照自己的愿望把自己变成了一个八岁的小男孩，因为她在八岁时还很健康。

## 案例 57 ○○

13 岁的赫伯特在患上脑部疾病（位于海马旁回）之前发育一直完全正常。患病后，他产生了严重的焦虑并发症。从那时起，赫伯特的学习成绩迅速下降。

赫伯特生活在整洁有序的乡下。他的父亲是一名起重机操作员，经常出差在外。母亲照顾小生意，照料两个儿子——赫伯特和他的弟弟约瑟夫。男孩们很依赖母亲。

**图 2-57　案例 57**

赫伯特在 VF 测试中画的是一个幻想中的家庭（见图 2-57），这个家庭中有三个孩子和一个姑姑（现实中并不存在）。所有的人物都是畸形的，尤其是头部和眼部的畸形。画中对角线的布局很特别：对角线的交叉点上是小儿子，他的身体非常小，却有一个不成比例的大脑袋和一双凸出的眼睛。赫伯特首先画出左下角驼背的母亲，母亲旁边是她的二儿子，二儿子把头夹在胳膊下面，拐杖取代了他的脚。身体变得过分细长的父亲有一颗凹陷的小头，他与母亲的位置呈对角线，在第四位被画出。左上方的大女儿被画成机器人，与右下方的姑姑呈对角线站立，姑姑是半人半骷髅的结合体。全家人犯了"罪行"，魔法师为了惩罚他们，将他们变得丑陋畸形。

畸形的头部映射了赫伯特对"头部"产生的焦虑。为了减轻自己的痛苦，他把畸形转移到全家人身上，因为"分担痛苦，痛苦减半"。

○○○

这些孩子的病情发展是个未知数，他们从一个完整正常的家庭得到的安全感越多，就越能平静地对待自己的病痛。

痉挛症患儿往往会在书写和绘画中展现出他们明显的异常状态。他们通常会平静地选择承受从儿时起就被赋予他们的命运，特别是当他们受到家庭之外机构的保护，而他们看到机构中的病友也和他们一样承受着自己的命运时。这种状态会持续到青春期到来，成长危机会使他陷入内心冲突，他们用神经症抗议自己与他人的不同。

### 儿童和医院

除了如厕训练和兄弟姐妹的降生，幼童面临的最大危机之一还有住院，尤其是在住院时没有母亲陪护的情况。对于孩子来说，分离焦虑（失去母亲）、医院的陌生感及医院环境中无形的、对他们来说往往是危险的多种刺激的影响，以及手术创伤、诊断和治疗，都会危及他们的心理健康。幼年时期的手术，如疝气手术、扁桃体手术和包皮手术，对孩子来说都属于阉割创伤。这些手术都是对儿童身体完整性的破坏。

由于医院和手术创伤而感到不安的儿童会将自己描绘成残疾和扭曲的形象。

## 案例 58 ○○

乌尔丽克是独生女，她的父亲是一名技师，母亲不工作，父母二人晚婚。母亲怀这个唯一的孩子时已经 45 岁，需要一定时间适应怀孕的状态，孕期的前几个月出现了剧烈的孕吐反应。

母亲曾经是一名肩负管理责任的秘书，她无法下定决心立即放弃工作，于是把抚养和照顾孩子的任务交给了一位女邻居，乌尔丽克在邻居那里度过了人生最初的四年。

后来母亲因健康原因卧病在床数月，终于彻底放弃了工作。乌尔丽克只是在上学前的最后一年能够与母亲朝夕相处。乌尔丽克在六岁入学，之后她的母亲成为班级学生家长委员会的负责人，并与一名女老师的关系很快变得紧张。开学几个月后，斜视手术也让乌尔丽克感到了心理压力。她在入院时就产生了分离焦虑，因为她会被蒙住眼睛数天，母亲也无法探望她。回到家后，她对母亲寸步不离，并让母亲接送她上下学。随后她出现了睡眠障碍、夜惊症和学校恐惧症。母亲还是过度保护她，并保持了与她之间的共生关系。

**图 2-58  案例 58**

在 VF 测试中，乌尔丽克画出了被施魔法前后的家庭（见图 2-58）。值得注意的是，这两幅画中都有四个家庭成员，也就是说，她为家里添了一个婴儿，这个婴儿在被施魔法前躺在摇篮中。

她有良好的绘画天赋，画中的这个孩子身体有缺陷，而且婴儿也没有眼睛。父母、孩子和婴儿四个家庭成员都被魔法变成了长颈鹿，变成了俯瞰一切的动物。

婴儿的加入，与其说意味着她真的希望有一个弟弟或妹妹，不如说代表了她的双重身份认同，即她希望自己退行到婴儿时期，成为婴儿。

因为她绘画天赋较高，她画的身体畸形的自己便显得引人注目，这是她感到阉割焦虑、遭受过手术创伤的标志。画中还有一个特征，即女孩因为斜视手术遭受精神创伤，双眼被蒙上数日，所以她也是画里四人中唯一一个没有双眼的人！

艾玛·普兰克（Emma Plank）曾提出，有必要在医院对儿童开展特殊教育。为接受手术的儿童提供术前准备和后续护理时，需要仔细了解其家庭情况，尤其要从孩子的心理角度出发，以便为儿童确定最佳的手术日期。

VF 测试有助于厘清儿童受到手术创伤的情况，因此也应该成为临床心理学家和儿童医院特殊教育学家（心理教育者、职业治疗师）的辅助工具。

第 3 章

# 绘画形式分析

•

•

•

Die verzauberte Familie
Ein tiefenpsychologischer
Zeichentest

# 空间布局

儿童对空间的理解和感知是逐渐形成的。发展心理学以及对原始部落的研究已经证实，空间关系最初是以自我为中心的、以自体为出发点的。随着人的成长，生理上的"原始空间"逐渐分化为远和近。所以我们也完全可以认为，儿童对空间符号的感觉也和这种最初以自体为出发点的空间理解有关。

对儿童来说，空间布局起初并不仅仅是客观的。维尔纳（Werner）认为："左和右不是客观存在的，而是与定向者的动作相关。"空间布局具有蕴含在情景中的"空间信号"特点。维尔纳不仅在孩子身上，也在原始部落中发现，"前和后是行动的组成部分，是动态的、事件性的、由感觉决定的"。

空间的象征含义存在于不同文化和时代中，所以最早对空间的象征意义开展学术研究的是文化历史学家、宗教研究者和民族学家。直到 20 世纪，空间象征问题才吸引了心理学家的关注，卡尔·古斯塔夫·荣格的分析心理学派、普尔弗（Pulvers）的笔相学派，以及格式塔心理学和发展心理学同时提出了对此问题的基本见解。这些认识为各种投射测试提供了理论指导。

这些投射测试大多是要求被试直接将测试指令所限定的空间区域及对其的处理结果直接返回给测试提供者。在玩具类测试中，比勒（Bühler）和劳恩菲尔德（Lowenfeld）的世界测试、施塔布斯（Staabs）的场景测试和阿瑟（Arthur）的村庄测试（Dorftest）尤其值得一提。而在绘画测试里最具代表性的是卡尔·科赫的树木人格测试（Baum-Test）、沃特戈绘图完形测试、古迪纳夫 – 哈里斯和麦考沃的画人测试，以及巴克（Buck）的房 – 树 – 人测试。

在以往的家庭绘画测试中很少有人关注到空间布局及其象征意义。法国学派是个例外，特别是科曼的相关研究。美国心理学家凯伦·麦考沃（Karen Machover）的学生艾达·亚伯拉罕（Ada Abraham）定义了空间象征在儿童绘画中的重要性："在画纸上选择的作画位置，对应的是在与他人的关系中给自己的定位，以及对自己与他人关系的感受。将绘画对象画在画纸的右或左，上或下，是根据这些位置被赋予的含义来决定的。"

亚伯拉罕认为，右手作为比较活跃的手，起到的是与他人沟通的作用，这对画纸的空间规划产生了影响，"右侧与学习、智力控制相关，出现的是一切与他人相关的事物"；相比右手，左手驯服度低、更加私人，所以"画纸的左侧展现的是自我的一面，面向过去，强调感情"。[①]同样，在村庄测试中，画纸右侧体现的是未来、外向性、活动和社会化，而左侧意味着记忆、过去、内向性和情感。科曼同样也提出"右侧是未来，左侧是过去"，在左侧绘画的人是那些退行至童年的人。

在村庄测试中，在画面中心轴处作画代表的是自我倾向：顶部代表自我投射、精神，底部代表自我实现、物质。亚伯拉罕证实了这些说法，她说这与人对自己身体重量的感觉有关。科曼也推测"画纸的上部分区域是想象力的扩展区，是梦想家和理想主义者的地带"，而下部分区域是维持生命的原始本能区，他把在这一区域作画的人归为"疲倦的、虚弱的、神经质的和沮丧的人"。根据亚伯拉罕的说法，绘画位置严格居中既可以表达对称倾向，也可能标志着被试的僵化和不自信。

村庄测试及科赫提到的米夏埃尔·格伦瓦尔德（Michael Grünwald）的空间样式都非常注意画纸角落的位置，这构成了树木人格测试的空间象征基础。根据阿瑟的说法，绘图位置在左上角意味着思乡倾向，右上角代表着投射方向，左下角代表的是冲突，而孩子们会在右下角表达需求。而根据格伦瓦尔德的说法，左上角代表退行；右上角代表活动方向；左下角代表早期发育阶段的固着；右下角代表归于泥土、衰落，代表"向往污秽、堕落的原始状态"。

参考科赫的树木人格测试，维特根斯坦（Wittgenstein）在场景测试中也使用了坐标系，并将其分为以下四个象限：

- 左上象限：初始情况描述；
- 左下象限：观众区；
- 右上象限：紧张冲突情况；

---

① 左、右利手一定会影响画面布局，但本研究并没有从头至尾记录下所有被试的左右利手情况，因此无法对这一因素进行统计分析，左右利手情况留待在后续的家庭绘画测试中进行研究。

- 右下象限：未来规划。

由于格林瓦尔德、科赫和维特根斯坦的这些思考都是从荣格的空间符号出发的，所以他们的理论也表现出许多相似之处。冯·施塔布斯对场景测试中空间布局的解释非常笼统："被试在调整和改变（测试）给出的实验空间时，可能将其有意地限定在与现实相符的生活情境中……如果被试把场景的构建限制在角落、边缘，或者只让其占据测试画纸中间的一小部分，那么画面的自然扩展就会显得受到阻碍、充满忧虑……如果被试所画的场景布满了整张测试画纸，这代表被试在努力填补空缺，对于在世界上孤单一人有原始的焦虑……对角线两端往往是相对的主题和极其不同的事物，可能揭示了内心的矛盾冲突和截然相反的体验。"

夏洛特·比勒（Charlotte Bühler）在世界测试中所提到的空间样式被作为一般准则来使用，在最终分析评估时，起决定性作用的是每个被试的个体表现：

- 空缺的世界：往往暗示着被试有许多情感问题；
- 封闭的世界：能看出被试的孤立倾向、分离性；
- 迷茫、混乱的世界：这是被试与现实关系错乱的典型表现；
- 僵化的世界：其特点是过分强调公式化的排列，显示出个体的僵化程度。

关于儿童画作中的空间规划和发展水平之间的关系，科赫认为，12 岁以下的儿童经常在画纸边缘作画。如果 12 岁之后的孩子还在边缘作画，那么通常表明这个孩子发育迟缓。亚伯拉罕发现，在 8 岁到 10 岁之间，孩子作画的位置有一个从左向右的转变：61% 的 8 岁儿童在左边画得更多，在 10 岁儿童中这一比例降为41%。针对世界测试和场景测试的研究表明，学龄前儿童的典型作画方式是排列。

根据迈耶尔（Meyer）的说法，学龄前儿童经常在世界测试中创造出"空缺"的世界，一方面是因为这个年龄段的儿童是自我中心主义的，另一方面是因为他们对外部世界的存在及其规律的认识尚有不足。

总而言之，大多数研究发现，幼儿作画的空间规划有以下几个特点：一方面是简单、模式化、多有空缺、具有排列性；另一方面也会出现混乱、过度填塞和混合的情况。这两种特点都是幼儿空间感知的典型特点。类似的空间布局的标准也适用于智力较弱的孩子。①科曼特别提到，在评价画面的空间布局时，我们还要考虑到孩子的手部情况及其阅读障碍的问题。

所有研究都认为，在解释空间的象征意义时必须小心谨慎，因为空间象征"只有在与其他元素放在一起综合考虑时才有意义"。无论是定性分析（以个人为对象）还是定量分析（以空间形式为对象），在我们的案例中，以上文献中提到的绘图特征并不都是有意义的。因此，在评析画面、讨论空间布局特征时，我们的讨论只针对那些具有突出统计学意义的特征，而在分析被试情况后，我们发现这并不会削弱某一特征在个别情况下的重要性。

**在画纸底部边缘以排列方式作画**

如未另有说明，以下提供的统计数据均基于 1225 名患有行为障碍的被试儿童。

研究发现，其中约 1/6 的被试儿童（17.2%）在画纸底边以排列方式作画。

## 案例 59 ○○

七岁的霍斯特和他四岁的妹妹维奥拉都还在尿床。父母对他们关爱有加。霍斯特还患有焦虑症和多动症，多动症在一定程度上掩盖了他的焦虑症。霍斯特有社交障碍，非常以自我为中心。

在 VF 测试中，他沿着画纸底边从左到右画了 11 辆并排的车，它们代表的是父母和一大群孩子（见图 3–1）。直到后来，他才认同其中的几辆车是他自己。他首先画了左边的父亲和母亲。在母亲的下方有一辆小汽车，这是孩子。再往前还有一个更小的孩子，这个孩子在两辆大车之间，几乎被压扁，他后来称这辆车是他的妹妹维奥拉。这一排车以最右边较大的车结束，他认为自己是这辆车。虽然他在最后的位置上，但他率领着整个汽车队伍。

---

① G. 比尔曼和 R. 比尔曼也曾用精神分裂症患者在场景测试游戏中的"器官受损型游戏综合征"来表明这一点。

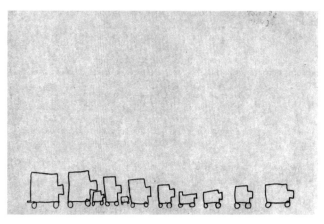

图 3-1　案例 59

他将家庭看作一排汽车，这表明了他对运动的需求。尽管他生活在父权制家庭，但他渴望扮演领导角色，而他的妹妹却受到威胁，被贬低。

无数幻想中的兄弟姐妹使霍斯特焦虑不安。

更多相关案例，可参见案例 4、9、15、16、21、24、45、50、53、67、77、78、82、85、89、102、109、113、118。

○○○

**在底边排列作画的方式与年龄的关系**

底边排列作画方式出现的频率与被试的年龄相关，年龄小的孩子明显更经常在画纸底边作画：34.1% 的 7 岁及 7 岁以下儿童在底边作画，而只有 11.1% 的 13 岁以上儿童在底边作画。孩子的年龄越小，就越会倾向于在底边作画，遵循画纸的界线。

**在底边排列作画的方式与智商的关系**

智商处于 100 到 110，即智力中等的孩子尤其喜欢靠底边绘画（34%），而低于平均智商（21.6%）或高于平均智商（18.2%）的孩子则较少在底边排列作画。

在画纸底边作画的行为对于 10 岁及 10 岁以下的孩子来说是正常的。

若 10 岁以上的孩子仍如此作画，这代表他们人格发展的不成熟。智商较低的孩子则鲜少遵循一般幼儿作画的空间布局原则而偏爱其他的空间布局，特别是无结构、分散而混乱的布局。高智商的儿童也较少在画纸底边排列作画，因为他们有组织更大面积画面的能力。

孩子的绘画能力越差，就越倾向于在画纸底边排列作画。在有 1 级绘画水平（能力最强）的孩子中，只有 8.3% 的孩子以排列的方式作画，而在仅有 5 级绘画水平（能力最差）的孩子中，有 28.1% 在底边作画。

**在底边排列作画的方式与诊断类别的关系**

早期行为障碍的产生与在画纸底边排列作画方式在统计学意义上有明显的相关性，即 23.3% 的诊断 I 组（见第 3 章）儿童会在底边排列作画，而只有 5.3% 的诊断 V 组儿童出现了这种绘画方式。

总之，我们的研究证实了前人文献中所说的年龄与底边排列作画方式的关联。

我们的研究呈现的其他结果，即底边排列作画方式与智力、绘画能力、疾病诊断的关系是之前文献中所没有研究过的。

## 在画纸中间排列作画

我们的研究发现，10% 的被试儿童在画纸中间排列作画。

## 案例 60

10 岁的埃尔马是家中的晚生子，在紧张的家庭氛围中长大。在他的家里，每个人的职业发展都遵循追求成就这一最高法则。他入学时年龄过小，还没有做好上学的准备，从一开始就以一些不当行为抗议学校的过度要求，特别是搞怪。他身上也出现了潜在的品行障碍现象，如撒谎、盗窃和逃课等约束力缺失的行为。自从两个姐姐搬出家居住，他就成了家里唯一的孩子。同时，父母紧张的婚姻关系也投射到了他的身上。

在 VF 测试中，埃尔马在画纸中心线上从左至右画了一排中等大小的文具（见图 3–2）。他先是画了外祖父和外祖母，接着是变成笔记本的父亲，父亲之后是变成袖珍日历的母亲，然后是分别变成铅笔和带橡皮的笔的两个姐姐，最后是变成橡皮的他自己。然而他是以与绘画顺序相反的次序列举介绍这些家人的，也就是说，他在叙述中先介绍了自己。

在画中，母亲是距离他最近的成年人，而他和母亲之间还有两个姐姐，他认为自己和姐姐们处于对立关系中，姐姐们的存在会威胁他的地位。母亲作为袖珍日历，提醒着他生活的现实和他每日的义务。父亲和他距离较远，与外祖父和外祖母排成一列。

**图 3-2　案例 60**

橡皮擦暗示着他幻想拥有无限的力量，能随时抹去一切。在介绍画中人物时他也将自己排在了第一位。

他只选择了物体作为绘画对象，这说明他有社交障碍，学校对他来说具有压迫性。

更多相关案例，可参见案例 6、31、34、72、81、101。

### 在画纸中间排列作画的方式和年龄的关系

在处于潜伏期或青春期的儿童中，在画纸中间排列作画的现象明显更常见。10.6% 的 8 岁以下儿童、16.2% 的 10 至 11 岁儿童、19.8% 的 12 岁以上儿童在画纸中间排列作画。

### 在画纸中间排列作画的方式和智商的关系

智商在平均水平（智商 100~120）的被试最常在画纸中间作画（18.4%）；智商超过 130 的被试相对较少出现这种情况（8.2%）。但这方面的区别体现得并不是非常明显。

*在画纸中间排列作画的方式和绘画能力的关系*

绘画能力强或处于平均水平的儿童（17.2%）比绘画能力差的儿童（8.3%）更经常在画纸中间以排列方式作画。

*在画纸中间排列作画的方式和诊断类别的关系*

在潜伏期（21.8%）和青春期（22.1%）出现异常的儿童身上，这种作画方式明显更常见，相较而言，只有 8.7% 的处于肛欲期的儿童会在画纸中间排列作画。文献中尚无针对此类现象的研究。在上述年龄段，儿童的一切都在朝着自我身份的形成发展，这种自我身份构成了人格的核心。绘画集中在画纸的中心可能象征着这个年龄段的被试出现越来越以自我为中心的心身感觉。

## 在画纸上方边缘排列作画

在我们的测试中，有 13 个（2.4%）被试采用了在画纸上方边缘排列作画的方式。

## 案例 61 ○○

五年前，艾达因为其妹妹的出生失去了家中独生女的地位。她产生了强烈的嫉妒心理，焦虑、有攻击性，还出现了尿床和睡眠障碍等问题，之后学习成绩也有所下降。在和谐的家庭环境中，她的父母很为大女儿的这些行为伤脑筋，他们无法理解产生这些行为的原因。

在 VF 测试中，艾达首先在画纸的上方边缘画出非常小的父母，他们变成了苍蝇和蚊子，位于一个相对巨大的魔法师旁边（见图 3–3）。然后她在与父母有一定距离的位置画了一个 14 岁的女儿，这个女儿变成了蚂蚁。最后紧挨着魔法师及其魔杖的是"大儿子"，他也是一只蚂蚁。

画纸上的小动物表达了女孩青春期前的本能冲动及她对妹妹的抵触情绪。在俄狄浦斯情结的影响下，艾达虽然把变成苍蝇的父亲画在第一位，但她在画中与父亲保持了距离。在皮格姆测试中，她也同样排斥变成苍蝇的父亲。父亲身旁的

母亲是更令人厌恶、体型也更小的蚊子。艾达认为自己也是一只小动物，是蚂蚁，

和父母保持着距离。她想象出一个哥哥，这个哥哥也是蚂蚁，她将哥哥交到了魔法师手中。这代表着在即将到来的寻求性别身份的危机中，她感到自己被命运的力量所摆布。巨大的魔法师的形象及她对相对空白的画纸感到的无法克服的恐惧（"恐惧留白"）也表现了这一点。

更多相关案例，可参见案例84。

图 3-3　案例 61

所有年龄段的男孩、女孩都可能会在画纸上方边缘排列作画。这些孩子的智商平均低于被调查的总体人群，绘画能力也较差。

我们发现很多这样的孩子都有器官疾病。我们的研究结果与文献中给出的结果相互矛盾，但我们的案例数量太少，无法进行统计分析。

相比之下，在学龄儿童中最常见的绘画方式是在画纸的边缘排列作画（6.2%）。

**在整张画纸上分散作画**

我们在研究中发现，17.3% 的被试会在整张画纸上分散作画。

**案例 62**

八岁的埃尔斯贝特因严重哮喘多次入院治疗，她的哮喘发作与长期受祖父母溺爱而引发的问题有关。因母亲要工作，作为两个女孩中老大的埃尔斯贝特在一岁前由祖母抚养长大。祖母是祖父的第二任妻子，一直没有孩子。在祖父母的溺

爱下，小女孩的体重严重超标，而祖母则自豪地认为女孩体重超标体现了她照料周全。后来患上慢性哮喘的女孩变得瘦弱，与其之前的体型形成了鲜明的对比。

　　当母亲接回孩子时，家庭矛盾爆发了，冲突几乎使他们的家庭分崩离析。埃尔斯贝特年轻的父亲患有慢性心脏病，接受过心脏手术，他小时候也患有支气管哮喘，所以现在仍非常依赖他的父母。八岁的埃尔斯贝特会秘密地与祖父母通电话，不断地逼迫祖父母给她买礼物，而母亲的每次拒绝都会引发她的哮喘，并伴有危及生命的循环障碍。因祖父母没有意识到问题的严重性，别人与他们的深入交谈都无疾而终：别人暗示祖父母不要溺爱孩子，但他们认为这只是别人让他们不要去爱孩子。多亏女孩的父亲意识到问题的存在，女孩和祖父母之间的联系才得以中断了一年多，在此期间女孩与母亲接受了同步治疗，女孩茁壮成长，哮喘发作的次数也越来越少。之后，祖父母小心地与女孩再次建立起联系，而且女孩的康复也让祖父母对此事有了一定的认识。

　　在 VF 测试中，埃尔斯贝特用自信的笔触画出了体现其固执任性的图案（见图 3-4）。首先是左边的大魔法师，然后是画纸底边上变成野兔的父亲，接着是右上方变成鸽子在空中飞翔的母亲，排在右下方角落的是一个变成狼的小男孩，最后是紧挨着父亲的一个年龄稍大的女孩，她变成了鹿。还有一个大太阳照耀着画面中的一切。

图 3-4　案例 62

　　女孩位于野兔父亲身边，父亲原本也是哮喘患者，野兔象征着哮喘患者家庭的焦虑情绪，而她也同时与母亲产生了认同，在皮格姆测试中，她想成为一只鸽子，因为猎人不会用枪打鸽子。以上的布局和安排都暗示着女孩与父母之间的冲突，其中父亲又代表了祖父母。女孩嫉妒自己的妹妹，让其变作狼，并将其驱赶至画纸的边缘位置。这同时也体现了女孩在双重身份认同中富有攻击性的一面。母亲的位置和父亲与女儿所处的位置在一条对角线上，她正飞向照亮一切的太阳。埃尔斯贝特是在心理治疗临近结束时完成的这次 VF 测试，她的画也暗示着他们的家庭矛盾已被化解。

相关案例，可参见案例 7、8、10、18、28、40、49、55、56、57、58、79、80、87、94、100、115、121。

○○○

### 在整张画纸上分散作画与年龄的关系

被试儿童的年龄越大，这种作画方式出现得越频繁。13.5% 的九岁以下儿童在整张画纸上分散作画，而九岁以上的儿童中有 21% 采用了这种作画方式。

### 在整张画纸上分散作画与智商的关系

相比智商低于 120 的儿童（15.2%），智商高于 120 的儿童（22%）更倾向于利用整张纸的空间作画。

### 在整张画纸上分散作画与绘画能力的关系

绘画能力强的儿童明显更倾向于在整张画纸上分散作画。儿童的绘画能力越强，就越愿意在整张纸上分散作画。28.3% 的有高绘画水平的儿童在画画时会利用整张画纸的空间，而在绘画水平低的儿童中只有 14.1% 会这样做。

### 在整张画纸上分散作画与诊断类别的关系

被试儿童将整张纸用于绘画的行为与其性本能（力比多）的发展障碍无关。患有原发器质性疾病的儿童在整张纸上分散作画的次数明显更多（32.4%），在其他诊断组中，这种现象的出现频率大致相同（16.2%）。

统计分析显示：智商高、绘画能力强、年龄较大和患有原发器质性疾病的被试明显更经常在整张纸上分散作画。

这一结果出人意料。儿童使用整张画纸分散作画有以下三个原因。

- 年龄因素。绘画能力的发展与年龄有关，随着年龄增长，在纸张底边绘画的方式逐渐被使用整张画纸的绘画方式所取代。
- 创造力因素。智商高的儿童具有良好的绘画能力，这样的能力使得他们可以巧妙地利用整张画纸来完成绘画任务。
- 器质因素。器质性脑损伤的发生和持续发展会导致图像混乱地分布在整张画纸上。这与精神分裂症患者在场景测试游戏中表现出的"表面有秩序，实则混乱"的特点相符。

这三个因素会以不同的组合形式出现在被试个体的绘画中。

### 对角线布局

对角线布局指画中形象被画在一条对角线上。

## 案例 63 ○○

八岁的萨沙虽然天资聪颖，但学习成绩较差。他在班上很引人注目，因为他行为幼稚、莽撞。萨沙是一对学者老夫妇的独生子，父亲老来得子，尤其宠爱儿子，同时又对他要求过高。母亲在管教孩子方面不够严格，她总是觉得孩子可爱，还称赞他的恶作剧。在班上，萨沙是"帮派领袖"，抗议一切权威，大胆地与年龄较大的男孩打架。他因侮辱了一名牧师而被禁止参加初领圣体[①]仪式，这种事在他的学校里还是第一次发生。

在 VF 测试中，萨沙首先将母亲画成一只巨大的拟人化的瓢虫，瓢虫位于画面左下角（见图 3-5）。第二个被画出的是位于画面右上角最高位置的父亲，父亲是一只被蜘蛛网缠住的苍蝇。萨沙将自己画作一只蜘蛛，这只蜘蛛正要"去找苍蝇吸它的血"。蜘蛛丝绕过母亲，在一棵树上形成支点，然后伸向蜘蛛网。与巨大的瓢虫相比，蜘蛛和苍蝇被画得很小、很不显眼。

在测试绘画中，萨沙描绘了他与父亲之间激烈的俄狄浦斯冲突。由于萨沙和

---

① 基督教弥撒中最大的圣事之一。——译者注

图3-5　案例63

母亲仍有共生关系，所以他高度重视母亲，母亲被排除在冲突之外。在这幅隐喻性的画作中，这个因受宠而精神行为异常、自我弱化的男孩实现了他的愿望：他是一只阳性的、富有攻击性的蜘蛛，正要去面向着他的、被贬低为苍蝇的父亲身上"吸血"。不过他知道在家中父亲掌握着真正的权力，因此他把父亲画在最高点，自己则略低于父亲，只排在父亲之后。

父亲与儿子被描述为具有相似性的动物及父与子被蜘蛛丝缠绕相连的状态似乎是一种很古老的现象：在原始部落中，后代将自我认同于他们的先祖，他们吃掉先祖是为了分享先祖的力量。

更多相关案例，可参见案例57、98、115。

在这类画中有时会出现两条相交的对角线，并在交点处有一个图形。因为只有28个案例（2.3%）出现了这种空间布局，所以我们无法对其进行统计分析。不过在所有这28个案例中，我们都获得了关于被试冲突情况的重要信息，这些提示信息在场景测试中也曾出现。

冲突点往往是对角线的交叉点。如果是魔法师被画在对角线的交叉点上，冲突则位于对角线的两端。在所有这些案例中，魔法师都十分强大，代表被试的超我。

## 水平三角形布局

之前的文献中没有出现过三角形布局，这种布局主要体现出冲突情况的存在。尽管只在15个案例（1.2%）中出现了这种布局，数量过少，导致我们无法在统计学意义上验证这一说法，但在所有这些案例中，三角形的顶点确实都是冲突的病灶所在。

## 案例 64

16 岁的高中男孩弗兰克总是逃课，曾经离家出走，而且成绩不佳，他逐渐表现出品行障碍的问题，所以他的父母求助于教育咨询中心。弗兰克正处于严重的身份认同危机中。他的父母在他幼年时期就离婚了，并且两人都已再婚。弗兰克与母亲一起生活，还有一个弟弟和一个妹妹，他和继父相处融洽。专制、功利的生父不断试图插手弗兰克的教育。弗兰克对生父持抗拒态度，同时因自己在家中的特殊地位受到母亲的宠爱。

弗兰克在 VF 测试中只画了一个圆圈、一支铅笔和一块橡皮（见图 3-6）。圆圈位于其他两个物体之间偏下的位置。他简短地解释道："铅笔画了一个圆圈，橡皮可以把它擦去。"

按照父系家庭的等级顺序，父亲首先被施了魔法（被变成橡皮），他保留了改变一切的权力，干涉男孩的命运，直至将男孩完全抹掉。然后被画出的是母亲（铅笔），男孩将自己的存在归功于母亲，因为母亲将他"画出来"。但母亲这个铅笔

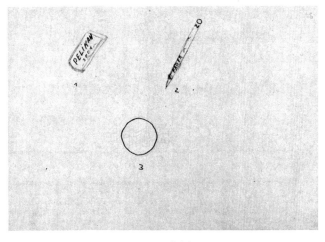

图 3-6　案例 64

的形象是矛盾的：铅笔的结构虽是带有尖头的阳物结构，但母亲纵容、溺爱男孩，所以这是一支 2 号的软铅笔。

男孩自己是一个圆圈，位于父母之下中间的位置，他是一个攻不破的圆，试

图躲避外界的任何攻击，但由于他处在身份认同危机之中，所以没有结构分化。

相关案例，可参见案例 42、47、74、95、104。

## 水平双排布局

在 54 个案例（4.4%）中出现了将绘画对象水平排成两排的情况。画在上排的形象多是较受人尊敬的，而下排的形象相对不受重视。

此外，水平双排的布局显示出在儿童的感知里，上下两排的形象之间是有差异的。

我们发现诊断组 Ⅱ 和诊断组 Ⅲ（见第 3 章）中的儿童的画中会更频繁地出现水平双排布局；对抗权威是性本能（力比多）发展的各个阶段中十分重要的一部分。

## 案例 65

12 岁的鲍里斯和 8 岁的玛丽安与五个兄弟姐妹一同长大，家里最小的孩子两天前才出生。家里的气氛很紧张，父亲是一个脾气暴躁的巴尔干人，娶了性格冷淡的北方人为妻。夫妻二人都是移民，在中欧定居。家中的经济状况艰难，孩子的数量越来越多，他们在婚姻中也避免不了矛盾的爆发，而父亲遵循家庭传统，用专制的态度处理这些冲突。多年来冲突的替罪羊一直是鲍里斯，因为他是长子，父亲对他有过高的要求，而他则用父亲那样的旺盛精力进行反抗。母亲在生第二个孩子时因精力不济，将鲍里斯暂时安置在一家养育院中，从那时起他便开始出现叛逆行为。他喜欢攻击其他孩子，对兄弟姐妹怀有隐蔽的报复心理，还在较长的时间里有遗尿和遗粪的问题。随着年龄的增长，鲍里斯对严厉惩罚自己的父亲也开始抱有越来越强的反抗心理。他变得越来越孤立。不过和妹妹玛丽安的关系一直较好。

在 VF 测试中，鲍里斯用较高的绘画技巧描绘了自己的家庭（见图 3-7）。第一排第一位是变成企鹅的姐姐，然后是变成双头蛇的妹妹玛丽安和变成马的哥哥。他把倒数第二大的孩子画成一只羊，她是父亲最喜欢的女儿，和变成狮子的父亲有共生关系。最后，他把新生儿画成玻璃缸中的鱼，暗示着子宫内的情况。

位于第二排第一位的是弟弟，他的大耳朵表现出他富有好奇心。旁边的母亲是一棵树。最后鲍里斯将自己画成魔法师（他说："这是我"）。这幅画表明，这个聪明的男孩已经掌握自己的家庭情况：他首先画出与自己有竞争关系的兄弟姐妹，然后是处于共生关系中的父亲与受宠的小女儿。排在倒数第二位的是作为生命之树的母亲，最后一位是作为魔法师的他，

**图 3-7　案例 65**

他在孤立中实现了对全能的幻想，与十分强大的父亲对抗。他在讲述故事时说道："他们都想逃跑，但我很快就一个接一个地给他们施了魔法。工作完成了。"

更多相关案例，可参见案例 26、46、73、76、115、126。

○○○

博罗特报告，他从未发现他的实验对象会将人或物体以多于两排的布局画出，但在我们收集的案例中有过几例这样的情况。

### 垂直排列布局

在 15 个案例（1.2%）的画纸上出现了将绘画对象垂直排列的布局，排在最高处的是最被重视和尊重的人物，排在最低处的人物则最不被重视。

## 案例 66 ○○

八岁零两个月的阿道夫来自一个富裕的商人家庭。他的父亲受教育水平不高，只顾着打理生意。母亲有强迫症倾向，只会打骂阿道夫，对这个孩子有种无意识的抵触，认为自己是因为孩子的出生才结婚。他父母之间的关系一直紧张，家庭气氛不融洽。阿道夫的弟弟患有严重的哮喘，得到了母亲所有的爱与注意力。阿道夫的智力虽然略高于平均水平，但学习成绩非常差。

**图 3-8　案例 66**

阿道夫在画纸左侧画出魔法师，然后在右侧画出了三个垂直排列的图像，从下至上排列（见图 3-8）。首先被画出的是变成大象的弟弟，在画中弟弟占了较大面积，在真实的家庭中他也最受重视。母亲是一条张着大嘴的鳄鱼，阿道夫没有画出完整的鳄鱼身体。父亲在画纸最上方，是一条蛇。小阿道夫在讲述这幅画时解释，家人是因为弟弟太坏才会被施魔法。

出于儿童神秘的焦虑心理，阿道夫没有在画中画出自己。但他也有可能是将自己视作魔法师，象征性地报复自己的"敌人"，也就是他弟弟。从画中能看出阿道夫对每个家人的重视程度：弟弟虽然占据最大面积，但变成鳄鱼的母亲在弟弟的上面，阿道夫将自己口欲期固着的症状转移给了画中的母亲。鳄鱼的身子被画纸边缘截断，其中一部分没有出现在画纸上，这也表现了阿道夫与母亲之间的矛盾。虽然父亲是一条比其他家庭成员更小的蛇，但他是家中地位最高的领导人物。

更多相关案例，可参见案例 96。

○○○

我们要区分垂直布局和有垂直趋势的布局（如按火箭形状向上延伸）。与情景测试中得出的结论相似，在我们的测试中，这种垂直趋势也体现出被试好胜心理的性器症状，常见于尿床和口吃的孩子。

## 案例 67

八岁男孩乌尔夫性格拘谨，他害怕上学，口吃症状不断加重，因此被父母送到了教育咨询机构。孩子出现这些症状是因为在学校遇到了一位行事独断、专制的老师。乌尔夫是家中独子，他的父亲是学者，也是一个性格拘谨的人。因其极大的工作热情，父亲很少有时间照顾孩子。母亲小时候也是个焦虑、拘谨的孩子。父母二人都因职业而过着不规律的生活。乌尔夫是早产儿，出生时只有四磅。由于母亲患有慢性疾病，她无法在乌尔夫出生的第一年好好照顾他。体检显示，这个正处于快速生长期的孩子身体很弱。

在 VF 测试中，乌尔夫从画纸底边开始作画（见图 3-9）。他画了三列很大的图像，图像呈现出垂直趋势，这就是他的家人被施了魔法后的样子：左边是在细高房子中的父亲，然后是在火箭中的自己，最后是在一个手提箱中的母亲。

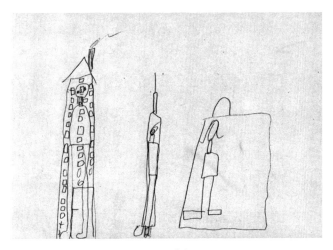

图 3-9　案例 67

通过房子这一形象，男孩首先向只有在周末出现的父亲传达了他对家庭安全感的渴望。母亲被画在了第三位（最后一位），说明她不被男孩重视，她被画在手提箱这一物体中，因为手提箱与她在家庭之外的职业有关。父母中间是男孩自己，他是独生子，火箭强调了他潜意识中的好胜心，但这与他在学校的表现相互矛盾。

## 对左右侧的绘画偏好

在我们的研究中，有 195 个被试偏好于将画中所有形象集中到画纸左侧或右侧。其中集中在左侧的有 143 例（73.3%），集中在右侧的有 52 例（26.7%）。

## 案例 68

因为无法正常上学，并且不接受管教，12 岁的埃尔娜被送到教育咨询机构。她注意力涣散，不积极参与课程。由于一些事故和患有疾病，最近她经常缺课。她在上中学，却极其不愿学习。埃尔娜在家也是如此，不断说自己出现各种病痛。除了厌食，她最近还出现了与母亲类似的心脏和呼吸问题，她母亲患心脏神经机能症已有一段时间。

埃尔娜有一个比她小三岁的妹妹，她们的父亲两年前死于癌症。孩子们在狭小拥挤的房间中目睹了重病的父亲五年来反复接受手术的痛苦，父亲最终在家中去世时她们也在场。从那以后，妹妹雷娜特和母亲睡在父母的大床上，埃尔娜独自一人睡在儿童房里。母亲也曾想过是否要换一个公寓居住，她已经有再婚的打算，因此在报纸上刊登了征婚启事。但两个女孩并不同意母亲再婚。

埃尔娜的智商为 115（HAW-IK 得分）。

在 VF 测试中，她用一个栅栏将画纸分为左右两部分（见图 3-10）。她首先画的是位于栅栏左侧的魔法师，魔法师在笑。栅栏右边，即监狱中是家庭成员：父母及他们的儿子。儿子站在母亲正下方，他和母亲极

图 3-10　案例 68

其相像，发型也相似，两人都穿着裤装，目视前方。父亲在母亲和儿子右边，他坐在椅子上，身体冲向他们，说道："我们到底该如何逃离这里？"这三个人都在哭泣。整幅画的线条实而有力。

埃尔娜针对这幅画讲述了以下这个故事：父母和孩子三人可能正在散步。突然一个人影出现，问了他们几句话后就对他们施了魔法，并把他们关进了监狱。一刻钟后他们苏醒过来，不知道发生了什么。这时魔法师带来巫婆汤，让他们喝下。但他们都不饿，半小时没吃东西，之后魔法师就把他们扔了出去，因为他不知道该怎么处置他们。

魔法师这一形象代表命运的力量，家人都被关起来，这代表着与病父共同生活是她们逃不掉的命运，她们还未走出过去的阴影。父亲独自坐着，表达着他的绝望。母亲与孩子也哭泣着向旁观者诉说自己的痛苦。而埃尔娜因为嫉妒心理没有画出第二个孩子，所以第二个孩子不在母亲身边。

然而魔法师最后没有获得控制他们的权力，因为他们拒绝喝下巫婆汤。正如母亲搬新房、再婚的计划，从画中也能看出，母亲在不断努力跳出与亡夫捆绑的命运。

更多相关案例，可参见案例 29、44、48、50、58、71、72、74、105、124。

从统计数据来看，在画纸左右侧绘画的偏好与被试的年龄之间没有明显关联。在所有年龄段的被试中，在右侧和在左侧绘画的偏好比例相同。

在画纸左右侧绘画的偏好与被试的智商（总人数 = 600）有明显关联：与智商低于 120 的被试（20%）相比，智商在 120 及以上的被试若偏好在画纸一侧绘画，则多数会选择右侧（44%）。高智商的被试倾向于在右侧作画可能表明了他们的某种领先性，以及对了解、征服环境的渴望。

在画纸左右侧绘画的偏好与被试的绘画能力（总人数 = 600）之间没有明显关联。值得注意的是，35.4% 的绘画能力强的被试及 21.4% 的绘画能力差的被试偏爱在画纸右侧作画。

画纸左右侧绘画偏好与疾病诊断的关联（总人数 =1225）表现为：诊断 I 组的被试最常在画纸左侧作画（88.6%），这种偏好在有早期品行障碍的神经症患者身上最为明显。诊断 II 组在左侧绘画的概率最小，为 65.5%〔这里不考虑诊断 VI 组、诊断 VII 组的数据（57%），属于这两组的被试没有神经症固着疾病〕。

在画纸左右侧绘画的偏好与性别之间存在统计学意义上的明显关联。73.2% 的男孩偏爱在左侧绘画，26.8% 的男孩在右侧绘画。而只有 28% 的女孩更喜欢在画纸左边作画，72% 的女孩则偏爱在右侧作画。

此外，在能够确认有左右侧偏好的被试中，倾向于左侧的占大多数，为 73.3%，倾向于右侧的占 26.7%。

根据冯·斯塔布斯和冯·维特根斯坦对场景测试中空间符号的解释，科赫认为树木人格测试中的左侧绘画偏好与退行倾向有关。我们的调查数据也证实了这一点，因为左侧绘画倾向最常出现在诊断 I 组的儿童中。

### 对不同高度的绘画偏好

在所有被分析的绘画中，集中在画纸上半部分或下半部分作画的作品有 523 幅（42.7%），其中又有 395 幅画（75.5%）使用了画纸的下半部分，128 幅画（24.5%）使用了画纸的上半部分。

## 案例 69 ○○

6 岁零 9 个月大的玛格达与她的父母处于真正的共生关系中。父母二人都很焦虑。父亲是一名技术工人，对他来说每天上班是个难题，因为他不想离开妻子和女儿。玛格达已经被幼儿园劝退，因为她无法忍受与父母分离。老师允许玛格达的母亲在幼儿园开学后的前三周陪读。到了第四周，老师请母亲回家，玛格达也不再来上课了。因此，玛格达最终入院接受治疗。

在 VF 测试中，玛格达首先画出了父亲，父亲"被困在箱子里，因为他太坏了，偷了熟人的钱"（见图 3–11）。然后她画出母亲，母亲"被困在啤酒桶里，因为她太坏，不给孩子东西吃"。最后她画了一个 11 岁的女孩，她"把自己锁在塔中，否则狼就会把她吃掉"。

这幅画的笔触又重又深。母亲旁边 11 岁的女孩是画中被画得最大的人物。

在皮格姆测试中，玛格达说她想变成一只豚鼠，因为她自己也有一只豚鼠。她非常不愿变成鳄鱼，因为她觉得"鳄鱼会吃东西，这会使我心痛"。

在女孩的画中，家庭成员被囚禁暗示了她的分离焦虑，这种焦虑似乎也是为了防止她投射到父母身上的、活跃的口欲攻击爆发。皮格姆测试进一步证明玛格达对自己的口欲攻击感到焦虑。

图 3-11　**案例 69**

更多相关案例，可参见案例 9、13、19、41、43、54、75、84、88、91、113、117、118。

○○○

在画纸不同高度绘画的偏好与年龄之间没有统计学意义上的联系，在各个年龄阶段，被试在画纸底部绘画的次数都是在画纸顶部绘画次数的四倍。然而，随着被试年龄的增长，偏好在画纸下半部分或上半部分绘画的人数会明显下降。50.5% 的小于 10 岁的儿童表现出在画纸不同高度绘画的偏好，而只有 31.4% 的大于 10 岁的儿童表现出这种偏好。

在画纸不同高度绘画的偏好与被试的智商（总人数 = 600）之间没有关联。不同智商水平的被试在画纸各个高度绘画的频次是一样的。

在画纸的不同高度绘画的偏好与绘画能力之间存在相关性（总人数 = 600）。在绘画能力强的被试中，只有 16.7% 的人表现出明显的高度偏好。相比之下，

62.5% 的绘图能力差的被试表现出明显的高度偏好。和年龄稍大的孩子一样，绘画能力强的孩子更喜欢将整张纸作为绘画的空间。

被诊断为同一病症及处于同一诊断组的被试之间没有表现出较明显的对高度偏好的差异。然而不同诊断组之间，即从诊断 I 组到诊断 V 组，对绘画高度有偏好的被试数量显著递减［诊断 I 组中有 101 幅画表现出高度偏好（50%），诊断 V 组中只有 27 幅画表现出高度偏好（26%）］。

有 128 幅画将画中形象聚集在画纸的上半部分，有 395 幅画将画中形象聚集在画纸的下半部分。这些数字与之前文献的说明相矛盾，在以前文献中曾记录：在画纸的上半部分绘画代表向上的心理反应，即将原始攻击性或力比多转化成更高级的形式；而在画纸的下半部分绘画则被认为是一种压抑的表现，一种向下的渴望。

但是如果将左右、上下布局的原则与画中每个形象相对应，我们又会与科赫等人得出类似的研究结果。

### 堆砌

我们还研究了"堆砌"这种空间布局的特征。25.7% 的画出现了这种空间布局，堆砌的位置位于画纸两侧、中间或角落里。在诊断 V 组（19.2%）、诊断 VI 组（21.6%）和诊断 VII 组（26.5%）中堆砌性的布局出现比例较少，而在诊断 II 组（27.5%）中出现比例最高。

堆砌布局出现比例与被试所患病症有一定关联，出现该布局比例尤其高的病症有：抽搐（19 例），堆砌布局出现比例为 31.7%；结肠炎（8 例），50%；遗粪症（39 例），33%；遗尿症（113 例），32.7%；哮喘（73 例），31.5%。

在我们的调查中，性别和堆砌布局之间没有明显关联（20.2% 的男孩和 21% 的女孩堆砌作画）。

## 案例 70

11 岁的彼得患有反复发作的溃疡性结肠炎，十分痛苦，他是从一家儿童医院转诊至教育咨询中心的。他在家里七个孩子中排行第二，母亲患有植物性神经机能失调，憔悴早衰，她的丈夫精力过于旺盛，活跃于家庭之外，她忍受着长期过度劳累的生活。彼得在外表和性格上都与母亲非常相像。在家中长子出生后不久他也降生了，在此后很长一段时间内他都是家中最小的孩子，母亲对他宠爱有加。

他的父亲最初是旅店老板，后来转行做自由职业者。因工作失败、欠下债务，他接受了一个不错的在国外工作的职位，因此在接下来的几年里，他每次回家都只是短暂的停留。我们与父母双方反复进行了谈话，起初二人在对话中隐瞒了真实的婚姻情况。随着持续的走访观察，我们发现他们的家庭以孩子为中心，但父亲专制、主导家庭。

随着妹妹的降生，彼得不再是家中最小的孩子，他因此患上脐绞痛。我们发现，男孩的舅舅，即母亲深爱的兄弟也曾患有溃疡性结肠炎（家族病史）。男孩九岁时患上了同样的疾病，病情严重，不断入院做长期治疗。

经过长时间的心理疏导，加上为父母提供咨询，男孩的病情得到了控制，但他仍然很依赖母亲，看上去柔弱、苍白、体重过轻，而且无精打采，不喜交流。

他是在 20 岁时完成我们的绘画测试的，当时他的心身发育至少比真实年龄落后 3 岁。他表现得非常没有安全感，处于身份认同混乱的危机中。尽管已经 20 岁，但他还没有找到工作。

他在 VF 测试中只画了云，九朵小云在一个较大的、长椭圆形的圈中（见图 3–12）。他对此讲述了以下的故事："这就是我们家。全家在一块大草

**图 3–12　案例 70**

坪上散步时，魔法师来了，他伸出手将自己变成了一朵云，也把全家所有人都变成了云，并用自己包裹住他们，其中也包括我。后来我们都散去了，从那一刻起我就什么都不知道了。"

魔法师象征父亲，他影响、维系着这个父权家庭，但他也是让人摸不透的人。由于职业不稳定，他来去匆匆，一直在改变家庭的外部形象。

云暗示了彼得模糊而不确定的存在状态。在持续的母子共生关系中，他的自我意识受到外界影响，无法形成独立的人格，他在故事中也暗示了云可以在下一秒散去，再以不同的形状出现。

彼得用九朵云指代自己的家庭，他在故事中也承认画中的家庭就是自己的家庭。九朵云被一个较大的圆圈包裹在一起，这代表着对他来说即使发生了一切，家还是一个统一体。

相关案例，可参见案例 127。

# 绘画笔迹

W. 施特恩（W.Stern）赞同克勒茨施（Krötzsch）的观点，认为绘画是一种表达行为，儿童的绘画笔迹"远在真正的笔迹形成之前就已形成自身的呈现方式，可以进行笔相学分析"，这是解释儿童性格的新工具。

在 VF 测试中，我们将儿童绘画笔迹的以下三个特征纳入考量：

- 绘画顺序；
- 构图；
- 行笔。

## 绘画顺序

之前已有研究人员研究过家庭心理画，其中涉及儿童的"绘画笔迹"，并配有实例说明，但这些研究结果缺少统计数据的支撑。

家庭心理画领域已有许多值得关注的发现，如艾达·亚伯拉罕等人注意到了"镜头选择"的问题，即研究人员所采用的心理学理论"决定了他们会发现什么"。

凯恩和戈米拉研究了 82 个孩子绘制的有关自己家庭的画，他们对画中的形式元素尤为感兴趣：绘画对象的数量，特别值得注意的是被遗忘的和被添加的家庭成员；家庭成员的位置布局；人物与背景故事的关系；绘画的动态时刻。

明科斯卡在她设计的家庭测试中尤其注重画的形式。根据绘画方式，她区分了两种类型的儿童，他们理解现实的方式不同：一种儿童是感性的，用圆弧的线条作画，画面富有动感；而另一种儿童是理性的，用棱角分明的线条作画，画面不具变化，没有动感。她将两组儿童归入两种不同的体质：感性的儿童归入癫痫体质，理性的儿童归入精神分裂体质。相关研究领域内的文献对明科斯卡的观察发现持褒贬不一的态度，例如，亚伯拉罕批评她在实验中忽略了年龄、绘画对象比例及绘画者肌肉运动控制能力等因素的影响。科曼的批评更进一步，他认为明科斯卡的儿童分类在儿童精神病治疗的实践中没有多大用处。

赫尔斯用家庭心理画测试研究了几百名处于潜伏期的儿童精神病患者。他将他们的画与另外 120 名处于同一发展阶段的学生的画进行比较。被试要用黑色和彩色铅笔画出他们自己的家庭。在测试中，赫尔斯关注的是"孩子是否会以及如何表达对父母、兄弟姐妹和自己的感情，同时他对自己的家庭地位是否有概念"。在各种案例研究中（没有统计数据分析），他注重画的空间布局、绘画方式展示出的对画中某对象的贬低，但最着重考虑的还是被试儿童如何通过人物的组合来表达家庭的"形态"。他坚信"儿童的发展冲突可以在其潜伏期阶段的家庭心理画和潜伏期后的家庭测试中寻到踪迹"。

博罗特致力于研究被试绘制的自身家庭的画。他强调第一个被画的人十分重要，除此之外，他还关注家庭中每个成员的地位在画中是被抬高还是被贬低，以及那些被"遗忘"之人的意义。他认为，被试在画中留给自己的位置就是他在家中的地位。

博雷利－文森特结合了两种经典的家庭心理画测试形式，要求被试先随便画一个其他家庭，然后马上再画出他们自己的家庭。随后他会对这两幅画进行对比，再根据亚伯拉罕提出的看法从适应性、投射性和表现性三方面对画进行研究。他将一个人的画作和一个人根据家庭主题所画的画合为一体，试图建立一个评析系统，但这个系统缺少统计数据支撑。博罗特认为家庭心理画能辅助他迅速且准确地找出引发被试神经症症状的情感原因，但博雷利－文森特并不认同博罗特这个乐观的看法。博雷利－文森特把家庭心理画当作一种工具，认为家庭心理画将"真实的冲突情景过滤出来，并通过防御机制将其转化，因而并不能暴露出冲突本身的原因"。

弗卢里（Flury）要求被试用不同颜色描绘自己的家庭。他对绘画形式很感兴趣，如画面设计和表达，颜色的选择，每个人物的比例、姿势、位置和布局，绘画顺序及画面中省略和添加的人物。所画形象是否僵硬或线条是否富有流动性、绘画空间的设计及空间的留白也是他观察的对象。但这些评判标准主要出现在他的案例叙述中，他并没有从理论上更详细地探讨这些观察角度。

雷兹尼科夫的研究对象是7~9岁的孩子，他在测试中要求被试画出家庭和自己的形象。在他看来，社会和种族以一种特殊的方式影响着孩子的绘画形式。他发现来自贫困家庭的儿童会在画中将家庭"悬在空中"，显示出他们安全感的缺失；非洲裔儿童比其他种族的儿童更经常忘记画人物的手指和其他兄弟姐妹，他认为这是因为在这种种族环境中，孩子不愿与外界沟通，兄弟姐妹之间的竞争因而加剧。

在"动物家庭"测试中，布雷姆－格雷泽尔的研究集中在安全感、沟通与权力三大问题上。她找到了对应这三种问题的儿童与父母类型。儿童的类型包括受到约束的孩子、渴望他人关注的孩子、有支配欲的孩子，并将他们与无人抚养的孩子、处于社会边缘的孩子和被支配控制的孩子进行对比。父母类型的两极分别是"母鸡母亲"和"布谷鸟母亲"，以及主导他人的父亲和被控制的父亲。

这些家庭成员类型和他们与其他家人之间的关系都在画中通过一定的空间布局、图形设计和绘画顺序被体现出来。依赖家庭、渴望他人关注的孩子通常被画得较大、较精致，位置在画面的中心或者其他家庭成员的上方。渴望他人关注和有支配欲的孩子会把自己画在第一位，且画成美丽、表情动作高傲的动物。而无人抚养的、边缘的、被他人主导的孩子会把自己画在家人之外，或者在家人之下，且会把自己画在最后或任意的位置，形象小而不显眼。"母鸡母亲"通常位于画面中心的第一位置，形象较大，而"布谷鸟母亲"则被画在任意位置，靠近边缘。此外，被试会首先画出主宰家庭的父亲，他们的形象高大，占据了画纸的很大面积，并且位于其他角色之上，是行为举止高傲的动物。相反，被其他人领导的父亲被画在其他人之下的任意位置上，或位于边缘，畏缩着，是胆小、屈从的动物。

关于比例问题，布雷姆－格雷泽尔只提到了大与小这一对立关系；在分组问题上，她强调了离心和向心这一对立关系；在顺序问题上，她主要关注在首位和末位被画出的形象。她认为绘画顺序并不是按特定方向排列的，因为顺序在不同画纸上是随意改变的。此外，尽管测试要求被试标明绘画对象的顺序，"几乎一半的孩子还是忘了标注顺序"。布雷姆－格雷泽尔认为之所以会出现排列成行或列的绘画方式，是因为被试没有考虑到要为绘画对象分组，或没有能力为它们分组列序。同时她还认为针对行笔和笔画类型的分析能在很大程度上协助诊断。

科曼在家庭心理画测试中非常重视绘画的形式元素。在测试中，他要求被试画出"任何一个虚构的家庭"，之后会以一种特定的方法针对这幅画提问。科曼认为，画面完成度、被画对象群体的布局构图以及绘画的顺序这三个因素最能体现被试的投射效应。他也将行笔和笔画的质量纳入考量，但没有布雷姆－格雷泽尔考虑得那么仔细。

科曼将画中体现出的对家庭成员地位的抬高和贬低作为出发点，十分注重把个人特征转移到他人身上的现象，关注在画中被增加、划掉和省略的人。地位被抬高的人是第一个被画在画纸上的人，通常位于左边，因为整幅画一般从画纸左侧起笔。位于第一位的人物形象尤为高大，比例良好，处于中心位置，被画得十分仔细，有很多细节描绘。被贬低的人是最后一个被画在画纸上的人，这个人被画在纸张的边缘，形象比其他人小得多，位于家庭群体之外或之下，不太美观，细节较少。被省略、添加和划掉的人具有特殊的含义。遗漏和删划是贬低的表现形式，而被添加在画纸上的人通常代表着被试的多面性。画纸上每个人之间的联系和距离，也就是彼此的位置和目视方向揭示了被试对家庭内部关系的内心感受。

科曼采纳了明科斯卡的儿童体质分类方法，将被试儿童分为感性和理性两种类型，但他定义类型的方式与明科斯卡不同：他认为感性儿童的特征是本能的、有活力的、对家庭情绪敏感的，而理性儿童则是僵硬的、自发性被压制的。他强调学校（在精神分析意义上）对反应形成的影响，这一点在绘画中也得到了清晰的体现，因为"秩序最终（在发展过程中）让位于本能的自我意志"。

科曼是少数几个考虑到左利手和阅读障碍对绘画形式的影响的人之一，他间接地对在树木人格测试和其他测试中出现的许多空间图形学含义提出了质疑。就图形学而言，他感兴趣的点是绘图者的身体语言、绘图的力度以及笔画的质量。他没有像布雷姆－格雷泽尔一样更详细地分析被试的笔迹。

对于我们的研究来说，之前的研究人员得出的有关儿童绘画本身、儿童绘画的发展变化、将儿童绘画应用于心理测试的经验知识等都具有指导意义。

在我们得出自己的调查结果后，我们会将其与前人的结果做比较。特别是在绘画形式方面，我们从绘画测试先驱们的身上得到了诸多启发，如古迪纳夫（Goodenough）、克申施泰纳（Kerschensteiner）、克勒茨施和卢凯（Luquet），也从亚伯拉罕和布托尼耶（Boutonier）这两位刚踏入绘画测试研究领域的新人那里获得了建议。除此之外，那些在儿童发展研究中对儿童绘画有所涉及的研究者，如鲍姆加滕、比勒、卡茨（Katz）、皮亚杰、E.施特恩、W.施特恩和维尔纳，也给我们的研究带来了进一步的启迪。

孩子会从自身出发，去理解事物、输出信息。所以亚伯拉罕、布托尼耶、卢凯、W.施特恩等人也曾指出，孩子在画中会先画人类。卢凯说："儿童的本性和表现都带有目的性，体现着苏格拉底的目的论，即以人为中心。"维尔纳解释道："原本完全以自我为中心的空间关系，只有在其与个人相关联时才可被客观化和转换，真正的物质和空间上的转换形成于较晚的成长时期。"

对于儿童画中的比例问题，W.施特恩说："更能影响绘画对象大小的本就是儿童对其所代表的人或物的重视程度，而不是图像比例自身的要求。"在原始民族及中世纪早期的绘画艺术中，我们也发现了类似的比例问题，被鲁玛（Rouma）所强调的这一观点在我们的测试材料中也得到了充分证实。

就绘画的细节安排而言，我们和卢凯都观察到，儿童"会按照一定的顺序，即对自己而言的重要性来考虑绘画的细节"。维尔纳指出儿童画的构成一般会遵循"情感视角"：儿童会把对于他们来说最重要的东西画得很大，会完全省略情感上不重要的东西，或者以一种非常不起眼的方式暗示一下。根据我们的经验，绘画的顺序也与"情感视角"相关。维尔纳强调，儿童会凭兴趣颠倒记忆和想象，因此在情感的影响下，儿童画中会出现创作的成分，我们的研究也充分证实了这一点。

我们进一步研究了绘画对象的顺序与被试性别、年龄、智商及病症的关联性。对顺序的研究尤其为了解被试的身份认同问题提供了耐人寻味的线索，在随后探讨家庭关系及其在画中的反映时，我们将会讨论这些线索与提示。

父母的地位是由社会结构和家庭角色分工决定的。父权制仍然在很大程度上决定孩子的身份认同。不论是在男孩还是女孩的画中，父亲在画中位于第一位的概率都非常大（见表 3–1）。

表 3–1　　　　　　　　　　　　　父母在画中的位置

| 被试儿童组别 | 性别 | 父亲位于首位 | 母亲位于首位 |
|---|---|---|---|
| 行为障碍儿童<br>（总人数 =1225） | 男孩 | 49.4% | 22.9% |
| | 女孩 | 37.7% | 18.7% |
| | 总体 | 40% | 19.3% |
| 学生<br>（总人数 =2438） | 男孩 | 50.7% | 20.3% |
| | 女孩 | 43.4% | 25.9% |
| | 总体 | 46.8% | 23.3% |

行为障碍儿童和正常学生的数据之间存在（微小的）差异，这是因为行为障碍儿童的神经症更易使他们产生多重身份认同，在画中他们会更突出自身角色。

与男孩相比，女孩更经常把母亲放在比较靠后的位置；与男孩相比，她们也更喜欢把自己画在第一位（22.1% vs.14.3%，总人数 = 600）。在画中省略自己的女孩也多于男孩（17.9% vs.13.3%）。以上的数据证明了一个众所周知的事实，即"女孩的身份识别过程似乎不仅比男孩的更加漫长，而且更复杂、不一致"。

被试的年龄对个别家庭成员在画中的出现顺序有重大影响：多数不到 8 岁的孩子会先画自己，而在 12 岁之后，只有 9% 的孩子会把自己画在第一个位置上。在成长过程中，父亲被越来越频繁地画在第一位。由于母亲通常被画在父亲之后的位置上，随着孩子年龄的增长，母亲也越来越明显地被排在了第二位上。除此之外，在 5~8 岁的儿童（总人数 = 600）中，只有 12.1% 的人不在画纸上画出自己，而在 12 岁以上的儿童中，这一比例升至 22.9%。12.1% 的 5~8 岁儿童在绘画中省略了自己，而这一现象与儿童的性别、智力、病症诊断、在家庭中的地位、"自我"强化、"自我"弱化等没有明显的统计学关联。在与家庭心理画测试相对应的童话故事中，被试的魔法思想尤为突出，而这种思想也是年龄较小的被试在画中省略自己的原因之一。一部分被试是出于对魔法的恐惧而省略自己，还有一部分被试则赋予自己强大魔法师的角色。排除这些相对变化，在所有年龄阶段中，最常见的还是"父母在前，孩子在后"的绘画顺序。

家庭成员的出现顺序与被试的智力之间没有统计学意义上的明显关联。这一结果并不奇怪。根据我们的调查，绘画顺序主要由情感和社会因素决定，与被试的智力并无关系。然而值得注意的是，当孩子的智商低于 110 时，他们明显更倾向于在画中省略自己。整体看来，在画里省略自己的孩子多是智商低于 110 的孩子。由于 5~8 岁儿童不画自己的这一现象和他们的智商没有明显关联，所以我们要观察、研究出现这一现象的 12 岁以上的孩子，寻找他们的智商与这一现象的关系。这些孩子大多数是智商处于中低水平、正在经历青春期危机、尚未在家中找到合适角色的女孩。魔法思想的残余也是她们在画中不画自己的一大原因。

这与科曼的猜测是相符的。科曼认为，那些在画中省略自己的被试会把自己投射在画中其他一个或多个人身上。我们的一些案例也符合科曼的这种推测。这种多重身份认同也在场景测试中有所体现，儿童借其在测试中展示他们人格的不同侧面。

父母的排列顺序与儿童的病症诊断有关。诊断Ⅲ组的儿童是经历生殖器期冲突的儿童，他们明显更少把父亲排在第一位（比例为33.8%，其他诊断组的比例为41.5%）。诊断Ⅴ组的被试（有青春期问题的儿童和青少年，其中女孩相对较多）明显更倾向于将父亲排在第一位，将母亲排在第二位（45.7%/45.7%，总人数=1225）。挑战权威是青少年代际冲突中一个很重要的表现，在父权制社会中尤为明显。总体而言，男孩和女孩在画中省略母亲的频率相同（总人数=1225）。这与雷兹尼科夫的发现相矛盾，他发现男孩明显更经常不画出母亲。孩子在兄弟姐妹中的位置顺序与其病症无关。

因为画中的人物顺序体现了被试儿童的身份认同，所以我们研究了家庭中、画中、故事中和诊断中身份认同形式之间的关系。有青春期问题的被试更容易与攻击者认同，产生同一性混乱或缺乏身份认同感（被忽视）。在所有七个诊断组的被试中，孩子认同于母亲的频率相同。肛欲期（诊断Ⅱ组）及之后发展阶段的孩子，无论男孩还是女孩，他们都更愿意将父亲作为认同对象。

为了验证测试中体现出的认同与孩子在家庭中所追求的认同是否一致，我们对比了他们记忆中对家人的认同和在绘画测试中体现出的人物顺序（见表3–2），发现两者间存在高达0.86的列联相关系数（皮尔逊系数）。这证明VF测试很适合调查被试的认同追求。

表 3–2　　　　家庭中与画中体现的认同方式（总人数 = 600）

| 在家庭中体现的认同方式 | 在画中体现的认同方式 | | | | | | | |
|---|---|---|---|---|---|---|---|---|
| | 不确定 | 自我认知前期 | 与父亲认同 | 与母亲认同 | 与攻击者认同 | 同一性混乱 | 认同缺失（被忽视） | 人数总计 |
| 不确定 | 1 | 1 | 2 | — | — | — | — | 4 |
| 自我认知前期 | 9 | 106 | 27 | 16 | 2 | — | — | 160 |
| 与父亲认同 | 9 | 10 | 170 | 7 | 1 | 1 | — | 198 |

续前表

| 在家庭中体现的认同方式 | 在画中体现的认同方式 | | | | | | |
|---|---|---|---|---|---|---|---|
| | 不确定 | 自我认知前期 | 与父亲认同 | 与母亲认同 | 与攻击者认同 | 同一性混乱 | 认同缺失（被忽视） | 人数总计 |
| 与母亲认同 | 10 | 5 | 26 | 95 | 5 | 2 | — | 143 |
| 与攻击者认同 | — | 4 | 16 | 5 | 12 | 1 | — | 38 |
| 同一性混乱 | 3 | 1 | 15 | 3 | 1 | 6 | — | 29 |
| 认同缺失（被忽视） | 2 | 5 | 12 | 7 | — | — | 2 | 28 |
| 人数总计 | 34 | 132 | 268 | 135 | 21 | 10 | 2 | 600 |

孩子的认同追求主要表现在他画出的家庭成员的顺序上（见表 3–3）。雷兹尼科夫在他的研究资料中发现，来自社会下层家庭的孩子在描绘家庭时往往会遗漏母亲。我们没有在我们的资料中发现这种现象。5.8% 的案例在绘画中没有画母亲，这些案例的被试来自各个阶层，且各个阶层出现这种情况的比例相同。其他家庭成员（通常是兄弟姐妹）在画中很少被排在靠前的位置上。因此可以猜测，不仅对于被试，对于整个家庭来说兄弟姐妹也是冲突的中心人物。

表 3–3　　　　　　　画中的认同方式（总人数 = 600）

| 被试儿童认同类型 | 总体 | 男 | 女 | 父亲被画在第一位 | 母亲被画在第一位 | 孩子被画在第一位 |
|---|---|---|---|---|---|---|
| 自我认知前期 | 160 | 111 | 49 | 33 | 20 | 72 |
| 与父亲认同 | 198 | 153 | 45 | 157 | 12 | 13 |
| 与母亲认同 | 143 | 92 | 51 | 28 | 85 | 10 |
| 与攻击者认同 | 38 | 29 | 9 | 21 | 8 | 1 |
| 同一性混乱 | 29 | 18 | 11 | 19 | 5 | 1 |
| 认同缺失（被忽视） | 28 | 21 | 7 | 12 | 8 | 3 |
| 不确定 | 4 | 2 | 2 | — | — | — |

**案例 71** ○○

10 岁的罗曼是家中四个孩子里最大的,有抑制的表现,口吃严重。幼年时,忙于工作的父母忽视了对他的照料。后来,母亲不得不花费更多精力照料脑部受损的 7 岁的弟弟,弟弟因有智力缺陷在一所特殊学校上学。这种情况让罗曼觉得很痛苦。母亲必须定期带弟弟去特殊学校,如上语言课等,这占去了母亲非常多的时间。

在 VF 测试中,他画的是自己的家庭(见图 3–13)。首先,他将有智力缺陷的弟弟画在第一位,弟弟变成了一条蛇。紧挨着弟弟的是排在第五位的母亲,母亲变成了斑马,排在第二位的父亲在母亲和弟弟之下,是一头骆驼。父母和弟弟三人占据了画纸左侧。这三人对面是剩下的三个孩子:上方的二哥是一只猫,中间的罗曼是一只小兔子,最后是罗曼下方的变成老鼠的妹妹。

在这张画中,患病的弟弟位于第一位,与母亲共生相连。他仅有大致的轮廓,是画中唯一不能跑的动物。

图 3–13  案例 71

在画纸右侧,变成胆小兔子的孩子体现出被试的焦虑情绪,其他两个处于猫鼠对立关系中的孩子则体现了兄弟姐妹间的对立关系。

○○○

## 构图

### 绘画对象的大小

在一些案例中，一个或多个绘画对象明显比其他绘画对象更大或者更小。绘画对象没有呈现出明显大小关系比例的案例占全部案例的2/3，在剩下的对象呈现明显大小对比的绘画中，约1/4的情况是被试表现出极不成熟的绘画水平，而这一现象与其年龄是否很小或绘画能力是否受限无关，具体数据见表3-4。

表3-4　　　　　　　　　　　绘画对象大小关系分布

| 大小关系类型 | 人数 | 占比 |
|---|---|---|
| 大小对比不明显 | 399 | 66.5% |
| 不成熟的绘画水平 | 52 | 8.7% |
| 可解释的大小对比 | 149 | 24.8% |
| 总计 | 600 | 100% |

如表3-4所示，所有案例中有1/4存在可用情感视角解释的可能性，这与被试儿童在家庭中的认同追求有显著的统计学意义上的相关性。

## 案例72

9岁零1个月的罗杰出生在一个商人家庭。一年前，他的父亲突然离世。父亲是一个令人感到温暖的60岁男人，十分宠爱罗杰。罗杰的母亲比父亲年轻得多，她果断地解散了家庭，将罗杰安置在乡下的一个儿童福利院，每月去探望他两次。她给罗杰买了很多礼物，还经常带他出游，但对罗杰的忧虑不闻不问。罗杰一直被母亲当作一个玩具来对待。父亲在世时，他在家里还有一个可倾诉的对象。自从父亲去世，这个生活在福利院里的男孩就十分孤独，尽管他智力不错，但也有学习和适应环境的困难。

在VF测试中，罗杰把父亲画成了一个巨人，母亲是站在父亲与罗杰之间的小矮人，而罗杰仍是"一个普通大小的人"（见图 3-14）。在皮格姆测试中，罗杰表达了想变成一只老鼠的愿望，这种愿望并不常见。他之所以想变成老鼠，是因为老鼠最会藏身。

罗杰仍用"大与小"这种不成熟的方式为画中人物分类。已故的父亲对于这个在福利院生活的男孩来说是极其强大、伟岸的。他在自己的魔法幻想

图 3-14　案例 72

中将父亲抬高为巨人，而母亲被他贬低为小矮人。罗杰自己仍是"一个普通人"，没有被施魔法，因为罗杰的内心还保留着幼稚的魔法想象方式，对魔法怀有恐惧。

对皮格姆测试结果进行分析后发现，魔法并不是罗杰唯一惧怕的事情。由于之前备受宠爱，随后又突然经历家庭破碎，他完全丧失了安全感，感到孤独和无助。

○○○

27% 的将父亲画得尤为巨大的孩子都会与攻击者产生自我认同。这些孩子都有一种受到父亲攻击的感觉，且他们往往生活在有冲突的、紧张的家庭环境中[1]。在 76 个来自母亲主导的家庭的孩子中，只有一个孩子把父亲画得异常巨大。在把母亲画得巨大的孩子中，有 42% 的孩子认同母亲。与"被放大"的父亲相同，"被放大"的母亲也暗示着紧张的家庭氛围。当母亲的形象在画中占据支配位置时，在画的背后隐藏的都是不和谐的家庭气氛（参见案例 94）。处于自我认知前期的孩子会把魔法师画得异常巨大。若处于自我认知前期的孩子还没有直接与魔法师产生自我认同，则魔法师这一角色会取代被画在第一位上的孩子（参见案例 86）。在

---

[1]　孩子根据幻想画出来的过于巨大的父亲形象可以弥补现实中父亲的缺失。

统计复查时，我们发现了一个并不显著但值得注意的现象，即在将魔法师画得很大的孩子中，许多人都有诊断 II 组（肛欲期）的病症，尤其是遗尿症和哮喘。在所有案例中，只有 2% 的孩子将自己的形象画得异常大。我们只能基于对个别案例的理解来阐释这种情况，因为出现这种情况的比例太小，无法进行统计学分析。

同样，我们还发现，也有孩子将其他家庭成员画得十分巨大，例如曾有两个孩子在画中把祖母的形象画得非常大，但因这些情况出现得过少，所以也无法进行统计学分析。

## 案例 73

14 岁零 11 个月大的玛格丽特生活在一个连续两代都由女性主导的家庭中。她的祖母创立了家族企业，几年前去世，家族企业现在由玛格丽特的母亲经营。她的父亲和祖父在家庭中向来没有话语权，而且父亲很早就患有动脉硬化。玛格丽特的哥哥比她大 4 岁，始终被祖母和母亲宠爱。哥哥像对待小孩子一样对待玛格丽特。在青春期被激活的俄狄浦斯冲突中，玛格丽特感到自己在家庭中被孤立，没有人理解她。她试图通过逃避到爱情中来解决自己的困境，摆脱孤独。

在 VF 测试中，玛格丽特在画纸的上半部分首先画出了祖母，她是一条"统治家庭"的龙（见图 3-15）。在画纸中间，最左边是一个叫乌希的女孩，是一个音乐盒，"因为她总是很开朗，喜欢开玩笑"；旁边是被画成蜗牛的父亲，"因为他总是想要安静"。在蜗牛旁边，玛格丽特把"奥蒂哥哥"画成一只刺猬，"因为他总是喜欢竖起自己的刺"。在最右边的妈妈被画成一个魔药

**图 3-15　案例 73**

瓶，因为"她试图帮助每个人"。在左边最下面的位置，祖父被画成一本书，因为"他很喜欢读书"。

在VF测试中，我们看到青春期的玛格丽特两次表现出了与"支配一切"的母亲们的矛盾冲突。母亲攻击性的一面被转移到过世的祖母身上，这样"好"的一面就可以作为药水瓶保留在母亲身上。欢快的音乐盒"乌希"可能是玛格丽特自己，但她认同的是被画在第一位置的有着积极形象的祖母，这进一步表明了她的症状性回避。有着消极形象的父亲和祖父被贬低为"蜗牛"和"书"。她将代表自己攻击性的刺投射到了自己嫉妒的哥哥身上，把他画成了一只刺猬。

有一个或多个人物被画得明显偏小的图画数量同样不足以进行统计分析，但个别案例具有在情感上指示特殊病征的作用（见案例32）。在雷兹尼科夫的研究材料中，社会底层的被试常常被画得最小，兄弟姐妹则被画得最大，但我们的材料目前尚无法证实这种相关性：在所有社会阶层中，都存在把自己画成最小、把兄弟姐妹画成最大的被试。

### 特殊的空间布局

我们在一半的案例中发现，画纸上出现的一个或多个人物存在特殊的空间布局，其中包括：人物之间分离、接近，人物处于边缘位置。

孩子的绘画水平越强，存在特殊的空间布局的可能性就越大。我们对此的解释是，具有良好绘画技能的儿童更善于利用构图表达自己、布局空间，而绘画水平差的儿童则会利用测试提供的其他表达方式，例如，通过讲故事或通过象征符号的选择表达自我。

一个与上文讨论的大小比例有关的现象是代表被试自身的形象在画中的位置：当父亲被画得特别大时，26个被试中有7人自身的形象（27%）会出现在画的中心位置；当母亲被画得很大时，31个被试中有12人自身的形象（39%）会出现在画的中心位置。

在我们的材料中，在家庭中遭受情感忽视的儿童很少把自己画在中心位置，他们通常会出现在边缘位置。这一点也适用于来自"蜗牛壳家庭"的儿童（母子共生），在这种情况下，母亲经常出现在画的中心位置。

在和谐的家庭氛围中，母亲很少被画在中心位置，父亲占据中心的频率明显更高。对于在家庭中被忽视的儿童，父亲与孩子在画中往往被母亲分隔开。如果父母在画中与孩子被分隔开，那么这些孩子往往处于紧张的家庭氛围中。父母与孩子存在空间距离，往往表明孩子处于冲突婚姻的环境中，这一象征性通过画中的距离得到表达。对角线和三角形位置则表明更加紧张的冲突情景。

## 案例 74

10岁的吕迪格尔患有痉挛性瘫痪，行为功能严重受限，只能依靠拐杖艰难行走。他天赋很高，在父母的努力下，他进入一所普通学校就读，目前正在上高中。弟弟妹妹的出生使他在情感上背负了重担，特别是当他意识到，自己是合租公寓中多个家庭里年龄最大的孩子，他面对的都是比自己小的孩子时，这种精神负担更加重。他或明或暗地攻击他们，并越来越多地缩回自己的小房间里，那是一个他可以尽情做白日梦、尽情幻想的地方。对于父母，他也立起了一道青春期的壁垒。

**图 3-16　案例 74**

在 VF 测试中，他把自己的位置画在父母下方，三者构成三角形位置（见图 3-16）。他首先在画面左上方把父亲画成了一只老鹰，在右上方画出一个站在高山上的羚羊，代表母亲。三个儿童站在地上，从左至右分别是代表弟弟的兔子，站在一个小山坡上的代表妹妹的小鸟，以及代表一个 10 岁男孩的一只稍大的狗。从这幅画中，我们能够非常明显地看出他画的是自己的家。

被画在第一位置的父亲是一种象征统治的动物——鹰。吕迪格尔从小就喜欢画鸟类动物，特别是猛禽，他在上学前就已熟读动物行为学家康拉德·洛伦茨（Konrad Lorenz）的动物书。另外，他患有鸟笼综合征，他还在沃特戈绘图完形测试中提到自己被囚禁的痛苦感觉。对他来说，父亲象征着无法实现的自由和力量。代表母亲的、站在高山上的羚羊也是一个无法企及的象征。母亲独自站在右侧，与父亲和孩子相对，这也对应着家庭中的问题。位于几个孩子中间的是被父亲疼爱的小妹妹。和父亲的形象一样，妹妹也是一只鸟，但她也如母亲一样，站在一座小山上。象征弟弟的兔子表明家庭中的焦虑气氛，而吕迪格尔则自我弱化地把自己画在最后一个位置，离母亲最近。在狗的身上，他看到的是忠诚的陪伴，这正是他生活中所缺少的。

在父亲与被试紧靠彼此的画中，有 1/3 被试的家庭（6 例）是母亲在家庭中占主导地位。这样的结果在意料之外，这表达的有可能是儿童内心的愿望。

如果母亲和孩子在画中离得很近甚至重叠，那么该被试儿童可能来自一个缺乏权威的家庭（4 例）或"蜗牛壳家庭"（2 例）。如果儿童来自缺乏权威的家庭，则画中紧靠在一起的母子对应的是儿童愿望的投射；如果儿童来自蜗牛壳家庭，则对应的是事实的再现。

## 案例 75

12 岁男孩保罗因患有学校恐惧症被转到教育咨询中心。他在六年级的时候遇到了一位不近人情的专制的老师，这加剧了他的学业困难。老师不断在同学面前羞辱这个无助焦虑的男孩。保罗还患有抑郁症和入睡障碍。

和父亲一样，保罗也是独生子。保罗的父亲事业心很强，通过努力成为一名工程师，对唯一的儿子的不佳表现感到失望。

保罗的母亲回忆说，她作为两姐妹中的妹妹，小时候也总是感到焦虑。

保罗在父母婚后的第五年出生，母亲在他出生之后无法再生育。父母给予了他全部的爱和关怀。由于严重的营养代谢障碍，他在婴儿阶段不得不长期住院接受治疗。母亲在刚结婚时就辞职了，之后没有再工作。多年来，母子之间存在一种只有他们两人才能理解的婴儿语言。男孩在三岁第一次与母亲分开时，表现出了严重的分离焦虑。他没有学会如何在儿童群体中找到自己的位置。反复搬家使他一次又一次被孤立。同学们对他的态度很差，欺负他。他的智商是114（HAWIK 得分），学习成绩中等。

**图 3-17　案例 75**

在 VF 测试中，保罗首先将母亲画成一匹向左行进的马，在这匹马下面有一匹同样朝左的小马（见图 3-17）。他们身上都涂着彩色斑块，大马还配有精致的马鞍和马镫。父亲被画在最后位置，也是一匹马，但是身上没有装饰或彩色斑块。他向右行进，与母亲和孩子的方向相反。他的位置靠近边缘，马的嘴子基本上已经在画面之外。

母亲和孩子从外表到动作都被画成了一个整体。小马站在大马的马镫下，就像在乳房下面。保罗说小马是四个月大，这表明了他希望自己仍是婴儿的愿望。父亲与母子俩有一定的距离，有一部分身体甚至已经在家庭之外。保罗没有给父亲画出装饰，以此来贬低他。但三匹马的家庭对保罗来说仍是一个整体。

更多相关案例，可参见案例 3、4、41、52、53、59、65、71、75、77、92、97、100、102、109。

绘画对象的空间布局及父母和孩子的位置关系可用于了解相应家庭中存在的病态心理问题。

## 案例 76

七岁小女孩弗里德里克的父亲是一名美国职业军人，多次参加海外作战，并被提拔为军官。在海外作战期间，父亲常常数月不在家中。弗里德里克是独生女，她的母亲是社会工作者。这个双语家庭中的氛围常常很紧张。弗里德里克与母亲有共生关系，并患有焦虑症，最近她还出现了学业困难。

图 3-18　案例 76

在 VF 测试中，弗里德里克先是把自己和母亲画成了两只外形相似的豚鼠，她们都被关在一个细长的笼子中（见图 3-18）。笼子下面是一只龇着牙的巨大的狼，代表父亲。笔迹深和涂黑表明了她的攻击倾向。

女孩仍处于自我认知前期阶段，她在画中与母亲更近，表明了二者的共生关系。这一关系通过笼子得以强化，表明她无法摆脱母亲。对母女俩来说，笼子使她们在面对攻击时得到保护，即在父亲于战争间隙回到家期间。对狼这种动物的选择代表了来自父亲的攻击（古希腊有句谚语 homo homini lupus，意思是"人的行为有时会像狼一样"）。心理学家曼特尔（Mantell）曾论及海外作战的美国士兵攻击家人的行为。

**案例 77** ○○

12岁的阿努尔夫因患有沟通障碍和伴有呕吐的学校恐惧症而接受精神治疗。他是独生子，与母亲存在共生关系。阿努尔夫和父母在一个卧室睡觉，这种安排并不是因为家中空间狭小。父亲是做管理工作的经理，很少在家，家里的事务一般由母亲操持和主导。最近阿努尔夫曾尝试脱离与母亲的共生关系，但是没有成功。苍白、微胖、伴有自主神经系统紊乱，阿努尔夫就是这样一个典型的受溺爱的独生子。

在VF测试中，他将父亲画成了一只小腊肠犬，把自己画成了蜜蜂，把另外一个孩子画成了花朵，最后把母亲画成了大象（见图3-19）。

**图3-19 案例**77

绘画顺序能够反映儿童对父母的态度。将父亲画在第一位置表明孩子更倾向父亲，尽管他同时将父亲贬低为一只小腊肠犬，认为他在家庭中是隐形的。在图片中占优势地位的是被画得巨大的大象母亲，家庭中的实际情况也是如此。但孩子是在最后画的大象，并以此贬低母亲。孩子将自己画成一只蜇人的蜜蜂来防备母亲。处于共生关系中的儿童，特别是在青春期俄狄浦斯冲突中的男孩常常会充满主动攻击性，反抗占主导地位的母亲。

花朵表明男孩作为独生子的另一面的性格，即自恋和自私。

○○○

对具有明显空间安排特点的案例与主要诊断群体之间的相关性进行调查，我们得出以下结论：在母亲和孩子被画得距离更近的案例中，1/3的被试有口欲期障碍；在母亲或父亲在画中占据中心位置的案例中，30%~41% 的被试有肛欲期症状。在父亲和儿童离得很近的案例中，1/3 的被试有俄狄浦斯期固着症状。

把画纸上人物之间的位置与儿童在家庭中的地位进行比较，可以得到以下在统计学上可验证的关联关系：如果兄弟姐妹被画在中心位置（总人数 = 33），家庭中会更容易出现手足之间的敌对关系（6 例）或没有主见盲目跟从的情况（6 例）。如果在画中母亲将父亲与孩子分隔开，那么有 1/3 的被试（19 例）在家庭中处于弱势地位，或被无意识排斥。这表明孩子认为自己与父亲接触的机会被母亲剥夺了。

如果父亲和孩子被画得很近，甚至融为一体，变成了一只动物，那么该儿童在家庭中往往被压制或与父亲存在冲突。根据安娜·弗洛伊德的观点，孩子在防御机制中试图通过认同攻击者解决这一冲突。这可能是被试的愿望，也可能是真实情况。

## 案例 78 ○○

八岁的罗纳德因尿床和学业困难被转到教育咨询中心。他一直在尿床，但母亲从未带他看过医生。

罗纳德的父亲是一个工具制造技师，母亲是半日制的缝纫工。罗纳德有一个比他大一些的哥哥。母亲很早就开始教罗纳德使用便器，他当时不满一岁，这使他养成了听话的性格。两个孩子都要忍受频繁搬家的困扰，这在一定程度上造成了他们的学习困难。这些困难部分是因为全语言教学的模式。专制的父亲经常责骂和殴打这个成绩不好的男孩，让他开始用撒谎来逃避功课。他的智商是 89（HAWIK 得分），低于平均水平。

在 VF 测试中，罗纳德先是在底边上画了一栋房子，把屋顶涂成黑色（见图 3-20），然后画出了父亲和他自己，他们被一同施了魔法，共同变成了一只狗。之后，他画出了一个魔法师。最后，他在画纸的最上面画出了漆黑的天空和太阳。

被施了魔法的人和物都出现在画纸底边上，这符合他发育滞后的状态。他首先画出房子，表明他对家庭温暖的渴望。同时，房子也象征在画中被遗忘的母亲。

漆黑的屋顶象征他在家庭中承受的压力。父子共同变成狗表明他对父亲的感情。由于父亲是冲突人物，这也表现出罗纳德对攻击者的认同。在皮格姆测试中，罗纳德对狗进行了贬低，"因为它找不到任何东西来吃"。这表明他在口欲期经历过早期情感挫折。哥哥因为被嫉妒而没有出现在画中。漆黑的天空和太阳再一次表明被试所处的压抑环境。

图 3-20　案例 78

○○○

就被试自己在画中的位置来看，在家庭中有着积极体验的儿童很少把自己画在边缘位置：在家庭中得到肯定、偏爱或溺爱的儿童（总人数 = 184）中，只有 12% 在 VF 测试中把自己画在边缘位置。相比之下，在家庭中被排斥的儿童常常把自己画在边缘处［明显被排斥的、处于敌对父母之间的、被孤立的儿童（总人数 = 61）中有 28% 把自己画在边缘位置上］。同样，我们发现在家庭中是"追随者"的儿童（总人数 = 56）中有 25% 处于图画的边缘位置。

从统计学角度看，诊断组症状和儿童自身形象在画中的位置没有显著的相关性。值得注意的是，处于青春期危机中的被试往往把自己画在边缘位置，占比达 28.1%，而在其他诊断组中，这一数字为 17.0%。假设这些被试多为处于身份认同危机中的青少年（高自杀率就是一个证明），那么他们在画中对自己的贬低代表的就是他们的自我弱化和不安。

### 视线方向

构图的另一个特征是视线方向，在 1/3 的案例中出现了特殊的视线方向。除了父母看向一个方向，儿童看向另一个方向这种个别案例外，我们只发现了三种常出现的图画类型：父母和儿童看向前方的魔法师（4.5%），魔法师看向家人（9.3%），以及父亲不看其他的家庭成员（3.6%）。其中，我们只发现了一种具有统计学意义的相关：若画中所有人物都看向魔法师，则被试（总人数 = 27）大多生活在紧张环境中。也许家庭成员希望改变这种紧张氛围，因此求助于全能的魔法师。在特殊的视线方向与各诊断组之间没有发现统计学意义上的相关。不过，若画中魔法师看向家人，那么被试更常在潜伏期出现障碍（$p = 0.8$）。这很可能与这些孩子和权威之间的矛盾冲突有关，该问题常由学校造成。尚未形成固定身份认知的儿童，更容易画出人物视线方向可被解释的画（77.5% 的处于自我认知前期阶段的被试中有这样的情况，其他被试中这一比例为 61.4%）。

**绘画特点**

绘画特点是构图的最后一个方面，我们也对此进行了研究（见表 3–5）。

表 3–5　　　　　　　　　　　不同案例的绘画特点

| 特点 | 案例数量 |
| --- | --- |
| 对人物进行仔细装饰 | 24 |
| 没有画出脸 | 3 |
| 具有明显的风格 | 2 |
| 被画纸边缘截断的人物 | 14 |
| 未完成的标志物 | 1 |
| 有对话框 | 5 |
| 修改、擦除（先放在一边不管、之后划掉、更改） | 9 |
| 只画人物头部 | 1 |
| 内部空间 | 44 |
| 外部景色 | 44 |
| 多次改变人物名称 | 6 |

最常出现特点有：描绘内部空间（7.3%）、外部景色（7.1%）、对人物进行仔细装饰（4%）和被画纸边缘截断的人物。对于内部空间和外部景色的描绘取决于被试的绘画水平。10% 的绘画水平高的儿童会画出内部空间和外部景色，而在绘

画水平低的儿童中，这一比例只有 5%。

本书在第 4 章会对描绘内部空间的图画进行详细说明。外部风景常能表现出儿童所处问题家庭中的氛围。我们多次观察到，荒凉的景色表达了遗粪症患者无家可归的状态。

## 案例 79

11 岁的米夏埃尔白天频繁大小便，因此遭到村子里其他儿童的嘲笑。他没有朋友，他的母亲是一个欲望强烈的性工作者，在米夏埃尔 9 个月大的时候就离开了父子俩。后来母亲再婚，现在有一个 7 岁的女儿。米夏埃尔与父亲和已婚的姑姑一起生活在祖母处。亲戚们对米夏埃尔很好，但并不是特别关注他。他在学校里也被孤立。祖母主导整个家庭，也是她做主将米夏埃尔带到教育咨询中心。

米夏埃尔在 VF 测试中画出一片混沌荒凉的景色（见图 3–21）。画中有四棵树，

**图 3–21　案例 79**

长着光秃秃的树杈。这也是在遗粪症患儿的画中常常出现的场景。所有的家庭成员都变成了树。在画纸的正中间，首先被画出的是父亲，左边挨着他的是 7 岁的女儿，女儿左边的是母亲。位于最右边的是 11 岁的女儿。这幅画的故事灵感来源于格林童话中的《糖果屋》：母亲让孩子们去捡木头，所以他们在画中都被魔法师变成了树。

绘画的混乱性对应儿童被抛弃的感觉，即被遗弃情结。他渴望一个正常的家庭，并无意识地用自己的症状抗议祖母的统治。他把自己画在最后一个位置进行自我弱化，并通过把自己画成女孩来贬低自己。父亲将他和母亲，以及他未曾谋面的妹妹分隔开。然而，画中的

母亲是《糖果屋》中有着阳物崇拜的、邪恶的母亲。她的铁石心肠使 VF 测试中的所有人都被施了魔法，正如被试的母亲造成了家庭的支离破碎。

更多相关案例，可参见案例 49。

洞穴是一种特殊的景观形态，具有独特的象征意义，多见于哮喘患儿。对于洞穴的描绘一方面表达了哮喘患儿对母亲和子宫的退行性渴望，同时也表达了其在哮喘发作期间急性缺氧时产生的焦虑和幽闭恐惧。

## 案例 80

七岁男孩弗洛里安患严重支气管哮喘多年，多次接受治疗。在慢性病的影响下，他发育迟缓。作为两兄弟中的弟弟，他非常依赖母亲。在哮喘严重发作的夜晚，母亲通常在床上陪着他。

他的父亲是一名工人，自从 12 年前遭遇严重事故后，就患上了癫痫，工作能力有限。全家人都被父亲反复无常的暴躁情绪摆布，家庭和家务的重担都落在母亲身上，她努力工作，疲惫不堪。

由于家庭争吵和紧张的氛围，母亲曾在产褥期精神崩溃。对此，婴儿时期的弗洛里安的反应是剧烈呕吐。他也没有接受母乳喂养。他因为发育迟缓而推迟一年上学，因哮喘经常缺课。

在 VF 测试中，弗洛里安画出了一家人被施魔法前后的情形（见图 3-22）。在被施魔

图 3-22　案例 80

法的部分，能看到由石块加固的山洞入口。山洞和人都被一个宽栅栏封闭起来，栅栏横跨了整个画面。位于画纸左侧的是一栋房子。魔法师将外出散步的一家人变到了山上的洞穴里。

位于左侧边上的房子象征安全感和儿童破碎的家庭状况。栅栏代表哮喘患儿的沟通障碍。全家都被变到洞穴里，表明他希望退回到母体中的胎儿形态。洞穴入口上方沉重的石头体现了他在疾病中的生存困境，这种疾病可以"消灭"一切。

更多相关案例，可参见案例 53。

○○○

画中被装饰的人物通常是被试儿童的冲突人物，这可能是在抬高该人物的价值，也可能是针对有威胁的冲突人物的一种无意识的安抚尝试。

## 案例 81 ○○

由于沟通和情感障碍、嫉妒弟弟外加焦虑症，七岁的女孩伊雷尼被转到了教育咨询中心。

在家中，伊雷尼的母亲需要忍受暴虐的父亲，后者不断干涉子女教育，让伊雷尼愈发没有安全感。伊雷尼的情况还因肾脏、膀胱疾病更加复杂。她长期反复住院并接受手术，身体症状因神经症的叠加有加重的趋势。

图 3-23　案例 81

在 VF 测试中，伊雷尼的笔迹很深，她还画了装饰性边框（见图 3-23）。她先画了父亲，他是一只躺着的兔子。而她自己在父亲的脚边，是一只六月金龟子，她说："这就是我，我是在六月出生的。"她在金龟子旁边画了一只乌龟。最后，她在右侧画出了站在房子里，拿着各种佐料的母亲，她说母亲是女巫。

父亲需要家庭成员的长期关照与迁就。尽管他的神经质和难应付使其在家中有很强的存在感，并为家庭带来不安，伊雷尼还是把他放在第一位置，画成一只温柔的兔子，而将母亲贬低为一个女巫。幻想的角色换位对应她尚未克服的俄狄浦斯情结。因伊雷尼的嫉妒心理的存在，在她的幻想世界中慈爱、温柔的父亲与女巫母亲形成了对立关系。

被画纸边缘截断的绘画对象也无一例外是被试儿童的冲突人物。被试儿童将他们挤出自己的生活空间，是为了消除他们的威胁性。在这里，我们与德国儿童心理学家考皮茨（Koppitz）的观点不同，后者在画人测试中将这一点从情感因素中排除。

## 案例 82

11 岁零 3 个月大的女孩埃伦因出现癔症性紧急状态伴有幻觉被连夜送往医院，她在 3 个月前也出现过类似状况，当时还伴有癔症性失明。诱发她出现行为障碍的剧烈冲突是姐姐结婚了。埃伦在父母失败的婚姻中长大，是三姐妹中最小的孩子。在她 3 岁的时候，父母就分居了。一年前，她的父母最终离了婚。母亲不喜欢小女儿，对她的感情很矛盾。在过去几年中，埃伦与父亲更为亲近。由于父亲只给母女俩很少的生活费，母亲不得不整日忙于工作。因此，三姐妹都是得自己照顾自己的"钥匙儿童"。对埃伦来说，大姐部分取代了母亲的位置，她们的关系较好。但随着大姐出嫁，新的矛盾开始出现，埃伦与二姐的相处并不融洽。

对女孩的临床检查没有任何病理发现，在接受三周观察后，症状消失的埃伦出院回家。

埃伦一直喜欢成为别人关注的焦点，因此她的女性朋友很少。她的智力水平中等。

在 VF 测试中，埃伦首先画了一座大房子，房子的窗户上画着十字架，其中两个窗户后面可以分别看到一只小猫的头（见图 3–24）。之后她画了两只大猫，也就是被施了魔法的父母。他们从屋子里走了出来，前面那只猫的头已经在画面外。

离房子较近的猫是父亲，第二只没有头的猫是母亲。埃伦说，他们两个离开了。之后，她在纸的上方画了一个太阳和几朵云。

作为在破碎家庭中长大的儿童，被试把房子画得很大，以表达她对完整家庭的渴望。两个孩子还在房子里面，正如她们的现状。

**图 3–24　案例 82**

父母都已离家外出。父亲在离儿童们较近的地方，有着完整的身体，而母亲则离她们最远，画上已经看不到她的头。

更多相关案例，可参见案例 18、48、66 和 75。

○○○

各个诊断组中都有采用特殊构图的儿童，与性别和智力高低无关，并且他们的绘画水平也与其他被试没有差别。

### 行笔

在行笔方面，我们只关注了与绘画相关的部分，即绘画水平、线条质量和不同类型线条的使用。

就绘画水平而言，我们与弗卢里有类似的担忧，因此没有进行艺术上的分类。我们完全根据儿童绘画研究的已知标准来评估其绘画水平，其中，特定的绘画方式可能只出现在某一年龄段的儿童身上。

我们结合被试不同的性别、年龄、智力和诊断，将他们分为五组。

女孩的绘画水平明显优于男孩。根据我们的分析，绘画水平与年龄无关，与智力明显相关。智力越高，绘画水平越好。

在绘画水平与诊断的关系方面，诊断 I 组（口欲期）、诊断 III 组（生殖器期）和诊断 VII 组（存在环境问题）中被试的绘画水平没有发现统计上的差异。诊断 II 组（肛欲期）和诊断 VI 组（有脑损伤）中的被试经统计分析绘画水平较差。

## 案例 83

八岁的克劳斯是独生子，对家人和其他孩子充满攻击性。他爱尿床，喜欢惹是生非。克劳斯上的是特殊学校，学习成绩很差。

他的家庭属于社会边缘群体。他的父亲是一个经常酗酒的工人，经常殴打他。他的母亲是一个有品行问题的性工作者，在男孩上学后不久就离开了家。半年后，父亲娶了现在的妻子，她像亲生母亲一样照顾着孩子。

在 VF 测试中，克劳斯首先在画面左下方的底边位置画出母亲，是一头公牛；然后在右下将父亲画成大象（见图 3-25）。在二者上方的左上角，他画了一个房子，这是一个想象出来的女孩。最后被画在右上角的，是代表一个男孩的铅笔。处于图画中央的，是大象弯曲的鼻子。

绘画的构图比较简单，表明他天分不高。母亲和父亲被画成动物位于底边上。通过皮格姆测试可知，被试认同的是最先被画成公牛的母亲。他不经意地表达出想娶现在母亲的愿望。二者处于对角线位置关

图 3-25　案例 83

系。父亲弯曲的象鼻子将他们分开。男孩排斥父亲，在皮格姆测试中同样如此。大象的攻击性代表了酒鬼父亲的暴力行为。父亲使孩子在精神上无家可归。与父亲处于斜对角位置的是幻想中的房子，代表一个兄弟姐妹。同样，房子象征性地体现了没有归属感的孩子所渴望的安全感。他在最后的位置以一种具有攻击性的、笔迹深的、被涂黑的线条画出自己，是一支铅笔。在此处，生殖器象征的攻击性退回原始形态。

○○○

诊断 II 组（肛欲期）中 26% 的被试表现出良好的绘画水平，很有可能是因为这一组被试存在的强迫性神经症倾向。

诊断 IV 组（潜伏期）中绘画水平一般的被试较多，在全组占比 44%，而在其他组中这一比例为 33%。这可能是学校教育对儿童绘画表现力的影响，科曼和亚伯拉罕也持相同的观点。

在诊断 V 组（青春期）中，我们发现 58% 的被试有良好的绘画水平。这一结果可以解释为，女孩的绘画水平明显优于男孩，而且女孩在诊断 V 组中占多数（37% 为女孩，27% 为男孩）。这与年龄和性别在不同诊断组中的体现有关，例如在诊断 V 组中，有自杀倾向的就多为女孩。

在关于儿童画，特别是绘画测试的研究中，线条质量和不同类型线条的使用始终受到重点关注，但各个学者的观点大相径庭。

科赫分析树木人格画的基础是普尔弗的图像学知识。他关注画图者使用线条的特征和力量，以及阴影、涂黑和黑白对比。科赫了解实际画图过程的复杂性。他强调"铅笔画远不如墨水画的特征清晰"，因此建议在判断时要更加谨慎。科曼对运笔的观点也很审慎。他特别关注绘画者的绘画动作和力量，认为绘画时的力量变化很重要，从中可以推断出绘画者与绘画对象之间的情感关系。亚伯拉罕关注的是线条的质量、绘画者的运动协调性、在绘画时对力量的使用、绘画对象的浓淡程度等。她强调各个元素之间的相互联系，建议在解释被试的画时综合考虑所有因素。

在对运笔的解读方面，我们从一开始就考虑到了前人的各种研究。我们的测试是在不同国家的多个学校、儿童精神病院或儿童监测中心进行的，有大量研究人员参与过程把控，被试儿童多达 4000 名，历时数年完成。从技术角度讲，我们不可能创造绝对相同的测试条件，例如使用相同的绘画垫板、灯光、画纸和铅笔等。

在对案例进行个别研究时，我们参考了图像学方面的研究成果，与亚伯拉罕、科曼和科赫等人观察到了类似现象。同样也是基于上述原因，我们没有对绘画进行图像学方面的整体统计，也可以说，我们刻意没有进行整体统计。

# 第 4 章

# 魔法故事中的童话元素

●

●

●

Die verzauberte Familie

Ein tiefenpsychologischer

Zeichentest

维也纳大学心理学教授卡尔·比勒（Karl Bühler）认为，"对于童话的需求深植于儿童的精神形成过程"，因此，我们在测试中选择童话这种形式。

德国心理学家夏洛特·比勒曾表示："童话符合儿童的生活经验和常识，正如童话给了儿童一个世界，这个世界也存在于他们的幻想和感受中。"

对于科技时代的儿童来说，童话中的一些故事已经不具备"神奇"的特征，但是，奥地利心理学家黑策（Hetzer）也说过："即便已经不再是相信童话的年纪，天真和幼稚的信念依然存在。"所以我们认为让被试画童话、讲述童话主题，即使在今天也是完全行得通的。

我们几乎没有碰到认为这个测试"幼稚"的被试，儿童心理治疗师在场景测试中的经验也证实了这一点。各个民族和各个时代都有神话和童话产生，并代代相传。德国心理学家基恩勒（Kienle）认为，"童话使听者保持智慧和理性，同时又能够用行动征服童话中的世界"。这才是童话对如今的读者产生影响的原因，童话的题材其实影响不大。

作家莱贝尔（Leber）认为："童话散发着原初体验的魅力。"黑策认为："童话中出现的生活环境虽然与儿童的成长环境完全不同，但关于人的成熟问题依然没有改变。"尽管我们生活在一个科技化的世界里，但童话对于我们的儿童来说，丝毫没有失去它的现实意义。

黑策认为，"童话的功能在于帮助儿童消化理解恣意想象以及在极大程度上被本能驱使的梦境"。莱贝尔指出："（儿童）通过将自身的情感冲突投射到童话中来达到改善自身的目的，就像古希腊人……通过观看希腊悲剧得到的精神净化。"她还认为："童话是一个譬喻，人在其中与自己相遇。它能让我们看到一个人从不断变化的成长中理解自己的程度。"心理学家约克尔（Jöckel）和比尔茨（Bilz）认为童话是对人成熟过程的比喻，也能帮助人成熟。比尔茨将童话比作舞台剧："在情景中上演儿童自己的命运。"她还表示："童话中总是隐藏着具有改变力量的仁慈，帮助人们在人生的朝圣路上更进一步。"

荣格认为童话是关乎内在的心理过程、精神变化和成熟的寓言："童话和神话表达的是无意识的过程，对这一过程的重述会重新唤起对它的回忆，将意识和无意识重新联系起来。"

德国学者海德威格·冯·贝特（Hedwig von Beit）试图"从心理学的角度解释童话故事中作为象征顺序呈现的基本心理过程"。她认为童话处于前意识的思考过程中，将童话视为互相对立的精神力量的斗争，能够帮助个体找到自我。根据冯·贝特的观点，童话以比喻的形式表现心理过程，可以用释梦的方式来解释。

心理学家迪克曼（Dieckmann）表示："我们如今用最新的经验能够解释的东西，童话故事中早已写明。它只是用了一种非常简单，同时又非常隐晦和深奥的比喻形式来表达。"迪克曼认为童话的价值在于它的象征性创作"深深地触动了人们，并推动人们开始行动，而除了这些比喻外，没有其他更好的表达和阐释方式"。他表示："即使没有任何注脚，童话也会对我们说话，而且会说出每个人正面临的问题。因此，它是在意识层面之下产生效果的，意识只是加深或强化了它而已。"

德国心理学家贾菲（Jaffé）也认为，童话中的图片和故事情节具有原型特征。

从一开始，精神分析学派就对童话给予了重点关注，包括其起源、意义和功能。冯·贝特认为，弗洛伊德心理学对童话研究的主要贡献在于"揭示了现代人的梦境和儿童的想法与远古民族之间的本质联系"。莱贝尔认为，精神分析学家已经把童话看作反映人类自相矛盾状态的一面镜子。弗洛伊德本人也强调了民间童话对儿童精神生活的重要性："对有些人来说，他们对最喜欢的童话故事的记忆已经取代了他们自己的童年记忆，他们把童话故事变成了一种表层记忆。这些童话故事中出现过的元素和情景，也能够在他们的梦中找到。"迪克曼之后对此进行了研究并证实了这些事实。瑞士精神科医生里克林（Riklin）是众多精神分析师中最早受到弗洛伊德观点启发的医生之一，他对于童话进行了十分深入的研究。他认为童话主要是在幻想中对性愿望的满足，童话为此找到了一种象征的表达方式。在精神分析兴起的早期就致力于研究童话及其象征意义的精神分析学家西尔伯勒（Silberer）指出："所有我们内心的斗争、想象和愿望之间的相互博弈，压抑和克服……狂热的暴虐，对缺少良知的惩罚，自我认知带来的安宁，所有这些都在神话和童话中相应的人物和行为上得到了形象化的表达。"他表示："在神话中，发生在精神内部的过程通常会被转移到外部。一个从内到外的投射由此发生。它将心理过程转移到外部世界，或在外部世界中拟人化。"

匈牙利心理学家费伦奇（Ferenczi）认为童话的一个功能是用艺术的形式呈现在已经失去的那个具有无所不能的力量的儿童世界中所有被压抑的和未满足的愿望。

心理学家博恩施泰因（Bornstein）将童话的功能概括为"本我要求与超我之间的媒介"。在这一点上，他与萨克斯（Sachs）的观点一致，即艺术作品的产生相当于与超我的和解。发展心理学家和精神分析学家很早便已发现童话和梦境之间的联系。

例如，夏洛特·比勒认为童话是"超越日常生活的、类似梦境的、激动人心的东西，它能够刺激和吸引饥渴的、游移的幻想以及被搁置的思考能力"。卡尔·比勒认为，"梦境和童话之间存在明显的相似性，与童话中的魔法过程完全类似，即想象中的一个对象突然变成了另一个对象"，这种现象"尤其常出现在梦中"。黑策表示，站在今天的角度看，很多童话的内容都已经过时了，但它们"又常常生动地出现在儿童和成人的梦中"。继亚伯拉罕之后，西尔伯勒也认为"神话在一定程度上可以说是某个民族的梦"。根据亚伯拉罕的观点，神话这种民族的梦境"以隐晦的形式表达了一个民族的童年愿望"，正如梦是人潜在愿望的表达一样。

费斯特格－佐伦韦尔德（Versteeg-Solleveld）引用奥地利心理学家兰克的观点指出："人被压抑的冲动在神话中得以表达，但是由于童话肩负着教育的任务，所以这些未被满足的愿望在那里被标记为禁忌。"他的结论是："神话和梦一样，带来的是愿望的满足，但童话对那些禁忌愿望来说具有明显的威胁。"

这些说法告诉我们可以如何理解童话。在理解梦的过程中，我们要辨认的是梦境的扭曲、移置和凝缩，梦的审查机制正是利用这些来掩盖梦的真实内容，我们可以通过解读发现那些隐秘的欲望，即梦思和隐藏在童话中的想法。正如维尔纳所说，"儿童的幻想世界比成人的更接近梦境的凝缩"，从儿童画中也能看到这一点，所以我们相信童话绘画测试可以提供一种尤其广泛的、中立的投射可能性。它能够让被试进入一种情绪中，调动其个性中更深层的那些部分。我们计划通过这种方式，对所有与被试家庭关系有关的内容进行测试。

德国心理治疗师普罗普（Propp）在童话研究的另一个领域，即文学诗歌领域，证明了"每一个童话的最初情景都只能是在家庭中"。这一发现帮助了我们的研究。对童话和民间故事的研究产生于 18 世纪末，盛行于浪漫主义时期。第一次尝试对童话按照题材、人物和事件进行分类是在 19 世纪末 20 世纪初。在童话研究方面，阿尔内（Aarne）、阿法纳西耶夫（Afanasiev）、贝迪耶（Bédier）、伯特（Bolte）和波利弗卡（Polivka）、洛维斯（Löwis of Menar）、米勒（Müller）、蒂梅（Thimme）、沃尔科夫（Volkov）和冯特（Wundt）等人的著作具有开创性意义。

其中，最重要的作品是普罗普的《民间故事形态学》（*Morphologie du conte*）。普罗普超越了当时普遍的题材研究，专注研究童话的主要人物及其对童话故事的作用。他认为，童话中存在 7 种具有典型性的主要人物，另外，童话中的主人公有 31 种功能。他通过这种方式梳理了童话故事的结构，从中寻找规律性，并通过这种规律性指导新童话的创作，例如哪里可以自由创作，哪里是受到约束的。

被试儿童在 VF 测试中讲述的童话比民间童话简单得多。此外，由于是参加测试，因此作品主题有限，并且故事情节受到情感投射的极大影响。因此，普罗普的童话形态学对于我们在材料分类方面的指导是有限的，我们对普罗普研究的借鉴主要集中在如何根据主要人物及其在故事中的具体功能对故事进行分类，并将其用于我们的研究。而我们在被试讲述的童话各要素中重点关注的是它们体现在故事里的情感投射和象征结构。

据此，我们从收集到的童话素材里主要提取了以下几个要素：（1）魔法发生的地点；（2）被施魔法的人物；（3）魔法事件。

## 魔法发生的地点

600 名被试中有 204 名（34%）提到了一个或多个具体的魔法发生地点（见表 4–1）。

表 4-1 魔法的发生地点或背景

| 魔法发生的地点或背景 | 人数 | 占比（总人数 =600） |
|---|---|---|
| 森林 [1] | 76 | 12.7% |
| 房子 [2] | 99 | 16.5% |
| 魔法领域 [3] | 21 | 3.5% |
| 陌生国家 | 9 | — |
| 舞台上 | 5 | — |
| 被试的梦境 | 5 | — |
| 原始时代 | 1 | — |
| 时事 | 17 | — |

注1：具体包括在森林里，在森林里迷路，在森林里散步，在森林里郊游，在森林里收集浆果、菌类和木材，或在神秘的、昏暗的、阴森的森林里。

注2：具体包括在房子里、在公寓里、在饭桌旁、在看电视、在吃饭。

注3：具体包括宫殿、王国、房屋、棚屋、洞穴。

在大多数童话中，故事都发生在房子里或森林里。[①]我们的被试经常将森林和房子作为童话的发生地点，也许是因为他们直接受到童话故事的影响。如果我们将森林和家这类发生地的出现频率与时事比较，得到的结论是：我们这个时代的儿童和童话故事之间的密切联系与上一代儿童类似。

发生地点也有推动情节的功能。例如超我魔法师会惩罚进入森林、采摘果实等行为，或者本我魔法师想要得到家里的房子或公寓等。如果事件发生地点在陌生国家、史前时代、马戏团、舞台，或在梦里，则含有被试希望远离魔法过程的愿望。如果时事成为故事的背景，那么它一定会推动情节。时事的巨大影响无可置疑，不过只有直接受到时事影响的大城市儿童才会使用它进行投射。无论是魔法森林里被绑架的公主，还是银行抢劫事件，不同类型事件中存在的家庭矛盾始终没有改变。时事被纳入 VF 测试的情况不会发生在幼童身上，随着儿童年龄的增长（13 岁以上），这种情况才会变得普遍。VF 测试中魔法发生地点的选择与年

---

① 这在多大程度上是由于古老的生活习惯，还是由于荣格说的"通过森林表达对无意识的归属"，或是因为比尔茨所说的森林"是起源之地"，我们在此暂不讨论。

龄、性别和诊断之间有明显联系。

女孩的画中出现森林的频率远高于男孩（女孩 20.5%，男孩 8.9%），从场景测试中我们知道，女孩们的画更多的是发生在自然场景中，例如森林、草地或动物群体中，而男孩画现实场景的更多。不过我们的测试群体中以处于青春期开始或发展期这一"浪漫"年龄段内的女孩居多。选择房屋或其他发生地点的被试数量没有体现出明显的性别差异。小于八岁的被试儿童对魔法场景的描述显然更少。

随着年龄的增长，越来越多的儿童会在故事中提及发生地点，最多的是 11~12 岁的儿童（8 岁以下的儿童占 17.9%，11~12 岁的儿童占 49.5%）。与此相一致的是，我们发现对场景进行描述在诊断 IV 组（潜伏期）中尤为常见。这一组的被试明显更多地选择森林作为魔法地点（25.5%，其他诊断组为 11.4%）。这可能是因为该组儿童受到了夏洛特·比勒所说的"鲁滨逊文学"的阅读启发。瑞士心理学家霍恩（Höhn）在场景测试中也谈到了这些儿童的"鲁滨逊年龄"。

在对发生地点和那个地方的人物活动进行描述时，有较多儿童（46 人，8%）非常自然地描述了童话故事中的家庭环境。在 204 个提及魔法发生地点的被试中，有 89 人（14.8%）对其进行了详细描述。

许多画出了内部空间的儿童（44 人，占 7.3%）是"无家可归"的，他们缺乏家庭安全感，描绘能够提供保护的空间是一种对愿望的满足。那些在家庭中被无意识排斥（47 人）、有被遗弃情结（43 人）、有手足争宠问题的儿童（39 人）中，有 13.2%（17 人）的人将被施了魔法的家庭画在一个内部空间中（其他儿童中这一比例只有 5.7%），这种差异是非常显著的。同样，大于 11 岁的儿童（12.7%，11 岁以下为 4%）和智商在 120 以上的儿童（13.1%，智商 120 以下的儿童为 4.7%）画出内部空间的频率也非常高。在统计学意义上，我们没有发现性别和诊断类别与此相关。

## 魔法故事中的人物

魔法故事中的人物的各种信息受到测试指令的限制。出现在故事中的人物包括：（1）魔法师；（2）家庭成员；（3）帮手。

## 魔法师

魔法师这一角色在故事中占据关键位置，超我元素和本我元素都会投射到他决定命运的魔法力量中。

魔法师只在6%的案例中是善良的，更多时候他表现出一种专制、邪恶的绝对权力。他有些时候是过于严格的、严厉惩罚儿童的超我的体现，有些时候又是儿童急切实现本我欲望的体现。在32.3%的案例中出现了超我魔法师，出现频率明显高于本我魔法师（25.3%）。魔法师既是儿童全能幻想的化身，也是父亲、母亲或家庭命运的化身。

荣格认为："在无意识的魔法世界中，年老的魔法师和女巫对应父母的负面形象。"按照这种观点，在我们的研究中，魔法师往往代表了严格的、实施惩罚的父亲形象。

37.2%的画中（总人数=600）出现了魔法师。在543个案例（90.5%）中，魔法师是在儿童讲述童话故事时被提到的，其中，9岁以下的儿童占47%，9~11岁占35.4%，11岁以上占27.4%。从统计学角度可以看出，魔法师被提及的次数随儿童年龄增长而递减。相比之下，大一些的儿童更多在口头上提到魔法师。智商110以下的儿童则更多画出魔法师（46.3%，智商在110以上的儿童为33.4%）。这一差别同样可以通过统计数据证明。在绘画能力强的儿童中画出魔法师的比例更高（绘画能力强的儿童占44.1%，绘画能力弱的儿童占33.6%）。男孩和女孩中画出魔法师的人数比例几乎相同。诊断类别和画出魔法师的人数占比之间存在明显关联。诊断Ⅱ组和诊断Ⅲ组中的儿童画出魔法师的人数占比（分别为60.1%和44.4%）远高于诊断Ⅰ组和诊断Ⅴ组（分别为30.2%和28.1%），这可能是因为诊断Ⅱ组和Ⅲ组的被试有着与权威之间的冲突问题。

### 魔法师的形象

儿童对魔法师的印象通常来自格林童话中的人物。他们从小就通过睡前故事、读物、戏剧、电影、电视节目等各种方式接触过魔法师：一个高大的、长着胡子的人，戴着尖尖的星条帽和飘逸的披风，手里拿着一根魔法棒或一本魔法书。

他念的咒语通常是：Hocus-Pocus-Fidibus，Simsala-Bim，Abra-Kadabra。

幼童经常会给魔法师起名字，这些名字中有些是来自读物［如蒂尼法克斯（Tinifax）］，有些是自己编的［如彼得洛希留斯·茨瓦科尔曼（Petrosilius Zwackelmann）］。滑稽的名字能够减少可怕的感觉，让他们克服恐惧。

120 个案例（20%）中的魔法师形象与传统形象有所不同（见表 4–2）。

表 4–2　　　　　　　　　　　　魔法师的特殊形象

| 魔法师的特殊形象 | 案例数量 | 具体内容 |
| --- | --- | --- |
| 年迈智者原型中的负面元素 | 31 | 年老驼背的人（9）、乞丐（7）、巨人（4）、鬼魂或怪物（4）、侏儒（3）、流浪者（3）和罪犯（1） |
| 年迈智者原型中的正面元素 | 34 | 善良的魔法师 |
| 魔法师是家庭成员 | 37 | 父亲（17）、母亲（1）、姐妹（1）、被试自己（13）、新郎（5） |
| 魔法师是现代人 | 8 | 房屋管理人员（1）、客人（3）、马戏团里的魔法师（4） |
| 魔法师是女性 | 10 | 仙女（3）、女巫（5）、老婆婆（2） |

魔法师如果是以荣格所描述的"年迈智者原型"的形象出现，那么被试若与父亲之间存在冲突，父亲的问题就会被直接投射到魔法师身上。

当魔法师被贬低为一个年老的（也有可能是驼背的）人时，这表明被试可能感到不被父亲接受。有时他们会有被父亲（也有可能是整个家族）背叛的感觉。

当魔法师以乞丐的形象出现时，被试可能有抑郁倾向。一些人被父亲公开排斥，一些人觉得自己没有受到足够的重视，并且会表现出神经性的偷窃症状。他们也会用象征对父亲进行贬低。

## 案例 84

12 岁的马莉斯多年来始终处于两个家庭的矛盾中。母亲在她 10 个月的时候去世了，不久后，父亲为了马莉斯娶了第二任妻子。外祖父母始终不能原谅马莉斯的父亲，认为他将马莉斯变成了"可怜的继女"。他们不断扰乱家庭的安宁，在无意识中为女儿的死报仇，这使马莉斯无法认同继母的身份，也使她对死去的母亲产生了负罪感。青春期加剧了这种冲突，女孩找不到出路，最后企图自杀。

在 VF 测试中，马莉斯画了"富有"而冷漠的一家人围坐在餐桌旁，他们旁边是一个乞丐（见图 4–1）。从马莉斯讲述的故事中我们了解到，乞丐其实就是魔法师，他会让那些铁石心肠的人做一段时间的乞丐，以此来惩罚他们。

**图 4–1　案例 84**

有性别识别障碍的马莉斯首先画的是父亲，12 岁的女儿"芭芭拉"就像马莉斯本人一样坐在父母之间，她最后画的是乞丐。整个画面位于纸的左上角，根据科赫的观点，这个位置代表的是退行性倾向和对母亲的思念。马莉斯隐约感到，自己并不像外祖父母一直说的那样"贫穷"，因为她的继母自己没有生育能力，对她很好。但她不被允许"富有"，也就是不允许被爱，因为死去的母亲借外祖父母的嘴禁止了这一点。在 VF 测试中，马莉斯象征性地实现了自我惩罚，她通过贫穷来惩罚"富有"的家庭，就像她之前试图通过自杀来惩罚自己一样。吃饭的场景展示了女孩因母亲的死亡而受到影响的口欲期愿望。

如果魔法师以巨人的形象出现，通常是给儿童带来负面经历的父亲被抬高评价。

如果魔法师以鬼魂（怪物）的形象出现，说明儿童表现出特别强烈的焦虑心理。

如果魔法师以侏儒的模样出现，通常是一个有着生殖器崇拜倾向的主导型母亲被儿童抬高评价，而父亲则被贬低。但被试给变成侏儒魔法师的父亲还是保留了一部分父权，哪怕这个父亲是非常小的。我们能够从精神分析的角度"在儿童的家中为侏儒符号找到决定因素，即兄弟姐妹"。[①]

如果魔法师以流浪者的身份出现，被试儿童的共同特征是分离焦虑。

在一个案例中，魔法师是以罪犯的身份出现的，这是年迈智者原型中最为负面的元素。案主是一个青春期的男孩，他还没有接受父亲死亡的事实。他在消沉的情绪中哀悼父亲，因为父亲离开自己而生气。我们可以认为这里出现的是与梦中的移置一样的现象，在该过程中，儿童的攻击性和对这种攻击性的惩罚都被移置到了以魔法师形象出现的父亲身上。

年迈智者原型中的正面元素，也就是"善良的"、帮助人们实现愿望或富有同情心的魔法师（34 例），都是以我们在开头提到过的魔法师的典型形象出现。但这类魔法师通常不会出现在画中，而是出现在被试讲述的故事里。通常，"善良的"魔法师对应的是儿童本我愿望的实现。

或多或少的自我弱化和更强的本能行为是这些儿童的共同特点。他们中的一些人在家中明显处于弱势地位，有的被公开排斥，有的是没有主见的追随者角色。其中有五个是正处于青春期、有性问题的青少年，这些问题最后通过愿望满足的方式由"善良的"魔法师解决。

对于将魔法师画成家庭成员的儿童，其脑海中还有残存的魔法思维，主要是对于全能的幻想。他们通过将父亲、母亲、兄弟姐妹甚至自己投射到魔法师身上来表现这一点。最常扮演魔法师角色的家庭成员是父亲（18 例）。将魔法师的角色投射到父亲身上的被试涵盖所有年龄段、所有诊断组和所有智力水平。这些被试都存在无法积极克服俄狄浦斯冲突的问题。其中一半被试感受不到父亲的存在，1/4 的被试认为父亲是专制的，还有 1/4 的被试认为父亲是可鄙的。他们的共同点

---

① 荣格认为："一方面倾向于矮小（侏儒），另一方面又倾向于过度放大（巨人），这与时间和空间概念在无意识中的独特的不确定性有关。"

是都生活在与父亲的冲突中。

一个九岁的男孩描述了专制的父亲与魔法师的戏剧性冲突，体现了他对攻击者的认同。

## 案例 85 ○○

九岁的罗伯特因极度扰乱学校秩序，对同学有攻击行为而被转到教育咨询中心。老师不愿意教他，同学的家长集体签名，要求开除他。

罗伯特在家里五个孩子中排行第三，但从体型上看，他看起来比同龄孩子大两岁。他的父亲之前上学的时候也存在类似的问题。父亲和母亲一样，长得很高大，并通过自己的努力成为一名成功的小企业管理者。罗伯特智力天赋很好，他的智商是126（HAWIK 得分）。因此，父亲不认为罗伯特因为成绩不好就要去上特殊学校。罗伯特有轻度的读写困难。

父亲理解儿子的困难，特别是儿子与学校等方面的矛盾。尽管距离很远，他还是定期亲自带孩子去治疗。母亲负责有着五个孩子的大家庭的日常起居，家务负担繁重，所以更多的是起到间接的作用，父亲以专制的姿态占据家庭主导地位。他在教育过程中也会打人，并因为孩子的教育经常与人争吵。不过从根本上来说，男孩是把父亲视为榜样的，父亲也会抽出时间和他一起做手工。

罗伯特首先画了一个巨大的魔法师，魔法师的头已经超出画纸，在图中看不到了（见图4–2）。罗伯特讲了这样一个故事："魔法师进到了我们家，向下走到地窖里。他说，'我要给你们所有人施魔法！'这时我爸爸跑到厨房，从橱柜里拿出两把刀，接着跑到地窖，把刀刺向魔法师的肚子。之后，魔法师用尽最后的力气对我们都施了魔法。"

罗伯特将被施了魔法的家庭成员画在画纸底边上，并将他们画得比较小。他自己是站在魔法师张开的双腿之间的一只猫。他先画了自己，之后画出兄弟姐妹和母亲，最后是父亲，父亲是唯一一个背对所有家人的人。

父亲进行了一场惨烈的斗争。魔法师代表着对家庭施加力量的命运，对于儿子和父亲来说，他代表了处于优势一方的学校。罗伯特自我认同攻击者，他站在魔法师双腿之间的位置，将自己置于强大者的保护之下。与魔法师之间的打斗让他联想到的是在学校里挨过的打。

**图 4-2　案例 85**

他也认同自己的哥哥，将后者像自己一样变成了一只猫，但罗伯特却通过把哥哥画小来贬低他。只有那个在最后画出的、被画成牛的父亲到最后还在抵抗魔法师的力量。父亲避开了魔法师，不受魔法棒的影响。

○○○

只在一个案例中，魔法师是母亲。在这个案例中，俄狄浦斯冲突也起到了重要的作用。在这个家庭中，所有男性都受母亲的支配。

在另一个案例中，魔法师是妹妹。被试男孩心理幼稚，无法接受妹妹在家中受宠。在手足争宠的无力感中，他将魔法力量赋予妹妹。

在 13 个案例中，被试自己是魔法师，这些案例中包括了不同智力、绘画水平和不同性别的被试。他们分别属于诊断组 I、II、III 和 V，但是没有诊断 IV 组（潜伏期）的儿童，考虑到这一群体的被试数量较少，这种结果也可能是具有偶然性的。这些被试都以自我为中心，存在交际障碍，其中几名被试有自我弱化的倾向。他们大多对兄弟姐妹有嫉妒心理，即便他们是家中更受偏爱的那个孩子。他们作为魔法师出现，象征性地实现了被试的魔法愿望、复仇欲望或对全能的想象。

## 案例 86 ○○

八岁的万达患脐绞痛已有一段时间。她在一个不正常的家庭氛围中长大。母亲在一家酒馆做服务员，父亲是职员。作为一个酗酒者，父亲的存在使家庭氛围变得不安。母亲因自己的工作性质而容忍了父亲的酗酒。父母强迫16岁的大女儿上酒店职业学校，和母亲做同样的工作。对此，大女儿离家出走以示抗议。

万达首先画的是自己，她是魔法师，体型因纵向画纸变得尤其大（见图4-3）。在画的左下角，即在她伸出的右胳膊下面，是其他被画得较小的家庭成员。母亲和父亲先被画出，最后画出的是代表姐姐的小黑猫。万达说："这是我的姐姐。"小黑猫正悄悄离开家人。万达画出了自己的家庭。

画出超大魔法师表明了她对全能的想象，她右手举着的魔杖代表了她对家庭的权力。其他所有家庭成员，特别是姐姐，都通过缩小尺寸被贬低。

○○○

**图4-3 案例86**

在五个女孩的画中，魔法师作为"被抛弃的新郎"出现，其灵感来自女性青春期的施虐和受虐幻想。

在八个儿童的画中，魔法师作为"日常生活中的人物"出现，其中包括房屋管理员、客人和马戏团的魔法师。其中一些儿童认为这些平常人"神奇而怪异"。剩下的儿童将魔法师变成普通人是为了让他们看起来比较可爱。这些儿童都患有焦虑症。

将魔法师塑造为女性形象的被试中，一部分处在矛盾的母子关系中，一部分来自母亲占主导地位的家庭。在所有这些案例中，女性形态的魔法师都象征的是支配型母亲。

**魔法师的行为及其投射功能**

516 个案例中（86%）出现了对魔法师的行为的描绘（见表 4–3）。其中，117 名儿童（19.5%）只在故事中列举了魔法师的行为和魔法过程。这些情况更常出现在 9 岁以下的儿童群体中，在 11 岁以上儿童的画中很少出现。

表 4–3　　　　　　　　　　　魔法师的行为

| 对魔法师施魔法行为的描述 | 案例数量 |
| --- | --- |
| 没有理由 | 117 |
| 满足愿望 | 34 |
| 作为惩罚 | 194 |
| 提出要求 | 152 |
| 出于任性 | 72 |
| 感到好玩 | 15 |
| 在舞台上，在梦中 | 10 |
| 为了证明自己的能力 | 9 |
| 共计 | 516 |

作为超我的化身，惩罚型的超我魔法师出现在 194 个案例（32.3%）中。

超我魔法师施魔法是因为他要惩罚以下行为：坏事、恶行、卑鄙、邪恶、铁石心肠、邋遢、争吵、醉酒、生气、不服从、贪吃（68）；虐待动物（9）；嘲讽他人（22）；仇视他（9）；出卖他的秘密（2）；欠债不还（2）；侵犯他的财产（20）；擅闯他的领地（21）；没有很好地使用他的馈赠（3）；没有尽到责任（4）；对他进行善行教育（2）；吝啬（14）；不听话（6）。

本我魔法师作为本我欲望或本我焦虑的化身，是"邪恶"的魔法师，他出现在 152 个案例中（25.3%）。

本我魔法师施魔法是出于以下原因：兴趣（15）；任性（72）；因为人是这样或那样的（19）。

魔法师要得到：房子、财产、金钱（21）；一切（2）；秘密（1）；住处（2）；一个孩子（1）。

在19个案例中魔法师变出有用的东西。

出于超我以及本我动机而被施加魔法的情况在小于九岁儿童的画中不常出现，而在大于九岁的儿童中出现的频率均翻了一番。

- 超我动机：九岁前20%；九岁后40%。
- 本我动机：九岁前15%；九岁后30%。

超我及本我魔法师在男孩和女孩中出现的比例相等。超我魔法师出现在32个男孩和32个女孩身上，本我魔法师出现在25个男孩和25个女孩身上。出现超我及本我魔法师与儿童智力没有相关性。诊断组和出现超我及本我魔法师之间尚未发现相关性，而诊断IV组（潜伏期）与其他组相比，无论是超我还是本我魔法师出现的频率都更高。惩罚型（超我）魔法师，以及要求型（本我）魔法师出现在56个案例中，他们通过施法消灭家庭成员或整个家族。

以下是超我魔法师和本我魔法师的例子。

## 超我魔法师

14岁的埃丽卡游手好闲，荒废学业。她粗鲁，有攻击性，同时充满了自卑感和自我怀疑，这导致她几个星期前企图自杀。

埃丽卡出生在公务员家庭，是五个孩子里最小的一个。几个孩子都受父亲酗酒之苦，父亲是一个优柔寡断、多愁善感、在酒精的作用下反复无常的人。他多次想戒掉酒瘾，但都没有成功。

在VF测试中，埃丽卡只在画纸左侧画了一棵香蕉树。她讲了这样一个故事：

"在北极曾经住着一个爱吃香蕉的魔法师，但由于北极不生长香蕉，他很伤心，就离开了这里。当他来到生长香蕉的非洲时，感到非常高兴。他来到一个住着黑人的村子，走进一户人家，请求他们给自己几千克香蕉吃。但这家人很嫉妒他，对他说，'如果你想吃香蕉，就自己摘吧！'他们边说边把魔法师推出门外，嘲笑他长得不一样，没有他们的皮肤那么黑。魔法师对此非常伤心，他施魔法把那家人变成了香蕉。如果吃他们变成的香蕉，永远也吃不完。这家人中有一个父亲，一个母亲，一儿一女。"

父亲因强烈且不知满足的口欲愿望产生的良心不安深刻影响着家庭的氛围，这一点在被试的 VF 测试中得到了象征性的体现。正如在生活中，父亲既是惩罚者，也是被惩罚者，他塑造了家庭，也生活在家庭中。

不过埃丽卡的冲突人物是母亲，正如在其他那些魔法师吃掉全家人的案例中一样。

埃丽卡还没有克服俄狄浦斯冲突，她排斥女性身份，有阉割焦虑和阳物羡妒。她自我认同父亲，和父亲一样，她也有良心冲突，她的内心矛盾而又犹豫不决，这也是香蕉"吃不完"的原因。

## 本我魔法师

10 岁的赫尔穆特尽管智商很高，但在学校里成绩却不好。他的懒惰让老师，特别是他有好胜心的母亲很生气。父亲对儿子不感兴趣，他最希望的是自己清净。母亲对丈夫和儿子同样失望。指责和争吵是家常便饭。

赫尔穆特觉得他的父母都不太接受他。他经常经历争吵，觉得自己应为这些争吵负责，但他却无法变得勤奋。

在 VF 测试中，他先画了一个强大的魔法师，然后把父亲画成魔鬼，把母亲画成猫，把孩子画成狗。

他讲述了这样一个故事："一个强大的魔法师出于任性给一个家庭施了魔法，因为他是一个邪恶的魔法师。父亲被变成了魔鬼，母亲被变成了猫，孩子被变成了狗。猫妈妈和狗孩子相处得并不好，魔鬼父亲很高兴。于是，魔法师成功地让全家人陷入争执。有一天，一个仙女来到了这家上空，把他们变回了人类。他们又变成了幸福的一家。"

VF测试象征性地表达了赫尔穆特的家庭状态：被试的本我通过魔法师体现出来，是他造成了家庭的争吵。赫尔穆特把自己对这种状态的幸灾乐祸转移到父亲身上，并以愿望满足的方式画出了一个善良的仙女，这显然是母亲的积极一面。他希望母亲能代替自己，让这个家重新变得幸福。

24个案例与"消灭"有关，在32个案例中，"消失"是通过吃掉（吃光）完成的，在其中9个案例里，做出吃这个动作的人是魔法师。在22个案例中，被吃掉从而被"消灭"的是一个或多个家庭成员，在两个案例中是魔法师本人因被吃掉而消失。

## 案例87

12岁男孩古斯塔夫因为行为障碍被转至教育咨询中心。进入青春期后，他变得难对付，父母对他的教育力不从心。因此，他近一年都生活在儿童福利院。古斯塔夫的父亲是一名木匠帮工，因为工作原因经常不在家，母亲是一名手工老师。她当时结婚是因为担心会嫁不出去，但觉得自己在智力上高于丈夫。他们或许没有吵架，但母亲的蔑视态度却慢慢破坏了家庭的氛围。母亲把自己所有的远大理想都转移到孩子身上，对他娇生惯养，但没有给他安全感。由于古斯塔夫被送去儿童福利院，两人之间共生的母子关系也突然中断。

古斯塔夫先以粗略的线条画出了坐在桌子旁的魔法师（见图4-4）。他把母亲变成一顿美餐并吃掉了她。随后，他把父亲画成了一栋房子，整个场景就发生在这栋房子里。被画成猫的孩子正悄悄从桌边向右离开。房间的左侧墙壁上画着一个挂着钥匙的空的保险箱，代表了魔法师的贫穷。

对于这幅画，古斯塔夫说，魔法师很穷，他不能变出钱来，但他至少可以把母亲变成可以享用的美餐。他把父亲变成了房子，把孩子变成了一只猫。

儿子作为一只猫，任由母亲被魔法师吃掉。被宠坏的、情感被忽视的古斯塔夫只有口欲攻击性。他将自己一分为二

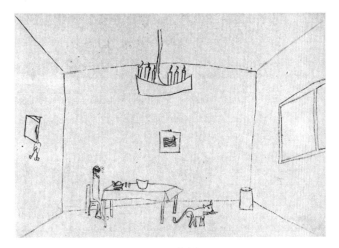

图 4-4　**案例** 87

地利用这种攻击性：一方面是作为魔法师报复受到的溺爱，另一方面是作为没有阻止魔法师行为的猫。同时，无家可归的男孩通过把父亲变成房子，表现了他对家庭的渴望。但这所房子是空的，表明父亲几乎不关心古斯塔夫。空荡荡的房间里，超大的吊灯表明了古斯塔夫对温暖的需求。空的保险箱让魔法师（被试）的魔法力量显得很有限。

○○○

这个群体中的所有儿童都处于一种无意识冲突中，这种冲突常常以父母中的一方为中心，最常见的是母亲。儿童通常会以攻击性的方式抵御因此产生的痛苦的内疚感。这些儿童中有 18 名属于诊断 I 组（其中有 4 人经历过母子共生关系中断，4 人有意向障碍），17 名儿童属于诊断 II 组（其中有 6 名遗尿症患儿和 5 名遗粪症患儿），12 名儿童属于诊断 III 组（问题主要围绕阉割焦虑产生）。

童话和神话中经常出现"被魔法生物或家庭成员消灭或吃掉"的题材。弗洛伊德学派和荣格学派经常研究这些主题，并对其进行心理学上的解释。匈牙利心理学家雅各比将其理解为"力比多下沉到无意识中"。格兰特·达夫（Grant Duff）认为"被同性父母吃掉意味着认同"。西尔伯勒认为，在神话中被神性家庭成员吃掉意味着阉割问题。E. 洛伦茨（E.Lorenz）对格林童话《糖果屋》的解释与我们

的研究结果最为接近。他认为这个童话之所以成为最受小女孩欢迎的童话故事之一，是因为"力比多发展最初的两个重要阶段在其中得到了几乎历史式的忠实反映，这个童话故事有趣的地方在于令人愉悦地唤起了已经结束的力比多阶段"。

在九个案例中，魔法师被要求"证明他会魔法"。家人或儿童要么不相信魔法师和他的力量，要么是假装不相信，并用这种方式战胜魔法师。这个主题也出现在《穿靴子的猫》等故事中。

除了一个被试，剩下所有的被试都处于青春期，因此对周围的批评特别敏感。他们往往缺乏安全感，自卑，经常因为自己的外貌（身材矮小、湿疹、秃顶等）而被嘲笑。他们要么认同魔法师的狡猾，要么认同征服者的狡猾。在所有案例中，被试都以愿望满足的方式补偿自己的不满足感。

魔法师行为的成功与否与儿童讲述的故事结局一致。其中没有提到结局的案例占比 59.3%，有好结局的案例占比为 23.5%，有坏结局的案例占比为 15.8%，有限定条件结局的案例占比为 1.3%。在此处，儿童的超我及本我欲望以及恐惧都被表现了出来。只有约 1/4 的被试儿童希望能够逃脱超我或本我的命运力量。其余儿童要么不确定，要么是悲观的。

被试性别和魔法师行为成功与否没有相关性。然而，女孩明显更倾向于给故事一个明确的结局，无论是积极的、消极的，还是有条件的，而男孩则倾向于开放式结局。37.8% 的男孩给出了确定性的故事结局，这一比例在女孩中是 47.2%。这可能是因为在我们研究的年龄段，女孩的写作水平比男孩更好。有相当一部分儿童（17.7%）讲述的故事中被施魔法的是家人。被试儿童对自己的家庭明显倾向于给出好的结局（73%），对陌生的家庭往往会给出坏的结局。就不同年龄段的儿童来说，魔法思维的残余对于故事是否有个幸福的结局也有影响。八岁以下的儿童有 74.4% 给出了好的结局，在八岁以上的儿童中，这一数字只有 56.4%。就儿童的智力和故事结局而言，出现了一个有趣的现象：智商低于 100 的儿童多给出不好的结局（50%），智商在 100~109 的儿童多给出好的结局（21.7%）；而智商在 110 以上的儿童没有表现出明显的悲观或乐观倾向，各种结局都会出现，这可能与这些被试儿童较高的批判能力有关。

诊断组类别和魔法师行为的成败之间没有统计学上的显著相关性。在个体诊断中，遗粪症患儿倾向于以消极的方式结束故事（61.5%）。患遗粪症的常常是有着施虐和受虐倾向的悲观主义者。存在认同危机的儿童会倾向于给故事保留开放性结局（70.8%），但这种倾向性并不是非常明显。这符合处于青春期认同危机中的儿童的本质特征。

在 40 个案例中（6%）魔法师的行为受到其征服者的影响，有时征服者会制造一个对魔法师来说并不愉快的结局。这 40 个案例涵盖不同性别、不同智力水平和不同年龄段的儿童。从诊断组来看，发生频率如下：诊断 I 组 7 例；诊断 II 组 11 例；诊断 III 组 3 例；诊断 IV 组 5 例；诊断 V 组和诊断 VI 组各 4 例；诊断 VII 组 1 例。

最常见的个体诊断是遗尿症（7 例）、哮喘（4 例）和母子共生（4 例）。这些儿童的共同点是更强的幼儿式自我中心主义倾向，他们在这种症状下以施虐受虐的方式假想自己控制了家庭。在 VF 测试中，他们也打败了代表超我或自我的人物，也就是魔法师。上文提到的个体诊断最大的特点是，有这些症状的被试都能够借此令家人紧张。

征服者可以分为四个人数基本相同的类别：父亲、被试自己、幼儿期的童话人物（仙女、小矮人、乐于助人的动物、木偶剧人物卡斯帕尔等）、青春期的童话人物（王子、少年等）。将战胜魔法师归功于父亲的儿童来自父权结构的家庭，或者他们的全部想象都围绕一个隐形的父亲展开。当儿童自己是征服者时，他同时也是家庭生活的中心，或者至少渴望成为这样的中心。幼童让童话故事中他们喜欢的自我认同形象参与到胜利中，这样一来，他们在与超我或自我的斗争中，即与魔法师的斗争中就不会孤单。同样，处于青春期的男孩会通过童话中的理想化自我强化现实中仍然很弱小的自我。处于青春期的女孩则会选择王子作为其解救者和盟友，以这种方式满足自己的愿望，对抗超我或本我，来安抚她们受到性心理影响的对未来的恐惧。

只在一个案例中，扮演帮助者角色，并替代被试与他的超我及本我对抗的是母亲，该名被试是男孩，其处于母子共生关系中，对母亲极度依恋，故事中母亲所做的与现实中是一样的。

### 家庭成员

被试是否会忽略测试指导语，让自己的家庭，而不是"某个"家庭面对魔法师，这一点非常重要。在 VF 测试画中，家庭核心群体中兄弟姐妹年龄和性别的变化，以及核心群体人员的增加和减少，也因此具有更强的投射功能。我们发现，被试在 VF 测试中提到的家庭与其真实家庭之间存在如下不匹配的情况。

#### 画出自己的家庭或陌生的家庭

我们从被试的性别、年龄、智力、诊断组、家庭状况以及家庭氛围等方面考察这一点。

494 名被试（82.3%）画的是一个陌生的家庭，106 名被试（17.7%）有意识地画出了自己的家庭。[①]17.3% 的男孩（70 人）和 18.5% 的女孩（36 人）有意识地画出自己的家庭。因此，被试是画自己的家庭还是陌生家庭与性别无关。另外，在这一点上也不存在年龄相关性。

被试是画自己的家庭还是陌生家庭和智力之间的联系很明显。越是聪明的儿童，越不会画自己的家庭。在诊断组中，诊断 VII 组中的儿童（29%）更倾向于画自己的家庭。

来自气氛和谐的家庭、家人面临晋升问题的家庭，以及蜗牛壳家庭的被试者很少画自己的家庭。画自己家庭的被试多为来自缺乏核心领导力和教育能力的家庭，以及破碎家庭中的儿童。1/4 来自离异家庭的儿童画了自己的家庭。由此可见，家庭结构被动摇时，被试儿童会以实现愿望的方式画出自己的家庭，作为一种象征性的拯救。

#### 兄弟姐妹的性别和年龄发生变化

在 VF 测试画中，被试让兄弟姐妹性别和年龄发生变化的情况通常有如下几种：

---

[①] 我们在第 2 章开头就已经指出，还有 22% 的被试通过对绘画讲述的故事让我们看出，他们在无意识中画出了自己的家庭。

- 男孩变成女孩，女孩变成男孩；

- 大龄变成小龄，小龄变成大龄。

性别和年龄的变化与被改变的对象是被贬低还是抬高有关。这种改变因被试儿童的个体情况而异，通常符合被试的愿望实现倾向。

### 删减或增加兄弟姐妹

和之前的研究一样，我们也观察到多名被试儿童在家庭心理画测试中有删减兄弟姐妹，或者在家庭核心群体中凭想象添加兄弟姐妹的行为。

我们对这一事实进行了统计，并计算了该行为与被试性别、年龄、智力、诊断组、家庭情况、家庭氛围和绘画水平的相关性。

有 223 人（37.2%）删减了兄弟姐妹，88 人（14.7%）凭想象增加了兄弟姐妹。其中，将想象出的兄弟姐妹加入核心家庭群体的女孩（19.5%）人数多于男孩（12.3%）。这与我们已知的事实一致，即女孩比男孩更难完成自我身份认同。想象出的兄弟姐妹通常对应儿童的多重投射或自身经历，其中体现出的是一种矛盾的态度。

11 岁以下儿童中画出真实兄弟姐妹的占 52.2%，画出幻想兄弟姐妹的占 11.3%。10 岁以上儿童中画出真实兄弟姐妹的占 41.7%，画出幻想兄弟姐妹的占 20.2%。据此，年龄与画出幻想兄弟姐妹的行为之间存在显著的统计相关性。儿童年龄越大，画出幻想兄弟姐妹的频率越高。这可能与年龄较大儿童的认同问题有关。删减兄弟姐妹的行为出现在所有年龄段中。

各诊断组中，画出幻想兄弟姐妹人数最多的为诊断 IV 组（24%）和诊断 V 组（23%）。这些儿童有可能是通过这种方式为自己想象出其他的身份，同时也体现出了他们的矛盾情感。诊断 IV 组中的儿童很少删减兄弟姐妹（27%），诊断 V 组中的儿童经常删减兄弟姐妹（48%）。这体现出与年龄相关的矛盾情感。

删减与增加兄弟姐妹的行为与智力的相关性在于：被试儿童的智力水平越低，越会倾向于删减兄弟姐妹。在 33 名有智力障碍的儿童中，有 17 人删减了兄弟姐妹（52%）。在 61 名智商高于 130 的儿童中，只有 17 人（28%）删减了兄弟姐妹。

幻想出兄弟姐妹的行为更常出现在高智商儿童中。只有 5.6% 的智商在 100 以下的儿童在家庭核心群体中增加幻想出的兄弟姐妹，智商在 130 以上的儿童中，这一比例达到了 30%。由此我们可以看出，删减兄弟姐妹的行为似乎与被试的智力密切相关。越是不聪明的被试，越是经常删减兄弟姐妹，这样的儿童就像是无法看清家庭的全貌，心里只有自己的位置。这与罗夏墨迹测试中关于智力低下儿童的详细测试结果类似。

绘画水平与画出幻想中的兄弟姐妹，或者删减掉真实的兄弟姐妹的行为存在明显相关性。被试的绘画水平越高，画出幻想中兄弟姐妹的频率越高。根据我们的统计，绘画水平高的被试智力水平也更高，可以更加准确地表达自己。我们已经在形式分类的部分提到了这一点。18.1% 的绘画水平高的儿童和 12.9% 的绘画水平低的儿童画出了幻想中的兄弟姐妹。52% 的绘画水平低的儿童和 40.7% 的绘画水平高的儿童画出的兄弟姐妹数量与其真实家庭中兄弟姐妹数量相同。这些发现具有统计学意义。

不完整的家庭刺激儿童画出幻想中的兄弟姐妹。因此，与母亲单独生活的非婚生子女常画出幻想中的兄弟姐妹（36%）。当非婚生子女与母亲生活在一个新的家庭中时，只有少数人会增加幻想中的兄弟姐妹（9%）。在父亲去世的家庭，儿童常常增加幻想中的兄弟姐妹（29%）。

对于家庭氛围与删掉或添加兄弟姐妹行为的关系，我们发现生活在争吵环境中的儿童很少增加兄弟姐妹，争吵使这些被试将注意力局限并集中在家人的真实数量上。

生活在蜗牛壳或破碎家庭中的儿童往往会增加幻想中的兄弟姐妹。这一方面可能是情感矛盾的体现，另一方面可能代表了被试对摆脱焦虑的帮手的渴望。

## 案例 88

九岁的男孩埃瓦尔德和比他大两岁的哥哥生活在一个严格的父权制家庭中。专制的父亲曾尝试利用军官职业来克服童年时期的自我抑制，却因为身体原因不得不放弃服役，这段经历对自恋的他是一种侮辱。他把自己未满足的军人情结转移到全家人身上，阻碍妻子人格的发展，使埃瓦尔德的哥哥变成了一个有抑制症状的口吃患者，他也不接受别人在教育方面的建议。之后，埃瓦尔德被父母带到咨询机构，为的是能够帮助他顺利上中学，来满足父亲的好胜心。当他由于神经功能抑制症状被认为不适合上这类学校时，父亲并不能完全理解。

埃瓦尔德最先画出的是两个男孩，一个是乌龟，年龄稍小的一个是老鼠（见图4-5）。这跟他自己家庭的相似性很明显。之后，父亲被画成一头羊驼，但背上增加了两个黑色的驼峰，其中前面的驼峰上站着一只鸟，代表母亲。最后，他在两兄弟的上方画出了两只飞鸟，代表两个年龄小很多的女儿。

图4-5　案例88

位于画纸下方的是兄弟二人，被试首先画出了哥哥，然后是他自己。有抑制症状的哥哥缩在自己的龟壳里。埃瓦尔德把自己贬低为老鼠。代表父亲的巨型羊驼居中，占据主导地位，他吐的口水不断毒害家庭氛围，两个驼峰把它从羊驼提升到骆驼的地位。母亲只是被容忍作为小鸟停在他身上而已。她想要飞走的强烈愿望体现在两个代表女儿的、自由飞翔的小鸟身上。小鸟对两兄弟来说也是在父权制家庭的约束下实现愿望的理想形象，幻想中的伙伴和摆脱焦虑的帮手。

更多相关案例，可参见案例41、58、59、99、106。

○○○

被试在家庭画中把自己省掉的情况，我们已经在前面多处提到过。

通过魔法师有意让兄弟姐妹消失，体现了儿童的愿望。儿童以这种方式解决同胞竞争的问题。在这种情况下流露出的同情表明了儿童的内疚。

## 案例 89

九岁的莫妮卡从两岁起就患有湿疹，四岁患上哮喘。药物治疗和反复疗养都没有使她的病情得到根本好转。莫妮卡身体发育迟缓。由于婚姻关系不佳，母亲情感上非常依赖女儿。与丈夫争吵后，母亲常常来到女儿的房间，和她一起睡。晚上哮喘发作时，莫妮卡也会去母亲的床上，母亲通常不会拒绝。但二者之间的共生关系仍然很矛盾，有时，莫尼卡也会对母亲说："妈咪，你出去，你让我喘不过气。"

八个月前，莫妮卡有了一个小妹妹，据她的母亲说，莫妮卡对此感到非常高兴，对妹妹表现得友爱温柔。

在 VF 测试中，莫妮卡把未被施魔法的一家人从右到左画在一条地平线上，首先是被画得最大的父亲，然后是母亲，最后是最小的自己（见图 4-6）。她画

**图 4-6　案例 89**

的是自己的家庭。"小妹妹不见了。"站在最左边的魔法师把她变没了。在对话框中，孩子只是对妈妈说："妈咪，我的小妹妹！"把人物画在地平线上意味着，儿童试图在没有安全感的生活环境中，通过脚下的地面获得安全感。

在这种描述和戏剧性情节中，莫妮卡表达了嫉妒小妹妹的矛盾心理。

更多相关案例，可参见案例 42、44、68、96、97、105。

### 加入真实的或幻想中的亲戚、邻居、家庭成员、（家养）动物等

博罗特通过观察认为，被试在画出"自己的"家庭时并不会加入其他人。而科曼则在那些存在"不敢自由表达"倾向的被试中观察到这一现象。科曼发现，儿童加入的角色有朋友、自己的分身，还有动物。他认为，在家庭成员中加入动物的是抑制症状明显的被试。科曼认为这些儿童是在把家人画成动物（科曼并没有提到德国心理学家布雷姆 – 格雷泽尔的研究，科曼当时似乎还不知道她）。

在我们的研究中，有 66 个被试（11%）在家庭核心群体中增加了其他人或动物，其中，女孩 35 人（17.9%），男孩 31 人（7.7%）。女孩显然更倾向于给家庭核心群体加入其他的人或动物等元素，这应该与之前提到的女孩相对于男孩来说在身份认同方面不确定性更强有关。

在智力方面，智商在 100 以下的被试中有 22.7% 增加了人或动物，智商在 100 以上的被试中仅有 8.5% 这样做。我们可以据此从统计学角度看出，智力水平低的被试更容易增加人或动物，智力水平高的儿童则很少增加。

增加人等元素与被试的年龄也有关系。10 岁以下的被试中有 12.3% 在家庭核心群体中新增角色，10 岁以上的被试中只有 9.4% 这样做。

在与诊断的相关性方面，诊断 IV 组中的儿童较少在核心群体中加入人等角色，在诊断 VII 组中这种情况则更常见。在个体诊断中，我们常常发现不同成因的品行障碍症患者。

仔细分析被加入家庭核心群体中的角色，就会发现这些角色对被试的意义并不总是一样的。在 80% 的情况下，这些角色既可能是幻想的，也可能是真实的伙伴，他们扮演的角色是起辅助作用的自我（Hilfs-Ich），是儿童缓解焦虑的帮手，起到减轻被抛弃感和焦虑感的作用。家庭成员及其功能也具有双重性，例如天使这一角色既是儿童缓解焦虑的帮手，也是儿童解决冲突的无意识尝试。

## 案例 90 ○○

11 岁的布丽吉特在 5 岁前一直是独生女。她的母亲在战争年代经历了艰难的童年和青年时期。母亲没有能够培养起孩子的卫生习惯。布丽吉特患有尿床症、焦虑症和睡眠障碍。她和 6 岁的妹妹关系很好。在多次接受医疗和药物治疗未果后，她的尿床症通过心理治疗初步得到缓解。

在 VF 测试画中，一个 5 岁男孩坐在秋千上，父亲和母亲正望着窗外，他们已经变成了天使。父亲、母亲和儿童同时还是漂浮在云端的天使（见图 4-7）。

**图 4-7　案例 90**

在天使的作用下，所有人都成为儿童缓解焦虑的帮手，被试儿童的严重问题，也就是尿床，因此得到了缓解。通过房子，女孩表达了对安全感的渴望，此前她在场景测试中用"坍塌的房子"来表示现实中的家庭问题。

她希望自己也能像妹妹和秋千上的男孩一样小，这表明了她在尿床症中存在退行症状。

20% 的被试（66 例）通过添加人物等元素的方式表达家庭中的深层次矛盾。例如，独断专行的祖母早已去世，但仍以龙的姿态主宰着家庭（见案例 73）。

被试儿童受母亲影响产生偏执行为，害怕臆想中的"邪恶"邻居。该邻居也被儿童画了出来，并以满足愿望的方式被贬低。

### 将核心群体缩减到只剩父母

在 13 个例子中（2.1%），父母被施魔法后成为没有孩子的夫妻。由于该组人数太少，所以无法得出相关的统计结果。

值得注意的是，这类案例中的儿童在幼儿时期就已经因为母亲而受到强烈的心理伤害。有的失去了母亲（因为母亲死亡、离婚、将孩子送人，等等），有的是因母亲工作忙等原因而被忽视。其中一些儿童已经出现了被遗弃情结，一些儿童有品行障碍。

### 将核心群体缩减到只剩儿童

在 19 个案例中（3.1%），儿童被施魔法成为没有父母的人。该组人数同样也很少，无法进行统计分析。这些被试分散在所有诊断组中。不过在仔细研究这些案例后，我们还是发现了一些共性：有些人觉得自己被父母抛弃了，他们依赖于真实或想象中的兄弟姐妹；有些人则有着很严重的手足冲突问题，因此在画中只对儿童施加魔法；有些人有着严重的俄狄浦斯问题，不敢对父母施魔法。

## 案例 91 ◯◯

由于四岁的女儿加比存在强烈的嫉妒心理、任性，并患有顽固性便秘，她的母亲向教育咨询中心求助。这个高大、魁梧的女人显得很没有安全感。她内疚地承认，自己的情绪很不稳定，多次控制不住情绪打过孩子，这让女儿的任性愈加严重。有洁癖的母亲用严厉的方式培养女儿的清洁习惯，而持续便秘只是孩子对此的反应。加比非常渴望温情，因此与母亲形成了一种明显的爱恨交织的矛盾关系。

三岁时，加比的小妹妹出生，母亲很快就把更多的关注给了妹妹。虽然加比一开始通过照顾小妹妹满足了自己对温情的需求，但随着活泼健康的妹妹不断长大，加比的生活空间被不断挤压，她具有攻击性的嫉妒心也开始不断增长。教育加比的困难经常在父母之间引发争吵。

加比在妹妹三岁时参加了 VF 测试。她在画纸左边画了一个站在山上花丛中的高大女孩，在右边画了一个房子，一个小女孩在楼上的房间里，房间里还有一张桌子和椅子。房子前面站着一个高大的魔法师（见图 4-8）。

**图 4-8　案例 91**

在同一幅画中，她画了魔法师施魔法后的场景：她在房子旁边画了一只狗，之后画了一只从房里飞出的鸟。父母没有出现在画中。问起他们时，加比说他们不在这里，已经去世了。

对房子的描绘再次表明了争吵的家庭氛围以及儿童对家庭温暖的渴望。与加比年龄相仿的、大一些的女孩站在外面，而小女孩则和母亲在屋子里面。自恋的加比被鲜花装饰着。在皮格姆测试中，她认同自己是鸟。她说："这样我就不用走路了。"作为一只鸟，她可以飞走，远离母亲和所有相关的日常痛苦。

她对没有被画出的父母表达的死亡愿望也是同样的意义。

更多相关案例，可参见案例 50。

### 在家庭核心群体中父母被遗漏

被遗漏的父母总是冲突人物，他们一般是主导型的、受人尊重的父母，而这些家庭中的儿童往往有未解决的俄狄浦斯冲突。在某些情况下，画中没有父母的身影，但儿童在讲述的故事中提到了他们（见案例 7）。

有七名儿童甚至把他们的父亲、母亲甚至父母双方说成已故的。

## 案例 92 ○○

11 岁的卡斯滕在 2 岁时被收养，对自己的身世一无所知。他有孤儿院综合征（比利茨基），这导致他被好脾气、不懂教育的养母宠坏了。

他上学晚了一年，而且由于他智商只有 106（91/122），因此不得不重读三年级。他的情感发育也很滞后，不能排除幼儿期受过脑损伤。卡斯滕作为独生子女长大，由于出身不明确，他从小就出现了身份认知问题。

在一个带有情感特征的、空荡荡的场景中，绘画水平不佳的卡斯滕在一条连续的地平线上画出了一个魔法师和两只小老鼠，处于自我认知前期的他把自己画在第一位置，然后是母亲，父亲没有出现（见图4-9）。

**图 4-9　案例 92**

在故事中出现了一个帮手。孩子和妈妈一起去散步，被魔法师邀请到家中吃饭，于是他们就被变成了老鼠。父亲是"在三天后"才知道这件事的。他遇到了一个善良的女魔法师。他们在邪恶魔法师不在家的时候潜入他的房子，为母子俩解除了魔法。

尽管早期情感被忽视，男孩仍然焦虑地依赖母亲。在这种共生依赖中，他们都被变成了老鼠。被试在皮格姆测试中排斥老鼠，因为它是最弱小的生物。父亲三天后才回来解救他和母亲，体现了"帕西法尔儿童"无意识找寻亲生父亲的愿望。善良的女魔法师是理想化的亲生母亲，她是儿童缓解焦虑的帮手。通过地平线，男孩强调自己希望能够"脚踏实地"。从早期情感被忽视的角度来看，场景的贫瘠凸显了儿童情感的缺失，魔法师的下毒行为表明儿童口欲期的早期障碍。

更多相关案例，可参见案例 78。

○○○

这里，我们还要提一下一个 15 岁男孩的案例，母亲突然死亡让他产生了应激性抑郁反应。在男孩讲述的故事中，他使用了安娜·弗洛伊德所说的在幻想中否认的防御机制：他没有让心爱的母亲死亡，而是让厌恶的父亲死亡（俄狄浦斯情结）。

### 家庭成员的外观、特征及其投射功能

夏洛特·比勒为童话人物的个性总结出的两极化规律也可以应用到我们的投射童话中。人物个性是简化的、类型化的，通常被设定为某个极端，并被置于相互对立的关系中。在我们的测试中，对立双方是由测试指令决定的：一边是魔法师，另一边是被施魔法的家庭。被施魔法的人物性格特征和魔法师一样，同样是被简化描述的，例如善或恶，奖赏型或惩罚型，等等。

当直接用语言描述家庭及其成员的个性时，儿童使用了类似于我们从民间故事中了解到的简单、容易记住的词汇。人物个性的两极分化也和民间故事中的一样：贫穷的家庭总是好的、听话的，富有的家庭则是幸福的或吝啬的，或是两种特征兼有，而糟糕的家庭是懒惰的。

这些类型化的描述也许是直接从民间故事中获得的。一般来说，对民间故事的了解往往会影响和启发孩子们。了解单个被试从民间故事中抽取了什么元素很重要，有助于我们发现个体的投射过程，无论所取材料看起来多么简单和不起眼。迪克曼认为："童话人物是类型化的，它们体现的只是人身上有代表性的普遍特征。"他还在另一部著作中继续阐述了这一思想："如果把童话看成一部关于内心的戏剧，那么童话中的所有人物、情节、动物、地点和符号都代表内心活动、冲动、态度、体验方式和倾向。"

直接描述家庭和一个或几个家庭成员特征的案例数量过少，无法从统计学角度得出结论，但可以从中发现某些对我们的研究有意义的倾向。例如在属于诊断III组和VI组的被试讲述的故事中，常常出现魔法师被自己或家庭中的"坏事"激怒而施加惩罚的情况（5.1%）。在这两组中，良心问题占据重要地位：处于俄狄浦斯冲突期的儿童因自己对父母形象的观点而感到内疚。器官受损的栓塞型神经病患者暗中指责父母一方或双方对自己的基础疾病负有责任。

如果魔法师给"善良且贫穷"的家庭施魔法，赋予他们残酷的命运（2.6%），

被试往往处于身份认同危机中。这常常使他们与权威陷入新的冲突中，他们内疚地体会到并投射出这一点。

同样重要的是，1/6 的案例使我们能够深入了解被试的家庭氛围，被试儿童会用一种典型的方式描述家庭成员与魔法师的相遇。我们因此了解到他们的家庭成员在遇到压力时会有什么样的反应和行为。我们经常能够看到个人以及家庭的许多隐藏行为、态度和情感，家庭中的仪式、生活习惯，以及日常生活如何受家庭神经症的影响。被试儿童的这种行为可能是无意识的，它可能是一种强烈的忏悔愿望，被试试图以此来减轻自己的压力。

在测试中描述家庭氛围的儿童与父母的对抗尤为明显。他们经常出现在诊断组 I、III 和 V 中，这些儿童似乎有着特别的幻想天赋。属于诊断 IV 组和 VII 组的被试中则没有出现该情况。

在很多情况下，被试简短提到的一个或多个家庭成员的特征会让我们突然看到被试所面临的冲突，特别是通过魔法而产生的那些特征，往往是重要的特殊病征指示因素。

我们发现，凡是提到胖或变胖以及瘦或变瘦（苗条）的地方，都有幼儿的怀孕幻想在起作用，而这些特征投射到哪个人物身上并不重要。

## 示例

一个八岁的小男孩无法克服自己的怀孕幻想，就把这些幻想转移到魔法师身上。他把魔法师描述为一个"大胖子"。一个六岁的儿童嫉妒他的兄弟姐妹，因进食困难被送到教育咨询中心，他在 VF 测试中将自己变成了一只"肚子很小很瘪"的兔子。他担心自己会通过吃东西生出小孩，从而增加家里的儿童数量，这一点后来在心理治疗中得到证实。

人物大小属性及其在 VF 测试中的变化，通常表达了通过认同适应父母的过程。

**示例**

一个九岁的儿童试图通过魔法师将母亲变得"非常小"，将女儿变得"巨大"来克服自己的俄狄浦斯冲突。

描绘人物是肮脏的或变得肮脏往往表明被试的肛欲期固着。

**示例**

一个五岁的被试隐隐感到自己对父母离婚负有责任，并认为这是对他的肛欲表现的惩罚。在 VF 测试中，他把自己的这个"过错"推给了离开家的父亲，他说："这个父亲不洗澡，总是脏兮兮的。所以魔法师对所有人（全家人）都施了魔法。"

我们在由魔法引起或实现的特征上最常发现的是被试的个人问题。

**示例**

一个有行走障碍的男孩认为他的命运是一种惩罚，他说："魔法师把他们都变成了家具，他们现在动弹不得，也跑不出他的手掌心。"

在器质性疾病患者中，阉割焦虑多表现为被施魔法者造成畸形或身体残缺。由生活经历造成的阉割焦虑也会通过同样的方式象征性表达出来。

通过魔法师的作用，一个有阅读和拼写障碍的儿童表达出了一个相当个人的，但可以理解的人物特征变化："魔法师让儿童们能做任何事，包括计算和拼写！"

他通过这种方式，以愿望满足的方式在想象中改变了自己是差生的特征。

这种人物特征上的投射更加让我们看到，只有对被试的家族病史有充分的了解，才能解释 VF 测试的结果。

### 帮手

除了魔法师和家庭成员，一个相对较小的群体也出现在 VF 测试中，我们称之为"帮手"。

帮手中有一部分是儿童在故事中提到的，另一部分是被画出来的。大多数情况下，他们被认同为魔法师的征服者。

几名处于青春期的被试画出了另一种帮手，即魔法师的帮手。一般来说，这表达了一种特别强烈的情感矛盾。例如，一个邪恶的魔法师和他的三个帮手给一个善良的家庭造成了巨大破坏，其中一个帮手觉得对不起这个家庭。虽然他无力帮助被施了魔法的人，但他还是离开了魔法师，从此决定只做善事。从这种带有象征性的表达中，我们能够看到绘画者的内心冲突受到青春期危机的冲击，她试图控制纠缠自己的"邪恶"的本我欲望，却徒劳无功。

## 魔法事件

在被试讲述的童话中发生的事件是由严格的测试指令决定的："想象一下，现在来了一个魔法师，对一个家庭施了魔法……"

由此，被试被置入一种情绪中，这一情绪调动了他人格中的深层情感，激发了被试有关存在的思考，就好像关乎他自己的命运一样，被试需要表明态度，投射过程启动。夏洛特·比勒认为："感觉、情感和直觉是（童话的）决定性的本能力量。"迪克曼强调了这一观点，他表示："童话对儿童的一个心理意义在于，儿童必须学会接受自己天性中深层直觉和本能的那部分，这种力量常常占据优势，儿童要学会在这种力量之下坚持自我。童话以形象的方式为儿童提供了在这种对抗中生存的典型可行性和方案。"

总体看，被试使用了类似的形式和风格手段，与夏洛特·比勒对童话创作的描述一致，包括：两极化法则、比例的改变、使用类比（并且不考虑组合方式）；情节用一张图展现，或是分解为一组图；特征和情节转移（比如使万物有灵）；生动和直白的事件。一般来说，儿童使用什么修辞手段已经具有了投射性的一面。

关于魔法事件发生的动机，有以下几种情况。

### 事件动机完全由测试指令决定

- 魔法师或他的愿望和特征引发了魔法；
- 家庭成员的行为和特征引发了魔法；
- 事件的发生地点引起了魔法。

通过上述方式引起的事件及其投射功能已经在上文讨论过。

### 事件动机模仿童话、传说和儿童读物中的著名例子

- 格林童话：《侏儒怪》（1 例）、《白雪公主》（4 例）、《小弟弟和小姐姐》（2 例）、《青蛙王子》（1 例）、《金鹅》（1 例）、《助人为乐的动物》（1 例）、《糖果屋》（5 例）；
- 豪夫童话（Hauff's Märchen）：《瓶中鬼》（4 例）、《大鼻子矮人》（1 例）；
- 佩罗童话：《蓝胡子骑士》（1 例）、《美女与野兽》（1 例）、《好姐姐与坏姐姐》（1 例）、《穿靴子的猫》（2 例）；
- 王尔德童话：《自私的巨人》（1 例）；
- 电视剧集童话（2 例）；
- 奥德赛的传说（2 例）。

从其他众多童话主题中，我们又挑选出如下主题：必须解决的任务（3 例）、魔水（1 例）、愿望（5 例）、魔草（6 例）、儿童池塘（1 例）、萝卜魔法（1 例）、通过最幼小的一个孩子被解救（1 例）、通过杀戮被解救（1 例）、把食物给父亲带到森林里去（1 例）、给井里的水消除魔法（1 例）、在鸟儿身上找到戒指（1 例）、魔法师扮成兔子吸引家人（1 例）、和魔法师有金钱问题（5 例），等等。

以上动机可以在同一个故事中交织出现。

童话题材的选择在具体案例中通常具有投射功能，有时，它能帮助我们发现神经症的潜在病因。

## 示例

九岁女孩乌拉有尿床的症状。她在七个兄弟姐妹中排行老四。她喜欢穿男孩衣服，排斥女性游戏。虽然乌拉通常会忍让别人，但她和比她大一岁的哥哥有一种爱恨交织的矛盾关系。

在 VF 测试中，乌拉讲了一个"三口井"的故事。两兄妹在森林里发现了一个小屋，屋子里有三口魔井，谁喝了其中的水，就会分别变成蛇、狮子或鹿。弟弟喝了第三口井的水，变成了一只鹿，在姐姐的温柔照顾下，他们生活在森林小房子里，直到生命的尽头。

在"三口井"的故事中，我们很容易能看出格林童话中《小弟弟和小姐姐》的影子。故事中还有乌拉的乱伦倾向和阳具羡妒，这些都是她出现症状的深层原因。她以实现愿望的方式把她羡慕的哥哥变成了一只鹿，这样她就可以忍耐他和爱他了。从乌拉的童话故事中，我们对哥哥的性格一无所知。只有通过她模仿的格林童话，我们才能了解到哥哥的本能渴望。两个故事相辅相成，使事件的深层投射意义变得清晰。

### 事件动机与时事相关

时事题材出现在 17 个被试讲述的故事中，他们大多是处于青春期的大城市男孩。他们把 VF 的事件投射到了时事中，包括嬉皮士、流浪汉、流行艺术、大麻和抢银行事件。这些事件对他们充满吸引力，也意味着一种诱惑。他们将 VF 掺杂到时事中来实现愿望。

### 事件动机由被试独立创作

80 个被试创作的故事和图画不遵循任何模式，并以其具有高辨识度的特殊病征指示而受到关注。

他们主要属于诊断组 I、II、III 和 V，包括男孩和女孩，至少智力中等，可以画出中等水平的画。从成长的角度看，这些被试的问题与其在家庭中面对的问题关系密切。

迫切需要解决的问题，再加上良好的智力和绘画水平，使他们成为小诗人，并将自己的问题通过一种"真正的符号"确切表达出来。

### 动机的投射

如果我们只对动机的投射进行研究，会发现在很多情况下，儿童创作的符号内容可以根据力比多成熟阶段及其固着点来归类。

在口欲期固着的儿童中，事件往往涉及"进食"。哮喘儿童的洞穴魔法也属于此类。金钱、金子、占有问题在肛门期固着儿童中很常见。肮脏问题也属于此类。

## 案例 93 ○○

八岁男孩奥斯瓦尔德有尿床的问题。他母亲家是做生意的，小时候，他母亲与其三兄妹由保姆照顾，家长只关心生意。和母亲的姐姐一样，母亲在第一年上学的时候就尿床了。她在家需要忍受易怒的母亲。后者违背她的意愿，在她中学毕业之后强迫她参与父母的生意。奥斯瓦尔德的父亲也是很晚才解决尿床问题的。父亲哥哥的两个孩子也仍然在尿床。父亲也同样是在生意人家中长大，从小缺乏父母的关爱。父亲此前做过商业学徒。

父母是因为孩子而结婚，奥斯瓦尔德最初被母亲排斥。他出生后，母亲放弃了自己的工作。尽管接受了包括电疗在内的多种治疗方式，但奥斯瓦尔德的尿床症状仍未能消除。在男孩的问题上，母亲始终表现得缺乏信心。因为尿床，母亲始终没有满足他参加童子军训练营的愿望。奥斯瓦尔德有一个五岁的妹妹，她也尿床。奥斯瓦尔德与妹妹之间是一种因嫉妒而生的对立关系。

奥斯瓦尔德只画出了一个边缘涂黑的椭圆，并说这是脏东西，变成这堆脏东西的是一个家庭，有国王、王后、17岁的王子和 15 岁的公主（见图 4–10）。

　　VF 测试表明，这个男孩认同自己的家庭。他依然沉浸在自己对魔法的了解中，将家里人说成国王一家。将一家人变成脏东西表明了他在肮脏方面的症状。他因自己的症状感到被人排斥。为了使自己解脱，他让全家人都出现这种症状。同时，他还说明了家庭集体出现症状的问题，这意味着尿床症状存在家庭传统。

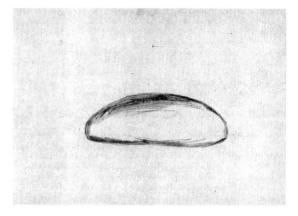

图 4–10　案例 93

⭕⭕⭕

　　我们常常能够在处于生殖器期的儿童身上看到相应的、直接的阳具符号。口吃者的阳具象征倾向也属于这一类，或存在围绕大和小的感觉分类的对冲突的描述。俄狄浦斯冲突在王室人物符号中得以体现。父亲、母亲和孩子都被提升为王室人物，以增加他们的价值。女性与男性之间的角色变化（反之亦然）只出现在俄狄浦斯冲突期的儿童以及经历俄狄浦斯冲突期重演的青春期少年身上。患慢性疾病的儿童在笼子综合征下画出的阉割符号就属于此类。

　　处于潜伏期的儿童在 VF 测试中用象征的方式缓解学业冲突。

　　母亲怀孕、父母离婚、亲人去世等事件给儿童带来心理压力时，我们也能够在 VF 测试的故事中看到象征性的表达。

　　因此，从投射的角度研究故事的动机有助于我们理解儿童面对的冲突，就像是对罗夏墨迹测试中的复杂结果的解读一样。不过，我们的解读也需要像罗夏建议的那样谨慎。

第 5 章

# 家庭成员被施魔法后变成的形象

· · ·

Die verzauberte Familie
Ein tiefenpsychologischer
Zeichentest

我们将家庭成员被施魔法后变成的形象分为七组：

- 动物：160 种；
- 幻想动物：16 种；
- 植物：29 种；
- 幻想形象：66 种；
- 各类物品：166 种；
- 人（未被施魔法）；
- 没有画出。

表 5-1 中列出了被试儿童为画中主要人物所选择的不同形象。

表 5-1　　　　　　　　　被施魔法后变成的形象

| 人物被施魔法后变成的形象 | 父亲 | | 母亲 | | 被试自己 | |
|---|---|---|---|---|---|---|
| | 人数 | 占比（%） | 人数 | 占比（%） | 人数 | 占比（%） |
| 动物 | 657 | 53.6 | 653 | 53.3 | 555 | 45.3 |
| 幻想动物 | 28 | 2.3 | 23 | 1.9 | 12 | 1.0 |
| 植物 | 95 | 7.8 | 109 | 8.9 | 83 | 6.8 |
| 幻想形象 | 107 | 8.7 | 92 | 7.5 | 110 | 9.0 |
| 物品 | 188 | 15.5 | 204 | 16.7 | 206 | 16.8 |
| 人（未被施魔法） | 43 | 3.5 | 43 | 3.5 | 76 | 6.2 |
| 没有画出 | 107 | 8.7 | 101 | 8.2 | 181 | 14.8 |

在为家庭成员选择被施魔法后变成的形象方面，不存在明显的性别差异，男孩和女孩都会选择不同的形象。

同时，这与被试的智力也基本不存在相关性，但也有一些例外。家庭成员是否被变成植物与被试儿童的智力存在相关性。智商低于 100 的儿童，更经常把父母画成植物。在智商低于 100 的儿童中，有 14.8% 的人将父母画成植物，而这一比例在智商高于 120 的儿童中仅为 2.4%。当儿童自己被画成植物时，不存在与智力的相关性。

另一个例外是，智力水平与被试是否让自己也被施魔法有关。智商在 120 以上的儿童常常不让自己被施魔法。

对于诊断组与家庭成员被施魔法后变成的形象之间的关系，我们发现诊断 V 组的儿童很少将家庭成员变成动物，更多的是将其变成物品。这符合选择将动物作为绘画对象的案例随儿童年龄增加而减少的趋势。

除此之外，家庭成员被施魔法后变成的形象与诊断组或个体诊断之间没有统计学上的显著相关性。这能够从此前的投射测试中看到。从投射诊断的角度来看，某个或某类形象一般不会只出现在一项诊断类别中。布朗（Brown）指出，"始终还是得由心理学家充当整合工具，针对内容材料的使用进行精细的临床判断，这样才能理解病人的心理动力学形态"。

在这方面，美国心理学家沙费尔（Schafer）的观点也值得借鉴，即不应该在某些个体反应，甚至某类内容和诊断类别之间建立明确联系，他认为，"我们必须考虑到，内容的意义会随着语境变化，没有任何问题或倾向只适用于某一特定的患者群体"。

在个案中，深度心理学对符号的研究结果仍然是有意义的。因此，深度心理学在对梦境进行解释时也要基于梦者的具体情况。

在研究绘画水平与家庭成员被施魔法后变成的形象之间的联系时，我们得到的结论是：儿童的绘画水平越好，就越经常画出人或幻想形象；绘画水平越差，画出动物和物品的可能性就越大（见表 5–2）。

表 5–2　　　绘画水平与被施魔法后的形象（以被施魔法后的父亲为例）

| 被施魔法后的形象 | 绘画水平 1 级和 2 级 | 绘画水平 4 级和 5 级 |
| --- | --- | --- |
| 动物 | 42.6% | 53.1% |
| 物品 | 13.3% | 23.4% |
| 人和幻想形象 | 24% | 8% |

在其他所有家庭成员上我们都得到了类似统计结果。这并不奇怪，因为在我们的研究中，绘画水平较差的儿童智商也较低。这些儿童更倾向于自我中心的原

始思维方式，这一点在对动物符号的选择中也得到了体现。

家庭成员被施魔法后变成的形象与父母的类型（见表 2–1）以及儿童在家庭中的地位（见表 2–2）之间的相关性如下。

- 如果父亲在家庭中缺位，则他很少被画成动物或幻想动物，而是物品、人和幻想形象。酗酒的父亲和思维简单的父母常常被画成植物（比例分别为 17% 和 7.8%）。
- 强硬的父亲经常被画成有攻击性的幻想动物。
- 有野心或完美主义的母亲总是会被画出，并多为动物。强硬、歇斯底里的母亲很少被画成动物，多为物品。这里可与罗夏墨迹测试对无生命化的解读形成很好的对照。
- 值得注意的是，就被试地位和符号选择来说，共生关系中的儿童常常把自己画成动物，情感上被忽视的儿童和处于敌对父母之间的儿童往往会把自己变成一个物品，被家庭视为"邪恶"的孩子以及被孤立的儿童往往把自己画成植物。

## 动物

选择动物作为绘画对象的儿童位居第一，他们画出的动物数量远远多于其他绘画对象，共计 1227 个（总人数 = 600）。其中，211 名儿童（总人数 = 600）画出了完全由动物组成的家庭，这与"动物家庭"测试相吻合。8 岁以下的儿童常选择普通动物作为家庭成员被施魔法后变成的形象（见表 5–3），相比之下，13 岁以上的儿童更倾向于画出奇特的动物。[①]

10 岁以下的儿童中，40% 画的是纯动物家庭。这在 13 岁以上的儿童中几乎很难见到。也就是说，选择动物作为绘画对象的频率会随着儿童年龄的增长而降低。

对于儿童来说，特别是在他们的早期发育阶段，动物可以替代成年人的角色。

---

① 绘画测试"动物家庭"是过去 10 年中最受欢迎的测试之一，其使用范围已不限于教育咨询中心。这可能也是动物出现频率高的一个原因。

成年人也会把自己带入动物，将人的感情和特征投射到动物身上。从伊索寓言到拉·封丹寓言都表明，这一做法是原型思想决定的。布雷姆－格雷泽尔在专著里对"动物家庭"测试中的动物特征进行了全面梳理。

动物是儿童的有生命的伙伴，孩子们可以把自己大大小小的烦恼与之倾诉，而且不会收获失望，这与他们和成年人的交流不同。他们还可以将自己的幻想愿望投射到动物身上。这样，动物就成了英国儿科医生唐纳德·温尼科特所说的过渡性客体，是未来成熟的客体关系的替代品。动物温暖和柔软的皮毛满足了儿童对温情的需求，也让他们获得了很重要的对内驱力的体验。

在与动物玩耍的过程中，儿童也会学习如何处理和应对攻击。门德尔松（Mendelssohn）将其称为动物阶段，认为它是儿童心理发展过程中的一个阶段。在这一事实基础上，普莱策（Plätzer）发明了一种动物游戏，即"生物剧"（Biodrama），作为发育迟缓儿童的心理治疗手段。他认为，由于动物具有社会性，所以这种游戏疗法能够为社交障碍儿童提供一种改善的方式。

布雷姆－格雷泽尔的研究也分析了将父母变成不同动物的比例，其结果与我们的测试结果大致一致。测试中普通动物种类的出现次数见表 5–3。

表 5–3 　　　　　　　　　　　　最常出现的动物

| 科斯／比尔曼的研究结果（总人数 = 659/1225） | | 布雷姆－格雷泽尔的研究结果（总人数 =1887） | |
|---|---|---|---|
| 对父亲的描绘 | | 对父亲的描绘 | |
| 绘画对象 | 人数 | 绘画对象 | 人数 |
| 1. 马 | 74 | 1. 象 | 222 |
| 2. 象 | 64 | 2. 马 | 205 |
| 3. 狗 | 52 | 3. 蛇 | 124 |
| 4. 鸟 | 51 | 4. 狗 | 122 |
| 5. 狮子 | 37 | 5. 兔 | 116 |
| 6. 猫 | 34 | 6. 鸟 | 91 |
| 7. 老鼠 | 29 | 7. 狮子 | 76 |

续前表

| 科斯 / 比尔曼的研究结果 （总人数＝653/1225） | | 布雷姆－格雷泽尔的研究结果 （总人数＝2026） | |
| --- | --- | --- | --- |
| 对母亲的描绘 | | 对母亲的描绘 | |
| 绘画对象 | 人数 | 绘画对象 | 人数 |
| 1. 鸟 | 74 | 1. 鸟 | 160 |
| 2. 猫 | 69 | 2. 兔 | 152 |
| 3. 兔 | 48 | 3. 狗 | 134 |
| 4. 马 | 47 | 4. 蛇 | 128 |
| 5. 狗 | 43 | 5. 马 | 125 |
| 6. 鼠 | 38 | 6. 猫 | 121 |
| 7. 猪 | 34 | 7. 鱼 | 106 |

布雷姆－格雷泽尔没有提及被试将自己变成动物的情况，这种情况通常表明被试已经在很大程度上认同和依赖父母的榜样形象。

我们将通过例子来证明不同动物符号的具体含义。

## 象征性动物

### 兔子

兔子出现的次数很多。在对父亲施魔法（总人数＝659）的例子中排第八位，在对母亲施魔法（总人数＝653）的例子中排第三位，在对被试（总人数＝272）自己施魔法的例子中排第四位，在男孩中（总人数＝186）排第六位，在女孩中（总人数＝86）排第一位。在五个案例中，所有人都被变成兔子，成为兔子家庭。在一个案例中，全家人变成了一只兔子（参见案例 120）。

## 案例 94 ○○ ○○

10 岁的维利成绩很差。他爱撒谎，经常偷母亲的钱，因此被送到教育咨询中心。

　　维利的父亲是房屋管理员，性格懦弱，善良，为妻子完成一切家务。维利的母亲则更喜欢去工厂工作，而不是照顾家庭。她让所有人都为她服务，在孩子们面前嘲笑父亲。她冲孩子们大喊大叫，还殴打他们。

　　维利是五个兄弟姐妹中的老二。大姐最受母亲喜爱，此外，母亲还非常溺爱家中的小婴儿。维利在婴儿期就受到母亲排斥，母亲认为他和他父亲一样，是个一无是处的人。

　　在 VF 测试中，维利画出了自己的家庭（见图 5-1）。父亲被画在第一位置，他在中间靠左的地方，是一个小丑。在画纸中间被画在第二位的是一个超大的印第安人母亲。父亲旁边的是被画成公主的大女儿。位于母亲身后，被画在画纸右侧的是其他孩子，分别被画成狗、蝴蝶和兔子。维利自己是那只兔子，在倒数第二的位置被画在右下角，之后是被画在父亲下面的老鼠，代表婴儿。

图 5-1　案例 94

　　维利的画是家庭冲突的象征性隐喻：父亲掌握着父权的角色，却被贬低为小丑。母亲居中主导，是一个非常大的印第安人，她的儿子们站在她的身后。维利本人扮演的是家庭中的边缘人物，是一个胆小鬼，几乎要出画了。这种自我弱化的表现也符合他在皮格姆测试中的愿望：他想成为一头驴。

　　更多相关案例，可参见案例 14、18、24、26、62、71、74、81、100、107、120。

　　兔子常常出现在有焦虑症状的儿童画中。这种症状已经超出了焦虑神经症或恐惧症的范畴，还包括许多心身疾病，主要是支气管哮喘，也包括呕吐、结肠炎等。在遗尿症和遗粪症患儿的画中也能看到兔子。焦虑症的相关疾病也包括自主神经系统机能失调和运动不宁。几乎所有处于共生关系中的儿童都表现出强烈的焦虑感，特别是对于分离的恐惧，其中包括许多有睡眠障碍的儿童。在有着酗酒或虐待问题的家庭中长大的儿童，会表现出相当程度的焦虑，特别是发生过意外的儿童，以及有着医生和医院恐惧症的儿童。这些恐惧都可以通过画中或故事中的兔子被象征性地表达出来。儿童会把自己认同为兔子，也会把兔子投射到其他家庭成员，如父母和兄弟姐妹身上。例如，一个遗尿症患儿把所有家庭成员都画成床，说他们是"兔子一家"（参见案例 8）。

根据我们的经验，当兔子出现在家庭心理画中时，我们就可以认为这个家庭中有从儿童的视角和经历来看值得焦虑的事。这还表现在女性对兔子的偏好上，在父权社会中，女性更缺乏安全感，更容易恐惧。这一点在女性被试中尤为突出，她们画得最多的动物就是兔子。

在皮格姆测试中，儿童认同兔子，因此他们给予兔子的积极特征数量是消极特征的两倍。

### 猪

VF 测试中，27 次出现父亲角色被变成猪，34 次出现母亲角色被变成猪（总人数 = 1225 ）。

猪主要被赋予两种品质：一是母性、哺乳；二是下等、肮脏。第一个特性中可能蕴含的价值贬低由妇女或母亲在父权家庭中的服务者角色决定（参见案例 1）。在下面的描述中，被试儿童的讲述也证明了这一点：

## 案例 95 ○○○

七岁的男孩阿尔方斯是独生子，父母双方已经有些年纪。阿尔方斯的母亲在精神病祖母的养育下经历了不幸的童年，有多种神经性障碍，她在选择配偶的时候也受到这种症状的影响。阿尔方斯的父亲出生在神经质的家庭环境中，因无法正常工作正接受心理治疗。阿尔方斯的父母都是办公室职员，处于不同的工作岗位。

阿尔方斯的父母并没有打算生孩子，他是早产儿，出生后的头几年在不同的寄养中心中度过，情感始终受到忽视。第一次去幼儿园的尝试以失败告终。他智商为 110（IQ），智力水平良好，应付一年级的学业毫无困难。

不久前，他的尿床症自发痊愈，但仍有睡眠障碍、焦虑、紧张等问题，充满攻击性。攻击性表现在他自己画的有着飞机和战舰的战斗场景中。

在 VF 测试中，阿尔方斯把父亲画在第一位置，是一只公鸡（见图 5-2）。之后是处于中间位置的自己，他是一只笼子里的鸟。最后，在他和父亲后面，是同样位于底边上被画成猪的母亲。他说："一头猪，那应该是谁？只剩下妈妈了！"

在对象选择、位置安排和口头表述方面，男孩都表达了对母亲的贬低和对父亲的认同。三角形的空间关系表明了家庭的紧张氛围：父亲充满权威地站在顶端，带着公鸡骄傲的羽

图 5-2　案例 95

毛装饰。男孩位于画面中间，在父母之间，小鸟表明他对自由的渴望。但他觉得自己被束缚在笼子里。他认为自己的种种行为障碍是疾病的体现，也就是笼子综合征。他所站立的强壮树枝表明他也想"脚踏实地"。在动物的选择上，他认同了自己的父亲。而母亲则作为猪被排挤到了次要位置，她也是被画得最简单的。母亲在家里是需要被容忍的家庭成员。通过选择猪，男孩还把尿床症归咎于母亲。

更多相关案例，可参见案例 1、7、29、102、119。

遗尿症患儿中常常能看到对猪的贬低。在这个群体的场景测试中，对猪的偏好也显示出相同的特征，场景测试的设计者恩格勒在数据上对此予以了证明。

猪代表的症状中具有攻击性的一面可能会通过相应的附加物，例如装饰物来表达。在皮格姆测试中，12 个案例都对猪予以负面评价和排斥。

### 鳄鱼

有 25 个家庭成员被施魔法变成了鳄鱼。鳄鱼是攻击性的象征，正是出于这一考虑，冯·施塔布斯将其引入了场景测试。一些研究证实，患有精神分裂症以及哮喘病的儿童会更频繁地画鳄鱼。哮喘病儿童有着被抑制的攻击性。在心理学上，自我攻击出现在湿疹及哮喘发作，以及因溃疡性结肠炎出现的肠痉挛等病症中。

无论鳄鱼位于画纸的何处，攻击性在儿童及其家庭生活中都扮演着重要的角色。例如，一个表现得很乖的 13 岁男孩患有慢性溃疡性结肠炎，频繁经历住院、艰难治疗（结肠灌洗）的他把全家人都画成了鳄鱼（参见案例 17）。

## 案例 96 ◯◯◯

七岁的莫里茨智力超群，但情感不及同龄人成熟。莫里茨患有尿床症，并因阅读障碍导致学业失败。父母将他带到了教育咨询中心。

莫里茨是四个男孩中的老大，与弟弟们存在嫉妒性敌对关系，因此家里经常吵吵闹闹。母亲感觉自己无法应付繁重家务和有四个年幼孩子的家庭。

莫里茨有早期恋母情结，与母亲共生，并寻求一切手段来维护这个位置。

在 VF 测试中，莫里茨将全家人都变成了鳄鱼（见图 5-3），最上方是一条超大的鳄鱼母亲，两个孩子位于她的下方，是一个小男孩和一个小婴儿。在他们后面被画出的是处于最下面位置的父亲。

魔法师位于中间位置，处于家庭成员之间。

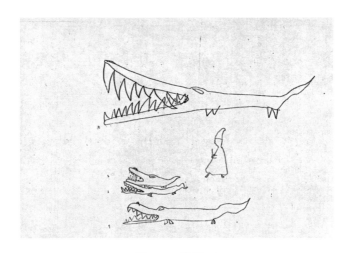

**图 5–3　案例** 96

　　孩子将其攻击性赋予整个家庭。对孩子来说，母亲代表了攻击性，而弱势的父亲被排挤到最后位置。婴儿的位置表明了退行欲望。

　　更多相关案例，可参见案例 18、52、54、66。

○○○

　　在当今社会中，攻击性是属于男孩的行为方式。因此，有 5 个男孩把自己画成了鳄鱼，但没有女孩这样做。共有 17 个男孩、4 个女孩把家庭成员画成了鳄鱼，这些家庭成员中包括 17 名男性和 8 名女性。

　　12 个父亲被施魔法变成了鳄鱼。这些家庭中的父亲往往暴躁易怒、心理变态。

　　7 个被试儿童把母亲画成了鳄鱼，她们是霸道、严厉、有攻击性的母亲。一位患精神分裂症的母亲曾在 VF 测试中被施魔法变成了鳄鱼。思想简单的父亲无法弥补有裂痕的家庭氛围，也被变成了鳄鱼。在另外三个案例中，全家人都变成了鳄鱼，这些家庭中要么是充满紧张的氛围或争吵，要么是离异家庭。同胞长期争宠也会破坏家庭氛围。

　　在皮格姆测试中，对鳄鱼的否定态度也明显占主导地位，它被视为攻击性和恶意的人格化象征（32 例）。在一个案例中，父亲是一个有攻击性的精神病患者，他被施魔法变成了一条鳄鱼，而鳄鱼在皮格姆测试中被该被试儿童排斥。

五个案例中的儿童认同于鳄鱼，并对鳄鱼持肯定态度。这些儿童存在攻击性问题。其中，两人患遗尿症；一个有阅读障碍的七岁女孩患有焦虑神经症，她自我认同于鳄鱼，并让鳄鱼吃了魔法师；另外两个小一些的儿童通过认同攻击者来克服他们的焦虑神经症。

### 蛇

没有一种动物符号像蛇那样多义和常见。

阿兹特克人的羽蛇是生命的象征，旧约中的蛇是亚当和夏娃的诱惑者，还有艾斯库拉皮乌斯的蛇和摩西的蛇，这些还只是众多历史和神话符号中的几个例子。它们表明蛇所代表的人格化意义的多样性。

"蛇"这个词本身的性别属性在各个语言中就很不一样。在拉丁文中，蛇被称为 serpens，既是阳性也是阴性的。在斯拉夫语言中，蛇有阳性和阴性两种形式。在捷克语中，蛇（had）是阳性的。在塞尔维亚语中，蛇（zwija）是阴性的。在法语中，蛇（le serpent）是阳性的。在英语中，蛇（snake）是中性的。在希腊语中，蛇是阳性的。不仅仅是词性方面存在差异，深度心理学家对蛇多义性的观点更是千差万别。

荣格学派把蛇解释为具有原始人类属性的、无差别的力比多形象，同时也代表女性原型的消极一面，类似形象还有猫、蝾螈、母熊、母狮和鳄鱼。

弗洛伊德认为，蛇是男性的性象征。里克林也认为："如同在魔法和童话的象征意义中，部分几乎总是取代整体的位置，蛇也是男人的一部分，即男性的阳物。"

迪克曼认为，蛇象征深层的本能力量，"它是一股无意识的自然力量，既不善也不恶，如同自然本身，它处于尚无差别、无个体关系的冷血存在中"。在 VF 测试中，蛇是最常被选择的动物符号之一，当然，蛇容易画这点应该也起到了一定的作用。在皮格姆测试中，蛇只被正面评价了 7 次，而负面评价是 40 次，它被认为是恶心、可怕、虚伪的，是人类的敌人。另外，儿童画中还出现了从蛇到巨蛇、以及龙的世界的过渡阶段。

## 案例 97

八岁女孩扎比内因学校恐惧症被带到教育咨询中心。她胆小而焦虑，患有口吃。在她三岁时，她精力旺盛的小弟弟出生了，扎比内随即出现了语言障碍。她和弟弟之间逐渐形成了相互嫉妒的紧张关系。她的父母是艺术家，性格迥异。父亲沉默内向，母亲神经质、反复无常，他们常常检查扎比内的作业，致使她逐渐成了必须写出漂亮文章的完美主义强迫症患者。

在 VF 测试中，扎比内先把父亲画成一只黑乌鸦（见图 5-4）；她自己位于父母之间，是一只小老鼠；最后被画出的母亲是一条巨大的毒蛇。老鼠正对着母亲。

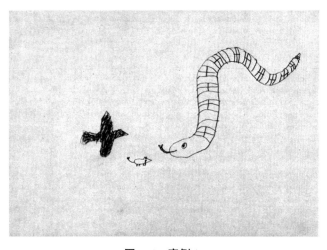

图 5-4 案例 97

扎比内讲述了一个自己被魔法师用毒饭菜施了魔法的故事。在叙述的过程中，她将父母的出场顺序颠倒了一下，先说的是母亲。

母亲看上去是最危险的人，她的情绪失控也最让扎比内感到痛苦。老鼠身后的父亲咄咄逼人的黑色也显得很有威胁性。小老鼠在哭泣。在皮格姆测试中，扎比内想成为一只苍蝇，因为它可以飞到任何地方，甚至穿过钥匙孔。

因食物中了魔法师的毒表明被试发育早期的障碍。弟弟因为被嫉妒没有出现在画中。

更多相关案例，可参见案例 20、39、55、56、65、66、71、100、102。

我们在文献中找到的各种观点都有能够作为佐证的具体案例。

蛇是父亲或母亲的负面符号，是阳物符号，同时也表现出恐惧、不安，对手足和自我的仇恨。

此外，我们在没有绘画天赋、画得不认真或绘画水平差的被试的画中也发现了蛇。

对于其他符号，我们也需要更加注意被试个性形成的环境。

蠕虫也具有相应的意义，它在VF测试中出现过3次。在皮格姆测试中，蠕虫出现了15次，且全部是负面形象。

蛇和虫子属于土里的地下世界，是无差别的世界，属于本能范畴。

### 蜘蛛

蜘蛛属于虫类，在皮格姆测试中，被试多给予蜘蛛负面评价，特别是在年龄较大的孩子中（见表5–4）。

表5–4　　　　　　　　皮格姆测试中的虫类（总人数 = 500）

| 虫类 | 正面评价（＋） | 负面评价（－） |
| --- | --- | --- |
| 苍蝇、蚊子 | 4 | 28 |
| 蚂蚁 | 2 | 17 |
| 甲虫 | — | 7 |
| 其他昆虫 | — | 11 |
| 蜘蛛 | — | 17 |
| 总计 | 6 | 80 |

即使出于积极原因而选择画出虫类，被试儿童也可能对其持有负面评价。一名有自杀倾向的13岁抑郁症女孩说，她想成为一只苍蝇，因为那样的话就只需要活一天。对于这名被试儿童来说，虫类是邪恶、可怕的，它会刺痛人，容易被踩死。

在我们的研究案例中，蜘蛛出现了四次，无法得出统计学结果。但这四个案例仍具有很高的病理学价值。

同蛇一样，蜘蛛兼具正面和负面两种象征意义。正如谚语所说，蜘蛛在晚上带来好运，在早上则带来烦恼。蜘蛛是幸运符，同时也是令人恐惧的对象。

卡尔·亚伯拉罕（Karl Abraham）在《作为梦境符号的蜘蛛》（*Spinne als Traumsymbol*）中写道："根据弗洛伊德的推断，蜘蛛代表了'邪恶'的母亲，表现为男性化母亲，其雄性的侵略气息令男孩害怕。描述病人对蜘蛛的感觉最贴切的词恐怕就是'令人毛骨悚然'。"

奥地利精神分析学家斯特克尔（Stekel）认为蜘蛛是阳具的象征。德国学者冯·贝特以大量童话故事，特别是以早期童话为例证，提出："蜘蛛是邪恶母亲的象征，因为它总是以奸诈的捕食者和吸血的夜行者形象出现。蜘蛛也被视为女巫的灵魂，它可以进入女性体内，把她们变成女巫，所以经常与女巫联系在一起，被认为是邪恶的动物。"

在我们的儿童画中，蜘蛛出现在两种情况中：母子关系出现问题或存在兄弟姐妹冲突。不过，我们建议主要从被试的个体情况研究其象征意义。

## 案例 98 ○○

九岁零六个月大的男孩亚历克斯患有经常性头痛，他认为这是他学业失败的罪魁祸首。亚历克斯来自一个文理中学的教师家庭。

他的父母对他的学习成绩要求很高。亚历克斯有一个比他小三岁的弟弟。弟弟的智力比他高，并且友善、快乐，得到全家人宠爱。四岁时，亚历克斯感染了脑膜炎。上学后不久，他就开始头痛。医生找不到任何病理性原因。父亲对亚历克斯非常失望，剥夺了他的自由时间，包括玩玩具和看电视的时间。父亲整个下午都在和他一起学习，并且总让他把弟弟当作榜样。

在 VF 测试中，亚历克斯先是在最下方位置把"大儿子"画成了一只黑乎乎的小蜘蛛（见图 5-5）。大象父亲被画在右边的第二位置。父亲左边距离蜘蛛最近的是变成骆驼的母亲。在大象上方，与蜘蛛成对角线关系的"最小的那个"是一只有装饰的蝴蝶。在全家上空像幽灵一样展开的是一个魔法师，"他想要拥有一切"。

**图 5-5　案例 98**

在皮格姆测试中，亚历克斯想成为一只鹰，他永远不想成为的是大象，因为大象"不能飞"。在另一天被问到最喜欢和最讨厌的动物时，亚历克斯说他只讨厌一种动物，那就是蜘蛛，他害怕蜘蛛。除此之外，他其实喜欢所有动物。

VF 测试画用象征的方式表示出了依然处在自我认知前期的被试受挫的自尊心，以及他的自我厌恶、焦虑和攻击性。

蜘蛛是一种普遍不受欢迎，甚至令人害怕的动物。亚历克斯与他的兄弟通过对角线联系在一起，表明了双方的冲突；两人都被画成虫子，表明父母的权力与子女的无力之间的实力差距。在自我厌弃的心态下，亚历克斯把弟弟画成了美丽的蝴蝶，这正是父亲给予弟弟的角色。然而，他同时也贬低了弟弟，说他是"最小的那个"，并在画出强大的魔法师之后才最后画出他。

亚历克斯将父亲画成大象，这是一个强大的但同时被他在皮格姆测试中否认的动物。此处，他对父亲表现出了俄狄浦斯情结下的矛盾心理。

他把母亲画成一头没有攻击性的骆驼，并放在蜘蛛旁边，表明他对母亲婴儿般的依赖，他希望母亲只属于自己，远离弟弟。

"什么都想拥有"的魔法师似乎就来自被试强大的本能愿望。

据此，被试的症状似乎更多地因其无意识冲突引起，而不是幼年的疾病。

更多相关案例，可参见案例 35、63。

**猴子**

16 个儿童共画出猴子 18 次（总人数 = 600）。类人猿的存在使猴子与人的关系非常密切。施咒成猴是许多民族史前时代的重要神话。

猴子的自由自在、优越感及本真反映了受到束缚和挫折的人的内心愿望。因此，猴子的形象也反复出现在精神分裂症患者的偏执幻想中。在模仿人类特征的过程中，猴子享受着"傻瓜式自由"，人类乐于在其中了解和确认自己。

然而，在孩子的眼中，猴子也可以用来贬低父母，表达他们在榜样角色上的失败。在一个精神分裂症家庭中，儿童把他的病母画成了一只猴子，游离于其他家庭成员之外，这清楚表明了这个蠢笨的、有缺陷的精神分裂症母亲在家庭中受到的轻视。

同样，猴子也代表兄弟姐妹中的问题人物，这也适用于皮格姆测试（见表5–5）。例如，会有儿童添加这样的说明："我经常激怒别人！"自我弱化的儿童可能会将强大的兄弟姐妹作为榜样，将其欣赏的猴子身上的品质赋予他。在 16 名儿童中，有 12 人明显逃避到了猴子的自由行为中。他们都有学业或学校问题，在VF 测试中被变成了猴子。从那些用滑稽行为扰乱学校秩序的孩子身上，我们能够看到他们对猴子的模仿。

表 5–5　　　　　　　　　学业失败的儿童画出猴子的数量

| 学业问题 | 男孩 | 女孩 |
| --- | --- | --- |
| 阅读障碍 | 3 | 3 |
| 学校恐惧症 | 3 | 1 |
| 其他类型的学业失败 | 1 | 1 |
| 扰乱学校秩序 | 1 | — |
| 导致行为障碍的校外问题 | 2 | 2 |

# 案例 99 ○○

　　由于中学阶段产生了严重的学业焦虑，10 岁的延斯被学校管理部门转到教育咨询中心。延斯是独生子，6 岁时就表现出了学习上的困难。整整一年时间，母亲不得不送他去上学，并陪着他旁听。他很聪明，成绩也很好，因此从来都没有抗拒过上学。但在班级中，他总是受人欺负，没有真正的朋友。现在他根本不想去新学校。在他身上存在一种母子共生的关系。母亲事业成功，始终忙于工作，难以适应抚养和照顾孩子的角色。家里很早就开始培养他的个人卫生习惯，但第一年上学的时候，延斯还会偶尔尿裤子。在一次手术后，他产生了医生恐惧症。他也有黑暗恐惧症，不让母亲离开自己身边。同时，他对母亲的态度相当矛盾，也会表现出对她的攻击性。

**图 5-6　案例 99**

　　在 VF 测试中，延斯先在左上角把母亲画成小鸟，把父亲画成大象，右边是一个被变成猴子的 10 岁男孩（见图 5-6）。之后，他在母亲左下方把一个同龄女孩画成兔子。最后，他把魔法师画在了中间靠下的位置。绘画水平差，表明这个智力天赋好的男孩情感发育迟滞。

　　首先被画出的母亲代表了儿童的共生关系，之后画出的父亲是大象，代表了他在家庭中的稳固地位。男孩画了自己两次：通过猴子，他无意识地对自己在家中歇斯底里的表现进行了批判。而他无助和内心焦虑的女性一面表现为"10 岁的女儿"，他以小兔子的形象自我认同于母亲，在空间上也从属于母亲。

　　更多相关案例，可参见案例 13、41。

○○○

在皮格姆测试中，猴子正面和负面的矛盾特性很明显。21 个儿童认同它的幽默、聪明、类似"人"等正面特征；13 个儿童排斥它，认为它可笑、愚蠢、丑陋。

两名有学习困难的七岁女孩在皮格姆测试中对猴子产生了积极的认同感，并在 VF 测试中把它们画出来。

### 头足类动物

VF 测试中出现了三次头足类动物。头足类动物（章鱼、乌贼）生活在深海，是地下世界的符号，属于母系世界。在各民族神话中，它意味着命运受到摆布，尤其是母亲对儿童的共生行为。母亲试图通过包裹的方式，用触角和吸盘把儿童拴在自己身上。

在一个血友病患者的笔下，头足类动物代表了父亲。在这种有着性别差异的疾病中，这种动物体现了儿童无法逃脱、绝望的痛苦（参见案例 55）。

下面的案例呈现了分别代表母亲和哮喘病儿童的头足类动物与刺猬的对抗。随着自我的不断强大，儿童表现出了对共生母亲的矛盾心理。

## 案例 100 ○○

12 岁的阿尔穆特从 3 岁起就患上了支气管哮喘。反复疗养、住院以及脱敏治疗都没有治好她的病，她的胸腔已经有了相当大的变化。由于发育迟缓，体质虚弱，她非常焦虑，哮喘发作的严重程度和频率都在增加。在一个工薪阶层家庭中，作为七个孩子中的老五，她和母亲之间的共生关系已经固定下来。阿尔穆特很难跟得上学校的课程。雄心勃勃的父亲还把她送进了中学，她经常因病缺课。

在 VF 测试中，她画的是自己的家庭（见图 5-7）。她先是把哥哥贬低为一头驴，然后在画面中央把母亲画成了一只大章鱼，把父亲画成了一条鱼。在父亲下方，她把自己画成了一只面朝母亲的小刺猬。之后是其他的兄弟姐妹，最后是代表小弟弟的小兔子。

整幅图以多腕章鱼为主导，象征共生现象，表明母亲的过度保护令儿童无法

图 5-7　案例 100

逃脱。母亲第二个被画出，这让她施加的巨大压力稍被减轻。父亲作为一条鱼也是任她摆布。阿尔穆特自己试图通过刺猬来抵抗母亲，从而表明她矛盾的共生心理。最后一个被画出的是兔子，象征哮喘患儿家庭中的焦虑氛围。

更多相关案例，可参见案例21、55。

〇〇〇

在皮格姆测试中，有两名儿童因章鱼或乌贼的威胁性特征排斥它们，只有一名儿童对其表示认同，并肯定了它的力量。

### 处于敌对关系的动物

人类的某些特点，如兄弟姐妹的敌对关系，父母与子女之间的关系，也能在VF测试中通过动物的相互关系表现出来。

#### 猫鼠关系

在VF测试中，我们共观察到16例出现猫鼠关系（总人数 = 600）的案例。它在存在矛盾心理的地方比较常见，经常以共生关系为基础，如哮喘患儿家庭。

从口欲期溺爱一直到野蛮吞食的倾向都在其中得到了体现（喜欢得恨不得一口吞掉或被吞掉）。

在父母和孩子的关系方面，有八个例子在相互关系上明确表现出这种特征，只有一次猫是儿童的角色，有两次是父母之间存在竞争关系，有六次投射出的是同胞竞争的情况。

老鼠在家庭中的地位只有五次高于猫，主要涉及处于身份识别前期的低龄儿童。

老鼠的弱小和缺乏保护象征着儿童的自我弱化，这在其他测试的解释中也有所体现，如皮格姆测试。老鼠在皮格姆测试中被否定，因为它"容易被吃掉"或"可以用魔法变走"。

在皮格姆测试的一个积极例子中，我们能够看到猫的力量。该例子中，猫能吃掉魔法师。

在一个患遗粪症的九岁男孩的案例中，猫作为投射对象表明了他对父亲（狮子）的认同，而弟弟妹妹则因嫉妒被贬低为老鼠。

## 示例 ○○

一个九岁、有尿床症状的女孩是家里的老二，处于中间位置的艰难处境中：她生活在姐姐的光环下，以及弟弟作为家族继承人始终被溺爱的环境中，觉得自己始终都在扮演"影子儿童"的角色。

她先把父母画成巨大的猫，再把家中的孩子画成小老鼠，弟弟排在第一位，最后是自己。她以此强调儿童在全能成人面前的普遍劣势，特别是自己在家庭中受制于人、自我弱化的这种居于下层的位置。

在一个案例中，一个被画在第一位的男孩本应被变成一只猫，但他不愿意，所以一直没有对自己施魔法，这表现了他拒绝认同在他眼中有问题的父亲。随后，他把父亲画成了一头狮子。

以下案例体现出哮喘病患儿在猫鼠关系中的共生依赖性。

## 案例 101 ○○

伊洛娜来自匈牙利难民家庭，是三个孩子中最小的一个。父亲是个手艺人。

虽然父亲很快在新的环境立足，但伊洛娜的母亲始终无法走出背井离乡的阴影。她与最小的孩子建立了特别亲密的关系。伊洛娜很容易被感染，她在三岁时因百日咳而患上支气管哮喘，上学后情况愈发严重。虽然聪明的伊洛娜符合入学条件，也喜欢上学，但由于哮喘病发作严重，她的身体状况很差，最近多次被送进医院。试敏测试发现，她对室内灰尘和猫毛过敏（她家里目前没有猫，一家人之前在乡下住过几年）。

在心理检查中，伊洛娜很善于也很乐于与人交流。在VF测试中，她把所有动物从左到右画成一排（见图5-8）。第一位的是画纸左边中间偏下一点的魔法师。之后她画出了最大的动物——代表母亲的猫。母亲的后面是年纪最大的哥哥，也是她唯一的哥哥。排在第三位的是她自己——一只老鼠。之后是代表姐姐伊娃的天鹅和代表父亲的狐狸。

**图 5-8　案例** 101

母亲在顺序以及大小上都占主导地位。母亲的身后是哥哥，他在学习方面也是姐妹俩的榜样。伊洛娜位于中间，说明她力争成为焦点，但也说明她在家庭中享有安全感。小老鼠表明了她的无助感（自我弱化）和被病魔摆布。她很明确是画出了自己的家庭。

挺立的天鹅与小老鼠处于相对位置，这表明了伊洛娜与姐姐的竞争关系。

父亲作为狐狸被画在最后位置，是对他的完全贬低，他也被画成了有着威胁性和攻击性的黑色。根据母亲的说法，他在家里负责执行惩罚。

选择猫和老鼠这对动物表明了母子的共生关系。奥地利精神分析学家梅兰妮·克莱因认为，哮喘病患儿的母亲常常有吞食倾向，而儿童作为一只老鼠，对其毫无抵抗力（另外，伊洛娜在试敏测试中对猫过敏）。

伊洛娜讲述的小故事也暗示了家庭内部的矛盾：魔法师最先把母亲变回来，然后是哥哥奥斯卡，最后是姐姐伊娃。伊洛娜依赖母亲，现在还离不开母亲，伊娃却是令她害怕的对手。父亲常处于工作状态，在家中是隐形的。他作为家庭的惩罚权威，具有威胁性。他在故事中伊洛娜忽略了。

更多相关案例，可参见案例 26、85、116、127。

○○○

皮格姆测试证实了儿童对猫的偏好（+28/–7）以及对老鼠的贬低（+5/–52）。在第二种情况下，半数儿童（26 例）是在解释测试时直接提到的猫鼠关系。

在一个独生子的案例中，皮格姆测试和 VF 测试有着一致的结论，他的焦虑神经症被固着到共生的、"有吞食倾向的"母亲身上。

### 刺猬关系

在 VF 测试中，刺猬出现了六次（总人数 = 600）。与老鼠一样，刺猬也属于弱小动物，但它能借助身上的刺更好地保护自己。它长满刺的盔甲代表了一种应对外部的特殊攻击方式，也就是蜷缩。在与其他动物发生冲突时，刺猬用智慧来弥补身体上的劣势。因此，刺猬象征着弱者战胜强者，就像我们在兔子和刺猬的故事中看到的那样。

## 案例 102 ○○

约翰内斯的出生是因为母亲的一次短暂的恋情。母亲是商人，为了不生下非婚生子，她很快嫁了人。母亲与儿子的关系从一开始就不好。约翰内斯的父母相处并不融洽，后来他们离婚了。男孩很想念继父，因为继父对他表现得被动和宽容。父母离婚后，九岁的约翰内斯被送进了一所寄宿学校，他对寄宿学校的反应是遗粪症。

在 VF 测试画中，他首先在左下角把家庭中的父亲画成了一头野猪，它看向一条蛇（见图 5–9）。蛇在第二位被画出，代表着面向父亲的母亲。最后，儿童被

图 5-9　案例 102

画在最右侧，是一只看向父亲的小刺猬。

他讲了这样一个故事："蛇要吃刺猬，但刺猬却从蛇身上滚过去，蛇就死了。"

约翰内斯象征性地表达了母亲对自己的威胁，以及他幻想中对母亲的胜利。他把自己"咄咄逼人、肮脏"的症状投射到父亲身上，但父亲作为一头野猪只是在一旁观望。

更多相关案例，可参见案例 20、21、73。

哮喘患儿与共生母亲（头足类动物）的刺猬关系已在上文中阐述过（见案例 100）。

在皮格姆测试中，刺猬只被提到过一次，并且是被否定的。

在此处，我们需要进行限定，本文中对动物符号的解释只适用于中欧德语区。

## 幻想动物

儿童不仅会幻想动物的特征，还包括动物的外形。幻想动物是儿童内心幻想世界的反映。

在幻想动物中，源于神话的龙、恐龙等怪兽出现的次数最多。它们代表了儿童生活环境中的焦虑气氛。儿童会试图通过认同攻击者来克服焦虑，特别是患有焦虑性神经睡眠障碍的儿童，如夜惊症和梦游症。这些儿童很容易将他们焦虑梦境中出现过的幻想形象使用在画中，他们在梦中是通过组合的方式获得这些动物或人的幻想形象。

VF 测试中，有睡眠障碍和攻击性抑制症状的哈利就描述了一个"所有人与所有人对抗"的小家庭。

## 案例 103 ○ ○

10 岁的哈利是独生子，生活在一个看似按部就班，实际上非常神经质的中产阶级家庭。他的父母都是高级公务员。哈利很小就患有睡眠障碍，他从未让父母晚上睡过好觉。从上学开始，他就患有轻微口吃。最近，哈利开始梦游，这令父母非常焦虑。哈利的父母结婚比较晚，自从他出生后，家里一切都以他为中心。母亲一直在工作，以便她以后的养老金能够供儿子上大学，这是父亲没有做到的。

哈利放学后会在日托中心待几个小时，那里提供非常好的学生接送服务。父母陪着孩子学习和运动，规划业余时间，为他选择朋友，他们考虑到了一切，只是没有考虑到男孩也需要培养自己的主动性。

在哈利的画中，所有家庭成员都变成了"石器时代的动物"（见图 5-10）。哈利把父亲画在中间第一位，并且画得很大；在第二位的母亲被画在父亲上方；最后，他将一个小很多的孩子画在父亲的右下方。

这些动物"可以喷火和毒液来保护自己，但当它们争吵时，也可能会用这些手段来对付彼此"。儿子面对父亲始终处于劣势。通过这种方式，哈利表现出了他在这个神经质的三人家庭中的攻击性抑制和俄狄浦斯冲突。

图 5-10　案例 103

更多相关案例，可参见案例 1、20、38、54、104、112。

○ ○ ○

除了完全变成幻想形象的动物，还存在动物只有部分发生变化的情况。这些案例可以反映出儿童在形成身份认同的过程中经历的角色问题，特别是性别身份识别。

## 案例 104

因患有神经性厌食症，13 岁的埃玛生命危急，被送到了医院。10 岁之前，她和父母双方形成了蜗牛壳式的共生关系。月经初潮吓坏了这个女孩，因为她的父母没有对她进行过相关教育。埃玛开始节食，试图以此避免长大。

埃玛的父母都患有肠胃功能紊乱。他们和孩子很少与外界接触。

埃玛把一家三口画成了三角形的位置关系（见图 5-11）。首先被画出的是母亲，她是鸟-马，其次是父亲，父亲是马-鸟，最后是位于父母之间的自己，位于三角形的下端，是鸟-猫。

**图 5-11　案例 104**

三角形的位置排列凸显了女孩的认同冲突。半禽半兽的外形清楚表明厌食症女孩在成熟危机中的角色混乱和躯体变形障碍。她在父母之间，和父母一起承受着家庭神经症的影响。

## 植物

在 VF 测试案例中，家庭成员也会被施魔法变成植物，其中包括树木。关于树的特殊象征意义和文化历史，科赫在其树木人格测试中已有详细论述。

上文提到过智力水平与画出植物的相关性。智力水平低的幼儿画出植物的频率较高，他们更倾向于以自我为中心的原始思维方式。植物是生命的本源象征，其出现早于神话中的动物世界。在儿童画中，植物也象征着起源。在不同的个案中，画出植物可以解释为一种退行现象。法国儿科医生和心理分析学家多尔托－马雷特（Dolto-Marette）在"花朵娃娃"游戏中曾指出植物在儿童心理治疗中的作用，该疗法可用于治疗患重度孤独症的儿童。

选择特定的植物具有情感意义。这一点在以下关于仙人掌、丑陋的花和糖果树的案例中可以看出。

## 案例 105

八岁的托马斯是兄弟姐妹三人中的老大。一家人住在祖父家，家庭氛围紧张。托马斯的父亲因结婚放弃了大学学业，现在是技术人员，在夜校接受继续教育。照顾三个孩子让母亲不堪重负，她患有抑郁症和睡眠障碍。

这个聪明、敏感的男孩有沟通障碍，并且已经出现了一段时间的遗粪症状。

在 VF 测试中，托马斯在左下角将祖父画成仙人掌，将父亲画成一朵丑陋的花，将母亲画成一棵长着糖果的树（见图 5–12）。这幅画只有纤细的寥寥数笔，很快就画好了。

男孩用魔法报复祖父和父亲在家庭引起争吵的行为，这种争吵尤其使母亲感到痛苦。母亲变成了一棵长着糖果的树，男孩希望从这棵树上退行性地获得口欲期溺爱。

图 5–12　案例 105

## 案例 106

14岁的君特生活在放纵的酗酒环境中。他的父亲是一名小工，几年前因脑膜炎去世，去世之前一直住在收容所中。性生活缺乏节制的母亲染上了酒瘾，一家人只能分开生活。君特和3岁的妹妹被安置在儿童福利院。在这里，君特出现了行为障碍，他让年幼的孩子参与性游戏。在教育治疗的引导下，他克服了障碍。

**图 5-13　案例 106**

在VF测试中，他首先把父亲画成一朵花，然后把母亲画成一只鸟，在第三位将妹妹画成一条鱼，之后是成为狮子的弟弟，最后是被画成一座山的年长很多的姐姐（见图5-13）。

他说他画的是自己的家，却增加了两个幻想出的人物，即弟弟和姐姐。

一个患有溃疡性结肠炎的男孩在其参与的两次VF测试中都表现出了退行倾向。他在第一次参加VF测试时画了许多动物。两年后，在他没有接受进一步心理治疗且临床表现也没有得到改善的情况下，他只画了植物。

## 案例 107

12岁的黑尔格因溃疡性结肠炎多次在儿童医院就诊。一年半前，他出现了急性血性腹泻。通过磺胺治疗，他的状况得到改善，但临床上总是出现残留症状，因此他需要不断接受家庭治疗。

黑尔格有家族病史，他的父亲同样患有溃疡性结肠炎。在认真接受药物治疗后，他的症状已经消失一年。父亲的症状是因工作压力大而产生的，他处在领导岗位上，工作非常负责。父子俩在外貌以及气质上都非常相似：高高瘦瘦、行为得体、礼貌友好，但他们也都很内向，这使男孩与外部的沟通变得困难。男孩的妹妹很健康，发育正常。家里的主人是清醒而克制的母亲，但她的抑制症状似乎比丈夫更重。母亲有严重洁癖，在她的管理下，家庭缺少温暖氛围。她完全控制着儿子的学习。黑尔格是一个非常优秀的学生，这一点让父母很满意。父母是经历了一段漫长的婚姻后，才如愿以偿地有了黑尔格这个孩子。

黑尔格在心理检查的测试中被诊断为具有攻击性抑制，他有良心焦虑和惩罚焦虑的症状。黑尔格共参与了两次测试，间隔两年。其间他曾尝试接受心理治疗，但由于母亲的抵触，治疗没有系统进行，很快就中断了。

在第一次测试中，男孩表现出了绘画天赋，他用稳定的线条在画纸下半部分的底边上画出了一排动物［见图 5-14（a）］。占主导地位的是首先被画出的父亲，他是一只熊，跟在后面的是直立身体的黑白斑点猫母亲，然后是兔子妹妹，最后是唯一一个以侧面形象出现，即朝向其他人站立的自己，是一只松鼠。他画的是他自己的家庭。

在两年后的另一幅画中，他只画了植物［见图 5-14（b）］。同样，他首先画出了作为一棵树的父亲，面向父亲的是小树母亲，然后是作为郁金香的自己，最后是铃兰妹妹，她朝着与家人相反的方向。

**图 5-14（a）  案例 107：第一次测试**

第一幅画还是具有一定故事性的。男孩遵循父权制的排序将父亲画在第一位，

图 5-14（b） 案例 107：第二次测试

但父亲旁边的母亲身上被大力涂黑的斑点使她成为核心人物。男孩觉得自己是一个局外人，但他的肢体动作仍表明他向往温暖的情感。他将自己的焦虑投射在母亲身边的兔子妹妹身上。在那之后，男孩虽然接受了药物治疗，但病情并没有明显改善，心理治疗也无法进行。

在第二幅画中，一切都显得缺少生机，画面中只有树木和植物。父权制的排序更加明确，母亲面向父亲。男孩位于母亲身边，郁金香表明了他的封闭。妹妹退到最后的位置被画出，背对着家人。

从绘画的顺序可以看出，男孩在这两年里并没有变得成熟或被治愈，他的退行倾向增加了。在第二幅画中，他只是简单列举了一些内容，流露出情感上的匮乏。

此外，我们通过与既往病史进行比较，发现植物符号经常出现在有伪装倾向的儿童身上（如罗夏墨迹测试中对面具的解读）。

## 幻想形象

幻想形象表达的是被试儿童对魔法世界的理解，这也在 VF 测试的童话故事部分中被表达出来。被试样本越多，被施魔法的幻想形象越丰富。从幻想形象中（不仅仅是代表这些形象的符号等），我们能够了解儿童自己及其榜样，还有其父母和其他人。

被试共画出 65 种不同类型的幻想形象（总人数 = 3712）。

其中最常出现的形象可见表 5–6。

表 5–6　　　　　　　　最常见的幻想形象（总人数 = 600）

| 幻想形象 | 人数 | 幻想形象 | 人数 |
|---|---|---|---|
| 卡斯帕尔[1] | 13 | 魔鬼 | 6 |
| 女巫 | 11 | 流浪汉 | 6 |
| 国王 | 8 | 天使 | 4 |
| 矮人 | 8 | 小丑 | 4 |
| 石像 | 7 |  |  |

注 1：传统儿童木偶戏主人公，特点是鹰钩鼻和尖帽子。

幻想形象可以分为三类：

- 现代幻想形象；
- 卡斯帕尔形象；
- 童话形象。

在参与分析的被试（总人数 = 600）的测试绘画中，有 179 人（114 名父母、65 名儿童）被变成在现代生活、儿童文学以及电影和电视中出现过的幻想形象；18 人（12 名父母、6 名儿童）在木偶戏的启发下被变成了卡斯帕尔形象；85 人（66 名父母、19 名儿童）被变成我们从格林童话中认识的童话人物。

前两组中，父母与孩子被变成幻想形象的比例为 2∶1，即在现代幻想形象和卡斯帕尔形象中，父母出现的次数约是儿童的两倍；父母被变成纯粹的童话人物的数量约是儿童的三倍。

如前所述，年龄较小的被试更倾向于将家庭成员画成童话人物，这与他们和魔法世界的联系更为紧密有关，同时也影响了他们与父母的冲突。

荣格认为，童话将原型具体化，我们也知道，"几乎每一个童话故事中都会出现两个原型……那就是父亲和母亲"。

因此我们推测，第三组中之所以会出现父母占比增加的情况，是因为这与童话符号的"号召性"有关。还有一点也很重要，那就是这个年龄段的孩子对童话更加敏感，也会对父母持美化或妖魔化的态度。处在童话年龄的孩子依靠父母生活，他们尚不强大的自我也使他们更加依赖父母。儿童尚不确定的自我身份认同与父母密切相关。同时，父母的情感会渗透到孩子身上。孩子的感受是针对父母的，投射到父母身上，并在他们身上获得实现。

85 个被画成童话形象的家庭成员分布情况如下：66 名父母（36 名父亲，30 名母亲）；19 名子女（10 名男孩，9 名女孩）。父亲以魔法师、国王、矮人、幽灵、魔鬼和猎人的身份出现；母亲被画成女巫、王后、公主、仙女、女水妖和幽灵；孩子被画成魔法师、鬼怪、矮人、王子、公主、天使和女巫。这种安排表明家庭成员"善良和邪恶"的人格化问题。

根据荣格的理论，所有的原型，包括"伟大的父亲""伟大的母亲"和"神的孩子"都有光明（"善"）的一面以及黑暗（"恶"）的一面。例如，女巫可以代表"原始的、无意识的母权状态，一位自然母亲"，同时也可以代表伟大母亲的消极一面。"女巫身上有着'自然母亲'代表死亡的一面，在这可怕的一面中，她杀掉自己的孩子，并将其收回自己体内。"E. 洛伦茨认为，在被禁止的退行欲望中，女巫相当于母亲形象。里克林和格兰特·达夫指出，当母亲是女巫、女巨人、继母等形象时，她在童话中是女儿成长过程中的性竞争者。母亲是在女儿的成长过程中，逐渐在后者的情感世界中扮演起这个角色的。这里也涉及母亲意象的双重性。国王和王后是父母的古老象征，从神话、传说、童话故事到梦境，或是低龄患儿的投射式木偶剧测试中都可以看到。对于孩子来说，国王和王后象征着父母对于孩子的独一无二性、父母的绝对地位，以及孩子与父母之间的距离。

## 案例 108 ○○○

14 岁的克里斯蒂安患支气管哮喘已经七年。他来自一个奋斗上进的工薪阶层家庭，父母因战乱离开东南欧来到德国定居，但他们始终忘不了自己的国家。在父权结构的家庭中，孩子们受到父亲的严格教育。在克里斯蒂安出生前和出生后，母亲各失去了一个孩子，因此对他非常溺爱。克里斯蒂安在很长一段时间内都是家里唯一的孩子。在妹妹出生后，他就患上了哮喘。他非常嫉妒两个妹妹。克里斯蒂安智商水平一般（HAWIK 得分为 107），对中学学业常感到力不从心，而且经常因病缺课。

**图 5-15　案例 108**

克里斯蒂安画出了一排人，他把人物画得很大，占满了整张纸（见图 5-15）。他最先画出的是坐在高脚椅上的国王（父亲）；之后是拿着书走向国王的王后（母亲），她被画在中间；最后是给国王送酒的王子（儿子）。

从克里斯蒂安讲的故事中我们了解到，国王被告知，西班牙将向他宣战，王后呈递的书中记录了西班牙的情况，酒应该是为了使国王冷静下来。

遵循父权制排序的结果是，父亲作为国王被第一个画出，并坐在高高的椅子上；母亲被画在第二位，作为王后面向父亲，站在父子之间；儿子作为王子站在最后一位，在母亲身后。两个人用书本和酒水侍奉父亲，加强了父权的力量。

更多相关案例，可参见案例 93。

○○○

猎人、老魔法师和女巫对应无意识魔法世界中负面的父母形象。格兰特·达夫认为，危险的猎人之所以会在《白雪公主》中变成善良宽厚的猎人，是因为这符合童话故事实现愿望的一贯逻辑。从这个意义上说，魔鬼也有"善和恶"的双重性。冯·贝特从宗教史的角度出发，将魔鬼视为早期宗教中被妖魔化的"善"神。

其他魔法形象也有类似的双重性。矮人、仙女、女水妖、幽灵既可以是善良的，也可以是邪恶的，但其善恶倾向会在童话故事的具体情节发展中发生变化。

因此，当这些形象出现在 VF 测试中时，我们无法立即确定它对被试的意义。

不是所有的女巫都代表邪恶的母亲，也不是所有的国王都代表霸道的父亲。

父亲以魔鬼的形象出现，很可能是被试被压抑的本能的投射。迪克曼指出："女巫和妖怪是儿童人格化的焦虑和笨拙，乐于助人的动物和仙女是尚不为人所知的能力和可能性。"

因此，鬼怪可能是儿童内心焦虑感的投射。哮喘患儿试图用这种方式来表达和驱逐哮喘发作时可怕的呼吸困难。同时，一些幻想形象也起到了缓解焦虑帮手的作用。

## 案例 109 ○○○

12 岁的阿尔伯特因为严重的顽固性支气管哮喘被送到教育咨询中心。

他的病情出现在三年前，在一次支气管炎之后，与弟弟的髋关节脱位存在时间上的相关性。弟弟必须反复接受手术治疗，因此成为父母宠爱的重点。另外，阿尔伯特还有尿床症。自从经历了一次外观失败的包皮手术后，他就产生了自卑感。在上学后，他的自卑感更加强烈。

近年来，他的哮喘病情持续恶化，必须住院接受治疗。去上学时，母亲要替男孩背着书包。阿尔伯特有抑制症状和焦虑症，通过带自主训练的集体治疗，他的病情比较快地有了明显好转。

治疗刚刚开始的时候，阿尔伯特在 VF 测试中将母亲画在第一位，他在画纸左侧将母亲画成了一个令人讨厌的幽灵，背着一个和她长得相似的孩子（见图 5-16）。在第三位被画出的是机器人父亲，他被画得巨大，位于中间位置。在第四位被画出的是作为幻影的儿子。最后，在右下角，他画了一个很小的魔法师。

小男孩用这些超大的可怕形象展示了自己在哮喘发作时的无助。

位于画纸中心的、巨大的机器人父亲身体正中有一只独眼，这代表了他的超

我功能。在他旁边的是令人讨
厌的幽灵母亲，她背上的婴儿
与她共生。婴儿代表因生病很
长时间无法行走的弟弟。"令人
讨厌的幽灵"这个表达方式体
现了男孩青春期的共生矛盾心
理。生病的他的身体外形同母
亲一样，这代表了对母亲的认
同，但他的头却是和父亲一样
的机器人。

图 5-16　案例 109

虽然与这些可怕的形象相
比，被最后画出的魔法师很小，但他却有着巨大的力量。就像男孩的哮喘一样，
因微小的原因诱发，却不断恶化，一旦发作就令人毫无办法。

画面的比例让人想起豪夫的童话《瓶中鬼》。

受大众媒体的影响，孩子的年龄越大，画中就会出现越多的英雄和冒险家等
现代形象。在一个到处都是威胁的未来世界中，在机器人和宇航员身上，他们接
触到了非理性和令人害怕的画面。他们的画中呈现出漫画世界的影子，发育缓慢、
智力落后的儿童和青少年更容易受其影响。

汉斯·祖里格认为这是儿童借助不良幻想消解焦虑的过程。

## 案例 110

八岁的阿诺来自一个经常体罚的家庭，他和比他稍小的妹妹一起长大。他的
警察父亲也生长在体罚家庭。父亲深信体罚的教育价值，并将这一传统用在他的
儿子身上。孩子的反抗和固执又给了他充分的体罚动机。父亲的职业对男孩的家
庭生活和思想影响很大，这可以从造句测试中看出，孩子在造句时总会使用这样

的句式：父亲是……警察。他在学校里也是一个胆小的孩子，而且没能融入学校生活。

图 5-17　案例 110

在 VF 测试中，父亲在最左边，是一棵有着深色树干的树，旁边是他超大的吸血鬼儿子；儿子右侧是稍小的黑色花瓶母亲，最后是被画成鸡的女儿（见图5-17）。

儿子在大小和意义上都很独特，他是一个吸血鬼。在惩罚型父亲的超我压力下，阿诺不敢将攻击者的角色公开赋予他。但在对攻击者的认同中，他自己成为攻击者——一个能吸别人血的吸血鬼。吸血鬼脸上长着一张龇着獠牙的嘴，这张象征了攻击性的脸被放大了一倍。

孩子在家庭中经历的就是这样的攻击性的爆发。

○○○

幻想形象的表现形式和被试的解释都可能与困扰儿童的症状有直接关系。

## 案例 111

13 岁的英戈是三兄弟中最小的，从小在父母严格的教育中长大。他在婴幼儿时期就患上了夜间摇头症。这个病因为捆绑等强制措施而久治不愈，一直持续到今天，在月圆之夜尤为严重。但如果母亲把他带到自己的床上睡觉，他的症状就会消失。月圆之夜过后，英戈通常很烦躁。药物治疗没有效果。

英戈把自己的家人画成排成一排的五个月球人。它们都有四条腿，眼睛上有一条金属环，从金属环的宽度可以看出它们的年龄（见图5-18）。从父权社会的角度来看，父亲是最重要的，他自己是最不重要的。

月球人这个幻想形象代表他的症状，即夜间摇头症，这个病在月圆之夜特别困扰他。他在睡眠中体验到这一点，也就意味着他在发病时是看不见的。他用遮挡月球人的眼睛的方式来表示这一点。

图 5-18　案例 111

家庭被英戈视为一个整体，英戈把他的症状通过月球人形象传递到整个家庭。攻击性作为应对恐惧的一种形式，表现为手臂、腿部和眼睛上金属环的黑色。

## 丑化

16 个被施魔法的人物出现了丑化的现象，其中一部分是畸形。虽然由于数量少，无法进行统计评估，但在所有年龄段、诊断组、智力程度的儿童中都发现了丑化现象，这些都被归入幻想形象。

这种丑化和畸形从最广泛的意义上讲属于阉割问题。它们表达了孩子的恐惧、报复感和全能幻想。遭遇过虐待和手术创伤的儿童会画出丑化形象（参见案例 51和 58）。

## 案例 112

13 岁的海科因早产经历过窒息，母亲养育他的过程困难重重。他对小他两岁的妹妹的出生的反应是嫉妒（因而出现遗粪症等）。一开始，他就对学校充满了恐惧。此外，他还遗传了母亲的症状，患有偏头痛和头晕。他在初中一年级时经历了父母离异，这引起了他的认同危机，表现为神经性厌学症。

海科首先画出了"大耳朵的父亲"，接着画的女儿是"介于鸟和猪之间的动物"，然后画的母亲是"有七个脚趾的鸟"，最后画了"长着大耳朵、一脸傻相"的儿子（见图5–19）。

**图 5–19　案例 112**

海科是最后一个画的是自己。他与家人隔绝，离他思念的父亲最远。这个学业不佳的男孩通过使自己头部变畸形的方式认同于父亲。母亲和女儿背对他，面向父亲。

畸形表达了人生失意的海科的阉割焦虑。

更多相关案例，可参见案例57、65。

○○○

只有准确了解被试的病史，我们才能把握其幻想符号的实际意义。童话中没有绝对的善与恶，甚至在我们用于测试的投射性童话故事中也没有，这些性质在不同的案例中取决于被试及其个人经历。

## 物品

在"动物家庭"测试之外对 VF 测试进一步扩充后，我们能够获得许多新的可能性，包括在绘图和阐释方面。

被试（总人数＝600）画出的物品 [①] 共计 166 种（见表 5–7）。

表 5–7　　　　　　　　最常见的物品（总人数＝600）

| 物品 | 人数 | 物品 | 人数 |
|------|------|------|------|
| 汽车 | 24 | 碗盘 | 6 |
| 房子 | 20 | 花瓶 | 5 |
| 椅子 | 19 | 球 | 5 |
| 石头、岩石 | 15 | 鸡蛋 | 5 |
| 画 | 13 | 床 | 5 |
| 桌子 | 12 | 扫帚 | 5 |
| 柜子 | 8 | 灯 | 4 |
| 泰迪熊 | 6 | 火箭 | 4 |
| 书 | 6 | | |

我们知道，在童话世界中，人常常被变成物品。这一点有时会出现在拟人化的描述中（参见案例 118）。

许多物品的象征内容是已知的，可以在 VF 测试中得到相应的体现。例如尿床症患儿有洁癖的母亲被画成一把扫帚和两个水桶（参见案例 2）。

如果被试只画无生命的物品，就可能说明他有沟通障碍。例如下面这个有学校恐惧症的孩子画出的家具。

## 案例 113 ○○

12 岁的男孩弗雷德因患有学校恐惧症被转到教育咨询中心。他已经好几个月没有上学了。他还有患有抑郁症和沟通障碍。据母亲描述，他一直很严肃。他的青春期危机因父亲患病而加剧。父亲在国外遭遇了一场神秘事故，突然消失了好几天。母子俩一同经历了对父亲的担忧。男孩忽然有了一种被遗弃在异国他乡的

---

[①] 我们特地选用"物品"（Gegenstand）一词，旨在与"绘画对象"（Zeichenobjekt）这个上位概念之间做区分。为了避免过多的分组，便于统计评价，我们将自然物体和景色也归入物品之列，如日月星辰、石头等。这样做的道理是，在儿童的魔法世界里，这些都是被当作物品来看待的。比如婴幼儿就会试图用手去抓闪亮的满月！

感觉。在遭受重伤、做了脑部手术的父亲回家后，随之而来的是受到神经质症状影响的家庭生活。出于生计的需要，母亲转换角色，成为家庭的经济支柱。因此，男孩需要更多地在家中忍受残疾父亲及其攻击行为。父亲虽然在职业发展上很有才华，但却因为事故被迫中断，成了一个真正的"不完整的男人"。独生子与母亲的共生关系更加密切。弗雷德的智商为 122（HAWIK 得分）。尽管有着高智商的天赋，他仍无法避免学校恐惧症这种母子共生关系中焦虑神经症的表现。

**图 5-20　案例 113**

进行身体检查时，这个胖男孩表现得懒散邋遢。

弗雷德只在画纸的底边画出了一组家具，而且画得比较大（见图 5-20，克利恩在学习障碍儿童中也观察到了这种症状）。绘画的顺序遵循了父权的原则，他首先把父亲画成一个柜子，然后把母亲画成五斗橱，最后把自己画成桌子。

父亲的身体也像柜子一样高大，尽管残疾，但他通过不加控制的精神暴力仍然占据主导地位。五斗橱与桌子处于同一水平线上，二者都是女性的象征，区别只是在有无抽屉（生命之环）上。

房间是承载家庭冲突的地方，空荡荡的房间表明了家庭生活的空虚，房间里没有生物表明男孩的沟通障碍。

更多相关案例，可参见案例 8、45。

## 房子

在不同案例呈现的魔法过程中，房子有 12 次代表父亲，7 次代表母亲，只有

1 次代表孩子。

通过房子的样式、稀疏程度及装饰可以表现出抬高或贬低价值的倾向。画房子象征儿童对安全感的渴望，他们多生活在问题家庭中。因为居住地变更离开了原来的房子，也会让儿童感觉失去了真正的家园，这种失落感往往难以克服。

一个来自离异家庭的男孩在第一幅画中画了还未被施魔法的、完整的一家人，他们的旁边是一个房子。在第二幅画中他只画了一个荒无人烟的乱石堆，这对他来说代表问题家庭。在这个案例中，问题家庭的破碎情景被充分表达了出来（参见案例 125）。

一个六岁的男孩在破碎的家庭中患上了焦虑症，他用房子框住所有被施了魔法的家人，表达出自己对安全感的渴望。

## 示例 ○○

一个 10 岁的男孩经历了母亲突然离家出走。母亲去了其他国家，在那里再婚，还带走了他的姐姐。他则与父亲相依为命。父亲是一名商人，要经常离开家，因此很难照顾他。

在 VF 测试中，他先是在画纸中线上从左到右把自己画成了一栋房子，轮廓很简单，之后他在房子中间把父亲画成了一个行李箱，最后，他把母亲画成了一扇敞开的门。他用房子宣告了自己对安全感的渴望，尽管这个房子空空荡荡。父亲处于中间位置表明他对男孩的重要性。同时，男孩赋予了父亲一个中间人的角色，这个中间人联结了男孩和妈妈。手提箱则表明了父亲职业的不稳定性。而母亲离男孩很远，那扇敞开的门象征着她对婚姻和家庭的逃避。

在迈向无父亲社会的过程中，孩子选择房子作为父亲的魔法投射，表示他们认为父亲在家庭中仍然是重要的保护性角色。在无父亲社会中，许多孩子只有"隐形的父亲"，原本象征母亲的房子在当今时代儿童的愿望中变成了象征父亲的房子，成为父亲的保护和安全感的理想象征，参见案例 10、16、30、48、49、53、78、82、83。

**画**

在 12 个案例中，家庭成员被画成挂在墙上的一幅画。这 12 个案例中的被试涵盖不同性别、不同年龄组和诊断组，以及不同的智力水平。在比较他们的心理结构时，我们发现了一种共同的人格特征：他们都是自恋的、以自我为中心的。同样的特征也出现在一些家庭成员身上，他们通常被独自画在画中，他们往往是被试的冲突人物。

在此处，我们自然会联想到罗夏墨迹测试中的镜像解释。瑞士精神分析学家莫根塔勒（Morgenthaler）将给出镜像解释的被试描述为"不直接做出反应的人，他们总是会不自觉地思考他们的答案或行为会给别人留下什么印象，或者说他们自己如何反映在别人身上"。

在选择画作为符号的被试中，其自恋有时会表现在画中的亲人身上。

**案例 114**

16 岁的布丽塔被转来就医。她因为双腿长短不一，所以走起路来一瘸一拐，但她在体育、舞蹈和学习方面的优秀弥补了这个缺陷。布丽塔因勇于承受命运而受到钦佩，也因美貌受到溺爱。她已经成为一个自恋的、相当以自我为中心的女孩。青春期唤醒了她的俄狄浦斯冲突。从那时起，她就与以自我为中心的经理人父亲陷入了激烈的冲突。

在 VF 测试中，布丽塔先把父亲画成一幅画（见图 5-21）。因为这样一来，"他就只能静静地看着，不能打扰家庭成

**图 5-21 案例 114**

员"。她把自己画成一个"为了看世界"而化作彩蝶的少女。

此处表现出了她自恋的双重投射。她以满足愿望和合理化的方式，通过一幅生动的图画赋予父亲被动自恋的角色。对她自己来说，选择了会飞的蝴蝶这一积极自恋的形象，象征着她的成熟危机。

更多相关案例，可参见案例 2、27、106。

## 石头

岩石、石头和石头制品在案例中共出现了五次。它们是儿童在没有生机的、"石化的"家庭氛围中沟通障碍的象征以及破碎家庭的象征。

## 案例 115

15 岁的米尔亚姆来自一个富裕的家庭。她是家里唯一的女孩，父亲是一位上了年纪的行业经理；母亲严肃、有沟通障碍。父母的婚姻只是一个空壳，父亲已经从家里搬走，母亲独自生活，并把米尔亚姆送到了寄宿学校。她害怕母亲，也知道从父亲那儿只能得到钱，得不到真正的关心。这个敏感的女孩无法容忍破碎的家庭。假期时，她交上了"坏朋友"，跟一群男孩混在一起。

在 VF 测试中，女孩用粗略、快速、有力的线条画出了四个分列在两排的石头（见图 5-22）。上面是父亲和小女儿，下面是母亲和大儿子。

父亲被画在第一位。母亲和女儿、父亲和儿子分别处于对角线位置的紧张关系中，这表现出了女孩的青春期冲突，是俄狄浦斯冲突的再现。女孩

图 5-22　案例 115

试图通过滥交来解决问题。石头象征着破碎的家庭和全无生机的家庭氛围。

关于石头和山的相关案例，可参见案例 15、74、106、125。

## 食物

深度心理学在童话和神话文学中已多次讨论吃与被吃的象征意义。前文食人魔法师的案例中已经提到了这一点（参见案例 87）。

与罗夏诊断法相一致的是，我们发现只要出现与食物有关的内容，被试就会存在口欲期固着。统计结果发现，在诊断组 I、II 和 III 中，食物内容的频繁出现与罗夏测试的诊断结果完全一致。

我们知道，"吃得多"也与儿童的怀孕幻想有关。我们经常在学龄前儿童身上发现这种情况。然而，这些被压抑和未经处理的幻想也会在之后出现，特别是在青春期。

## 案例 116

**图 5-23　案例 116**

14 岁的玛丽安娜患有不定时发作的昏厥症。她因为自己还没来初潮以及过分瘦削感到担心。两年前，她最亲近的父亲死于糖尿病。她与母亲相处得并不好。

玛丽安娜首先画了一个胖胖的、吃着东西的父亲（见图 5-23）。他有着女性的特质：中长发、凸起的胸部和像孕妇一样的大肚子。他坐在摆着食物的桌子前。桌子旁边的扶手椅上是在第二位被画成一只猫的母亲。桌子下面是九岁的彼得，被画成了一只老鼠。

在玛丽安娜讲述的故事中，魔法师为了惩罚父亲贪吃，让他不停地吃东西，并让他长出一个大肚子。玛丽安娜对自己的女性角色感到矛盾，她曾经想成为一个男孩。在 VF 测试中，她象征性地实现了这个愿望。同时，她在双重口欲幻想中对自己进行惩罚。也许青春期激活了她曾被压抑的怀孕幻想，她无意识地将这些幻想与父亲"因食物而死亡"（即他的糖尿病）联系在一起。

玛丽安娜在 VF 测试中通过认同父亲，将排斥女性角色的罪恶感投射到他身上，以此惩罚自己作为女性的愿望和焦虑。

作为一只老鼠，她与母亲陷入了矛盾的"猫鼠关系"，后来她被"魔法师的猫"吃掉了。

更多相关案例，可参见案例 45、87、91、127。

# 第 6 章

# 魔法的动态过程和核心场景

·

·

·

Die verzauberte Familie

Ein tiefenpsychologischer
Zeichentest

　　让被试儿童通过讲故事的形式对画的内容进行口头阐释，这种方式使整个过程更加动态化。仅因为"魔法"这个主题，相对于所有目前已知的家庭心理画，这种动态化就已经成为 VF 测试的首要特征。我们因此成为发生在家庭舞台上戏剧性故事的直接见证者。

## 魔法过程

　　正如舞台上的戏剧可以分成几幕来呈现，被试儿童也可以用两幅画来呈现施魔法之前和之后的情景。亲眼见证整个魔法过程，更能够增加其中的戏剧性。例如，我们能看到施魔法的部分过程，或者有几个人已经被施了魔法，甚至是被变没了，而另一些人仍然保持着人的形态。

### 案例 117

　　10 岁的维尔纳因其一些自闭的行为而显得无所顾忌、以自我为中心。他是家里的"问题儿童"，父亲是普通的手工业者，工作之余还在进修。由于父亲收入微薄，因此母亲在做家务之余，还要去赚钱。维尔纳的妹妹天生精力旺盛，是家中唯一没有受到不安气氛影响的人。

**图 6-1　案例 117**

　　维尔纳非常依赖母亲，但母亲对他的态度非常矛盾，因为母亲说在他身上看到了他父亲的翻版。她担心维尔纳尽管很聪明，但依然不会有很大的成就。

　　男孩把家人画成了隐形人（见图 6-1）。魔法师出现在画的右侧，面向家人站着。母亲是第一个被画出来的，站在离男孩最近的地方举着手臂，似乎在恳求什么。在她旁边的是父亲，他正向男孩伸出手。男孩则朝向父亲。这三个人都只被描绘成虚线，没有画出脸，表明他们是"隐形"的。

维尔纳告诉我们，父子俩希望通过这种隐形的方式来恶作剧，母亲只是勉强同意这样做。隐形和恶作剧很有趣，但也会给自己带来危险。因此维尔纳在故事结尾建议他人不要使用这种魔法。

VF 测试中呈现的魔法让这对父子能够尽情表达他们内心的不安。母亲代表负责任的人，她也参与了父子俩的恶作剧，因为她的内心是躁动的。但她做得并不开心，这种勉强实际上破坏了父子俩的乐趣，如同良知会破坏被禁止的愿望尽情实现。因此，维尔纳最后建议不要让自己处于这种危险的隐形状态，也就是不要放纵自己。

更多相关案例，可参见案例 37、45、80、89。

○○○

施魔法的过程总共有 55 次（总人数 = 600），以不同形式的动态呈现。

如果魔法过程中特别呈现某些人，在家庭神经症的背景下，这种处理对被试，特别是被试对于这些家庭成员的态度就都有着特殊的意义。

只在某些案例中，被试儿童将施法前后的场景分开来画，其中一些人是把两幅画在同一张纸上（参见案例 125 和案例 58）。

## 人格化

儿童会充满想象力地将人类的特征赋予每一种动物，使自己能够对动物的行为产生更多的共情反应。同样，儿童也在人格化的过程中，从植物、物品或其他绘画对象中发现人的特征。即使在画中的石头上，我们有时也能看到人类的影子（参见案例 15）。

人格化的案例共 50 个（总人数 = 600），其中 30 个涉及动物。

## 案例 118

八岁的迪特尔因为语言发育迟缓被转到教育咨询中心。他主要是在常常批评自己的父亲面前有语言表达问题。他的父母已经分居两年，父亲和女友住在一起，迪特尔和母亲住在一起。他周末去看望父亲。父母分居之前，迪特尔经历了很多矛盾和争吵，他对父母分居的情感反应体现在对父亲的强烈依恋上。

在 VF 测试中，迪特尔首先把自己画成一辆长着人脸的老爷车（见图 6-2）。母亲在推车，她有着大大的脚趾；父亲则在推着母亲，他的脚上长着尖爪。

图 6-2　案例 118

在故事中，父母一开始在推着孩子，后来魔法师来了，把孩子变成了一辆老爷车，所以这辆车才会有一张人脸……父母没有变样，但是得一直推着这辆车。

该测试画显示了处于敌对父母之间的孩子的愿望投射：停滞不前的笨重汽车代表孩子的运动性言语障碍，孩子希望父母能够合作推动这辆车。汽车的扭曲变形和因此造成的危险性表明孩子对父母行为的无法理解和惩罚。笔迹深和涂黑表明这个有抑制症状的孩子有很强的攻击性。

更多相关案例，可参见案例 2 和 11。

## 对话框

18 名儿童在 VF 测试中画了对话框。

儿童从漫画中了解到对话框，并认为这种手段常用于表达强烈的感情色彩和戏剧性。我们在 VF 测试中也能看到这个表达形式。这些对话框在不同案例中能够表达被试儿童更深层次的情感，更好地解释魔法过程（参见案例 42、52、68、89 ）。

## 绘画对象的同一化

有 124 名被试将被施魔法后的对象画成了同一种类型，例如动物、物品、树木，等等。被试的画中出现了很多老鼠、猪或床。有这种倾向的多为低龄儿童，在来自氛围和谐的家庭（29 例，占比为 23% ）和溺爱孩子的家庭（16 例，占比为 13% ）的儿童中也能明显看到这一倾向。我们能够清楚地看到被试通过将绘画对象同一化来展示家庭团结，正如孩子们的实际经历。

如果这种情况在冲突环境中频繁出现，其表达的可能是问题家庭中儿童的愿望。

即使绘画对象是同一种类型，我们也可以通过对象不同的大小、被画出的顺序、身上的配件或装饰来对其进行区分，从而帮助我们更好地了解被试与环境之间的关系。

### 案例 119

11 岁的曼弗雷德因为支气管哮喘而被家庭医生转诊。由于他非常要强，因此即使在夜间哮喘严重发作后，他第二天早上也会坚持去上学。他是三兄弟中的老二，很早就学会了在兄弟间出现冲突时如何占得上风。母亲有意识地避免娇惯他。男孩的哮喘在家里不成问题，他们的家庭氛围很和谐。

曼弗雷德画了一个"猪的家庭"（见图 6–3 ）。首先被画出的是上面一排的父母，然后是两个小孩。每只猪都站在一个草垛子上。男孩有着很好的绘画能力。

位于上面的猪都是雌性的，被试儿童对动物的选择说明了这点：尽管有父权制的顺序存在，但母亲对男孩的重要性也被强调出来。两头小一些的猪分别为三周大和两个月大，体现了男孩的退行倾向。哥哥因为被嫉妒，没有出现在画中。每个草垛子的笔迹都很深，并被涂黑，这使画面整体呈现出了攻击性的特点，表明哮喘病儿童特有的内在攻击性。

更多相关案例，可参见案例 6、8、9、30、44、50、52、58、59、70、75、82、90、92、96、111、115、119、121、123。

图 6–3　案例 119

○○○

一般来说，我们还要考虑到发育迟缓或大脑器质性损伤儿童的持续症状，特别是那些构图简单的绘画。这类似于我们在场景测试游戏中，在精神分裂症患者身上发现的"器质性游戏综合征"。

所以，我们不能仅根据被试为所有家庭成员选择相同形象这一事实，就断定他来自一个和谐的环境，或受到家庭的关心和宠爱。这一测试结果是针对整个这一组被试，并不适用于每个案例。

## 对象整体化

测试中共出现了 13 个被整体化的描绘对象。

所谓整体化，指的是所有家庭成员被转化为唯一一个描绘对象的情况，这类的画共出现了 11 次。其中，大多数是变成物品，少部分是动物。

这体现出了命运的力量，这种力量控制了整个家庭，所以不可能只是体现在单个家庭成员的反应上。这种情况下，VF 测试的象征性会凸显出来（参见案例 122 和案例 125）。

把全家人变成一只兔子，表明被试儿童将变态心理危机的焦虑症状投射到所有家庭成员身上，以减轻他自己的焦虑。

出现对象整体化的情况不多，因此无法进行统计评估。

## 案例 120

八岁的戈特利布反复出现丙酮性呕吐，他的父母因此向教育咨询中心求助。这种情况的诱因常常为婴儿伴有腹泻的呕吐行为。住院期间，戈特利布因年龄小而出现了分离焦虑症和抑郁症。后来，医生对他实施了特殊疗法——采用扁桃体注射的神经疗法，这导致孩子出现了医生恐惧症。

戈特利布生性敏感，他有一个大一些的姐姐。戈特利布还有恋母情结，在他感觉不舒服的时候，他会充分利用这一点。母亲无休止的课业辅导加强了这种神经质的陪伴过程。

戈特利布只画了一个魔法师和一只兔子，这只兔子代表的是全家人（见图 6-4）。

这样一来，他就把自己的焦虑完全转移给了家人，在他生病的时候，他是家庭的中心。他的攻击性表现在被使劲涂黑的魔法师上。

更多相关案例，参见案例 31、48、93、122、125。

图 6-4　案例 120

# 核心场景

我们采用了场景测试研究中的"核心场景"这个概念，即"以瞬间形式呈现的核心场景在游戏中直接揭示了患者本人面对的冲突，特别是神经症患者……在其生存危机感的压力下，会在场景测试中暴露出这种冲突"。

由于对核心场景的评估取决于冲突的可识别程度，因此我们引入了一个五级量表，我们评估故事对病征的指示时用的也是这样的量表（见表 6–1）。

表 6–1                          核心场景

| 核心场景中冲突的可识别等级 | 案例数量 | 占比（总人数 = 600） |
|---|---|---|
| 核心场景 1 | 23 | 3.8% |
| 核心场景 2 | 121 | 20.2% |
| 核心场景 3 | 248 | 41.3% |
| 核心场景 4 | 190 | 31.7% |
| 核心场景 5 | 18 | 3.0% |

核心场景 1 指的是那些能够直接体现被试面临的冲突的 VF 测试结果。

## 案例 121

14 岁的女孩罗丝因为教育困难而被转到教育咨询中心。她倾向于穿成男孩的样子，并在学校表现出男孩的行为。

罗丝是四姐妹中最小的一个，她在父母的问题婚姻中长大。父亲是一名职业销售员，从小就很难对付，是家里的"害群之马"。18 岁时，他在战争中头部中弹，此后，他易怒、阴晴不定的自我中心个性更加强烈。母亲看上去苍老、憔悴、抑郁。他们在第一个孩子出生后被迫结婚。后来，母亲经常受到丈夫的虐待，多次想要离婚，而父亲则不断强行使其受孕生子。孩子们看到许多难堪和屈辱的场景，而母亲因为孩子越来越多，完全依赖于丈夫。15 岁的大女儿在性方面开始堕落。出于对男性角色的渴望，小女儿与处于女性屈辱地位的母亲保持距离，同时自我认同父亲的攻击者形象。

这种长期充满焦虑的家庭氛围在 VF 测试中得到了体现（见图 6–5）：五只小白鼠被一只较大的灰老鼠追赶，灰老鼠气势汹汹地站在他们的身后和上方，它被罗丝形容为"最坏的"。

在叙述中，女孩将这一场景认同为自己的家庭："我画的是任意的一家人，但是老鼠的数量和我家人的数量是一样的。有一次，一个魔法师来了，他把一家人都变成了小白鼠，这些小白鼠的样子都一样，就像我家曾经养过的那些。其中最胖的一只变成了灰老鼠。那只是最坏的！"

整个场景被安排在一个透视空间中，表明女孩寻求被保护，渴望安全感。选择同样的动物，表明她希望家庭团结的愿望。然而父亲在其中却是一个"异类"：一只"最坏的"灰色的大老鼠。其他家人像小白鼠一样在父亲身下繁殖。不确定的笔触同样表明了女孩内心的焦虑。

更多相关案例，可参见案例 33、46、54、102。

图 6–5　案例 121

○○○

对于被归类到核心场景 2 的案例，对被试家庭状况的简要了解，使我们能够推断出他们经历的冲突（参见案例 2、3、55、80、97）。

对于被归类到核心场景 3 的案例，有必要更加仔细地研究被试的病史和症状，以确定存在的冲突（参见案例 20、49、87、112、115）。

被归类到核心场景 4 的案例看似无法理解，与被试经历的冲突情况没有任何联系。不过在这些病例中，通过对个人既往病史及症状的深入研究，仍然有可能发现联系（参见案例 61、105、109、114）。

　　对于被归类到核心场景 5 的病例，即使对儿童的问题有很好的了解，我们也无法确定特殊病征指示（参见案例 83）。

　　我们结合被试儿童的性别、年龄、绘画水平、智力、诊断、家庭地位、故事的特殊病征指示和魔法人物的数量，对核心场景进行了统计学分析。

　　在核心场景上，没有性别方面的差异。

　　核心场景与被试年龄呈现相关性。在超过 9 岁的儿童中，核心场景 1 和核心场景 2 出现的频率明显增加。在 6~9 岁的儿童中，出现核心场景 1 和核心场景 2 的儿童占 20.6%；在 10~11 岁的儿童中，这一数字为 24.2%；在 12 岁以上的儿童中，这一数字为 29.6%。被试年龄越大，他们的问题在测试中就体现得越清晰。

　　核心场景和绘画水平之间也存在类似关联。被试儿童的绘画水平越高，核心场景的识别度就越好，不过这种相关性并不体现为数字上的一一对应，即并非所有绘画水平为 1 和 2 的儿童，核心场景也是 1 或 2，但这些儿童画出的核心场景明显比绘画水平为 4 或 5 的儿童要好。

　　作为一种关联强度的衡量标准，我们计算了列联系数（皮尔逊相关），在这一案例中，列联系数为 0.27，这个系数虽然明显高于 0，但关联程度并不算高。据此，绘画水平可能在识别儿童所面对的冲突方面起了一定作用，但并非决定性作用。这与其他投射测试（如沃特戈绘图完形测试）获得的认识相吻合，即一幅好的图画通常可以对人格进行更全面的陈述，但差的图画也常常可以得到很好的解释。科赫在树木人格测试中指出，"不应过分低估绘画天赋对绘画和成熟度的影响"。

　　智力和核心场景之间不存在统计显著相关性，不过在一点上是例外的，即好的核心场景很少出现在智商低于 90 的孩子的测试绘画中。这同样适用于绘画水平和核心场景之间的关系：常常能在低能儿童的 VF 测试中找到高度特殊病征指示（15.2%，在智商高于 90 的孩子中比例为 26.5%）。

　　核心场景和诊断之间存在显著关联性（见表 6-2）。诊断组 IV、VI 和 VII 中，很少看到核心场景 1 和 2。诊断组 I、II、III 和 V 中则更多地显示出清晰的核心场景。

表 6–2　　　　　　　　　　　　诊断组和核心场景

| 诊断组 | 出现核心场景 1 和 2 的比例 |
| --- | --- |
| 诊断组 I | 28% |
| 诊断组 II | 23% |
| 诊断组 III | 27% |
| 诊断组 V | 36% |
| 诊断组 IV | 9% |
| 诊断组 VI | 18% |
| 诊断组 VII | 18% |

这一现象可以解释为，诊断组 I、II、III 和 V 中的儿童主要面对的是被压抑的冲突，而诊断组 IV 和 VII 中的儿童主要面对的是现实层面上的冲突。在诊断组 VI 的案例中，由于上文提到的智力相关性，很少出现清晰的核心场景，因为诊断组 VI 中主要是存在机体障碍的儿童，他们的智力往往低于平均水平。在对病史的特殊病征指示意义进行检测及诊断的过程中，我们也发现了类似的联系，将在后面提到这一点。

我们还针对不同核心场景，研究了相对常见的个体诊断。核心场景 1 和 2 经常出现在有遗粪症和有自杀倾向的儿童中；核心场景 4 和 5 经常出现在有母子共生关系、哮喘、学习困难和脑损伤的儿童中；核心场景 3 常常出现在有身份认同危机的儿童中。

儿童在家庭中的地位和核心场景之间的关系有以下特点。处于消极角色中的儿童、被孤立的儿童和处于敌对父母之间的儿童常常画出核心场景 1 和 2。这些儿童体验到的冲突显然更鲜活、更具威胁性，这表现在清晰的核心场景上。

受到过多关注的儿童有时反而不会在同等程度上被测试指令激发并暴露其所面对的冲突。因此，我们经常在受宠的、被爱的、被迫扮演积极角色以及追随型儿童的测试画中发现核心场景 4 和 5。相比上面提到的普遍缺乏家庭关爱的儿童群体，他们的存在危机造成的压迫和痛苦更小。

将核心场景与用于测试的病史特殊病征指示（之后的章节会谈及）进行比较会显示出高度相关性，列联系数 CC 为 0.48。如果病史的特殊病征指示清晰，则很少出现不清晰的核心场景（8.5% 的 P1 和 P2 出现了核心场景 4 和 5）。同样，有 P4 和 P5 病史的被试的绘画中很少出现核心场景 1 和 2（14.8% 的 P4 和 P5 出现了核心场景 1 和 2）。在多数情况下，核心场景和特殊病征指示是一致的。可以从被试的画中看出的冲突，通常在其病史中也会显示出来。

画中人物的数量与核心场景数量之间有明显的关联性。增加不属于核心家庭的人物一般会降低冲突的可识别程度。这一点适用于所有案例。然而，在个别情况下，恰恰是额外引入的人物能够揭示出问题所在。核心场景并不是因为画了更多的人物而变得更清楚，而是完全取决于所增加的人物与冲突之间关系的呈现。我们已经解释过，增加的部分有不同的功能：症状反复（出现高质量核心场景的案例）；帮助型自我、多重身份认同、缓解焦虑的帮手等（出现低质量核心场景的案例）。

具有同样功能的还有配件、外部环境、内部空间等，它们一方面可被视为优秀绘画者绘画中的装饰性部分，另一方面也是对无家可归等情感的表达，它们与人物的添加具有同样的功能。这一点也已经在上文有所提及。

我们研究了被试为父亲、母亲和孩子选择的被施魔法后的形象与核心场景之间的联系。

我们把这些形象分为以下几类：动物、幻想动物、植物、物品、人、幻想形象。

被试儿童越是善于用绘画表达自己，并能将魔法使用在不同的领域，他们的问题在测试中越容易被识别，核心场景的质量也越高。这相当于罗夏测试中区别于"贫乏"类型的"丰富"类型。

植物魔法是一个例外。选择植物魔法的被试，其描绘的核心场景的质量在统计数据上明显更差。

核心场景 1 和 2 中出现了 4.9 % 的植物，核心场景 4 和 5 中出现了 10.6 % 的植物。我们认为，这是儿童抵御自己情感暴发的方式，是一种无意识的掩饰倾向。正如我们已经说明的那样，植物魔法的作用在很大程度符合罗夏测试中面具的含义。

### 无突出特点的案例

这些案例具有以下特点：核心场景不清楚；特殊病征指示不明；空间布局不明显（取决于年龄、排列或是否用整张纸）；"正常"的排列顺序；大小关系不明显；注视方向相同（最常见的是向左）；频繁出现的动物魔法，如父亲会被变成大象、马和狗，母亲会被变成猫、鸟、兔子和长颈鹿，孩子则会被变成猫、老鼠、狗和鸟。除此以外，还包括那些形式区分标准不明显的画，例如将整个家庭变成树或花（参见案例 107 ）。

这些案例可能表明被试的掩饰倾向，或是他们对紧张家庭氛围的无知和缺乏洞察力，但也有个别案例出现在和谐的家庭氛围中。因此，它们不能等同于罗夏墨迹测试中对粗糙形式的解释，后者被当作适应能力的指标。

# 第 7 章

# 对测试结果的进一步分析

· · ·

Die verzauberte Familie

Ein tiefenpsychologischer
Zeichentest

# 特殊病征指示

让被试儿童讲述关于 VF 测试绘画故事的契机，是他们给予我们的。他们自发地讲述了关于绘画的故事并对这些故事进行了评论。

故事总能说明讲述者的个性，即使只是简单地罗列内容。

事实往往证明，正是故事解释了测试的投射意义。通常情况下，这更有利于被试使用符号，对研究人员来说，这也便于深入地理解被试。

这里可以借用一句勒夫斯的话："主要人物的行为、欲望、惩罚行为、动机和经历以象征的方式表明了叙述者的动机、目标和经历。"尽管这句话针对的是主题统觉测试（TAT）的故事，是在另一种投射基础之上进行的，但讲述故事通常能让在绘画方面受到抑制的孩子有机会用语言表达自己。对于没有受过绘画训练，但又喜欢讲故事的儿童来说，讲述故事的方式打开了一个广阔的投射领域，这种情况尤其常见于低幼儿童。对于幻想丰富的儿童来说，这种方式也有助于他们更完整地表达感情。

简而言之，故事不但能够从量上扩展、补充和把控测试画中的投射，而且画和故事形成一个新的潜在整体，从质上实现了对更深层次意义的揭示。这样一来，我们从测试中就不仅能看出投射式隐喻，而且能看到"真正的符号"。

对故事中特殊病征指示的评估取决于被试问题的可识别程度。了解被试儿童的病史和症状十分必要。研究人员的主观判断会不可避免地发挥作用，其对深度心理学知识的理解越透彻，在 VF 测试的应用方面把控得越好，就越能判断故事的病理意义。这就是勒夫斯在评估 TAT 测试的故事时指出的问题。

我们试着将故事中关于特殊病征指示的意义分为五级。在 600 个讲述绘画故事的案例中，故事的特殊病征指示分布如下（见表 7–1）。

表 7–1　　　测试中故事的特殊病征指示基本级别（P1~P5）

| 特殊病征指示基本级别 | 案例数量 | 占比（总人数 = 600） |
| --- | --- | --- |
| P1 | 32 | 5.5% |

续前表

| 特殊病征指示基本级别 | 案例数量 | 占比（总人数 = 600） |
|---|---|---|
| P2 | 109 | 18.2% |
| P3 | 134 | 22.3% |
| P4 | 123 | 20.5% |
| P5 | 202 | 33.5% |

在 P1 级别的故事中，即使不了解病人的病史，也能够一眼看出儿童的问题。

**示例**

八岁的保罗讲述了他画在画纸边缘的四个人物的故事："魔法师把母亲变成了一个胖小丑，把父亲变成了一只猫，把弗朗茨变成了一只鸟。之后，猫吃了这只鸟。两个月后小丑生了一个小家伙，变得像竹竿一样苗条。这只猫变得很乖顺，与小丑和小家伙相处得很好。这只鸟被吃掉后就没有再出现。"

即使不了解病史，保罗的故事也让我们意识到了他的问题：母亲怀孕、父亲的威胁，以及他的自我惩罚倾向。焦虑性神经症的病史证实了这一内心冲突的存在。

在 P2 级别的故事中，如果对被试儿童的病史有大概的了解，我们便可以推断出其面对的冲突。

在 P3 级别的故事中，我们必须更加仔细地了解被试儿童的病史和症状，以便从故事中推断他面对的冲突。

**示例**

13 岁的艾拉自从毫无心理准备地出现月经初潮以来，就出现了强制性思维、强制性行为，以及可持续数小时的阵发性哭泣。

　　艾拉是家中唯一的女儿，在充满争吵的环境中长大。她患有胃病的父亲是个脾气古怪的公务员，母亲患有癔症。艾拉的强迫症只局限在家庭中，在家庭之外，她的举止正常。在 VF 测试中，她把母亲画成一张桌子，把父亲画成一个柜子，把 10 岁的弟弟画成一个凳子。她说："有一个家庭，他们刚刚说着想买一套新家具，以及为什么要买一套新家具。他们有一个旧柜子、一张旧桌子和一个旧凳子。这时来了一个魔法师，问他们为什么要买新家具。他们告诉魔法师想要什么。魔法师说会为他们变出来，也确实做到了。但这家人不喜欢，他们想要更好的东西。于是魔法师给他们变出了更漂亮的东西，但他们还是不喜欢，他们想要更漂亮、更昂贵的东西。于是魔法师很生气，对他们施了魔法。之后魔法师就消失了。"

　　选择无生命的物品，而且只画在画纸的左侧，恰恰象征了她的强制性状态，她身处尚未克服的成熟危机中，仍处于退行状态。她逃避使自己感到焦虑的成熟过程，尽管魔法师不断提出新的诱人提议。

　　在本案例中，只有对被试的病史有更详细的了解，才有可能发现被试面对的冲突。

　　P4 级别的故事在第一次观察时并不会显示出与被试的问题有任何联系。但是在对案例进行个别深入研究时，我们便可以发现其中存在的病理关系。

　　在 P5 级别的故事中，即使对被试的问题有很好的了解，我们也无法找到病理关系。这些被试主要是简单地列举故事内容。

　　部分 P4 被试和所有 P5 被试均天赋不足，资质平庸。我们在这些被试身上发现了无意识的抵抗，类似于接受心理治疗的患者的心态。因此，即使是测试中最平庸的故事，对深入了解被试的问题也是有意义的。

　　我们对故事的特殊病征指示进行了统计，并研究了特殊病征指示与孩子的性别、绘画水平、智力、年龄、诊断组、在家庭中的地位和父母类型等因素之间的相关性。

　　男孩和女孩在其故事的特殊病征指示方面没有显示出明显的差异。因此，故事的特殊病征指示与被试的性别无关。

特殊病征指示与绘画水平存在明显的统计学相关性。特殊病征指示会随着智力不同呈现出明显变化。绘画水平越强，智商越高，故事中的特殊病征指示就越清晰。在绘画水平级别为 1 和 2 的被试中，25% 的案例出现了 P1 或 P2。在 32 个绘画水平级别为 5 的被试中，没有被试出现 P1，只有一名被试出现了 P2（3%）。相比之下，该组中 17 名被试（53%）出现了 P5。

结果与测试的实际过程相符。事实一再证明，聪明的孩子往往画得更好，也会讲出更多带有特殊病征指示的故事。特殊病征指示的分布没有表现出年龄相关性。特殊病征指示与诊断组存在明显的相关性（见表 7–2）。

表 7–2　　　　　　故事的特殊病征指示和诊断组（总人数 = 600）

| 特殊病征指示级别 | 诊断组 I（%） | 诊断组 II（%） | 诊断组 III（%） | 诊断组 IV（%） | 诊断组 V（%） | 诊断组 VI（%） | 诊断组 VII（%） | 总体（%） |
|---|---|---|---|---|---|---|---|---|
| P1 | 7.0 | 3.2 | 6.0 | 3.6 | 9.5 | 8.9 | 3.6 | 5.8 |
| P2 | 21.1 | 16.1 | 18.8 | 7.2 | 28.6 | 17.9 | 3.6 | 17.7 |
| P3 | 22.8 | 21.9 | 23.1 | 23.2 | 30.1 | 17.9 | 14.3 | 22.5 |
| P4 | 16.7 | 23.2 | 20.5 | 25.0 | 17.4 | 20.9 | 17.8 | 20.5 |
| P5 | 32.4 | 35.4 | 31.6 | 41.0 | 14.3 | 34.3 | 60.7 | 33.5 |
| 人数 | 116 | 153 | 117 | 55 | 64 | 67 | 28 | 600 |

在诊断组 IV 和 VII 中，P1 和 P2 的出现频率明显较低（分别约为 11% 和 7%，而其他诊断组为 24.4%）。这一结果可能与以下事实有关：在潜伏期出现问题的被试儿童和处于有害环境的被试儿童的自我和外部世界之间存在冲突，他们试图在自我层面上处理这些冲突，它们都是关乎现实的真实冲突。P1 和 P2 在其他诊断组中的出现频率则较高，在诊断 V 组中最常见，约占 38%，这些青少年仅在有认同危机症状（例如自杀倾向）时坦白他们的冲突。他们在压力下会在画中更有意识地揭示这种冲突，特别是在对故事的叙述中。

在研究故事的特殊病征指示与孩子的家庭地位之间的关系时，我们发现了三个明显结果：在有共生关系的被试儿童和有同胞争宠问题的儿童中，更经常观察到的是 P5（分别为 49%）；在有共生关系的被试儿童中，清晰的特殊病征指示明显减少；在有同胞争宠问题的被试儿童中，P1 和 P2 的出现则符合预期频率。我们倾向于把在这组儿童中经常出现 P5 的原因归于无意识抵抗。在没有受到保护的被试儿童中，P1 和 P2 的出现频率很高（37%），而 P3 和 P4 的出现频率较低。这些被试儿童有着自我弱化倾向，很容易抓住测试提供的机会，在幻想中体验他们的理想世界。

如果被试儿童与母亲有公开冲突，那么处于这种家庭地位下他们同样得不到保护。有 2/3 这样的被试儿童都出现了 P1 或 P2。他们都把讲述一个显示出高度特殊病征指示的故事作为机会，向研究人员表明他们内心的苦闷。他们往往能成功地做到这一点，这使他们的问题可以在第一时间被识别。

四种具体的症状与故事的特殊病征指示呈现明显的统计学相关性。企图自杀的被试往往有 P1 和 P2，他们的问题已经在上文提及过。相比之下，哮喘患儿和焦虑性神经症患儿的特殊病征指示较差。我们将后一种结果解释为对该测试的恒常性反应，它使被试对自己情感的流露采取了一种防御态度。在早期情感被忽视的被试儿童中，统计数据显示 P3 多，P5 少。

我们对此的解释是，在这些案例中，研究人员没有施加太多影响，因此被试儿童在故事中的冲突情况是可识别的。这种情况与罗夏测试分析中情感被忽视者的"回归到标准"有相似之处。

## 儿童在家庭中的地位

如果要通过 VF 测试来了解儿童在家庭中的地位，就必须先搞清楚，冲突关系在测试中是不是可识别的。

我们把儿童在家庭中的地位和他们的性别、年龄、智力、绘画水平、诊断组、家庭氛围和核心场景联系起来。在 171 个案例（28.5%）中，儿童的实际家庭地位与测试结果相符；在 32 个案例（5.3%）中，儿童的实际家庭地位与测试结果相矛盾。在剩下的所有 397 个案例中（66.2%），我们无法得出结论，因为既没有明确的一致，也没有明确的矛盾，也就是说，无法从中看出儿童在家庭中的地位。

以上分析没有发现性别差异。男孩和女孩同样能够在测试中以一致或矛盾的结果呈现他们的实际家庭地位。

另外，以上分析还呈现出明显的年龄相关性（见表 7–3）。在 9 岁以下的孩子中，其实际家庭地位常常难以看出。在 9 岁以上的儿童中，更常出现一致或矛盾的测试结果。

表 7–3　　　　测试结果和儿童在家庭中的地位的一致性

| 一致性 | 儿童年龄 | | |
| --- | --- | --- | --- |
| | 小于 9 岁 | 9~11 岁 | 大于 11 岁 |
| 一致 | 23.7% | 33.0% | 29.1% |
| 矛盾 | 2.3% | 6.8% | 7.3% |
| 无法看出 | 74% | 60.2% | 63.7% |

对此，我们推测是以下因素在起作用：

- 被试儿童对现实的理解；
- 存在于幻想中、作为防御机制的否认行为，使测试结果看起来与家庭的实际情况矛盾。

年幼的孩子对现实的把握能力较差，因此他们不需要排斥或否认现实。有些大一点的孩子能更好地明白令人不快的现实，并无意识地反抗这一现实。因此，他们在幻想中启动了否认机制，并将测试作为一个象征意义上的愿望来实现。

在识别儿童在家庭中的地位方面没有体现出智力方面的差异。因为儿童对家庭地位的认识不是智力过程，而是一种纯粹的情感过程。

绘画水平和儿童对家庭地位的认识之间没有明显的统计相关性。无论儿童的绘画水平高低，他们都会在测试中表达困扰他们的家庭经历。

在诊断方面也没有发现统计学意义上的关联。一个例外是诊断 VII 组中的儿童，他们承受着剧烈的环境冲突。这些孩子实际的家庭地位和测试结果之间经常表现出矛盾。在现实压力的折磨下，他们更多采取压抑的方式，并在测试中以愿望满足的方式否认自己经历过的冲突。

在两种类型的家庭氛围中，被试儿童在家中的地位和测试结果高度吻合：无领导家庭和解体家庭。在其他所有家庭类型中，被试儿童在家中的地位在测试中的体现都不够明显。其中，最不明显的是蜗牛壳家庭和父权制家庭。

对被试儿童在家中所处地位与其在测试中呈现出一致、矛盾或无法识别的情况进行分析后，我们发现了统计学上明显的相关性：在家庭中处于积极角色的孩子，也就是被溺爱、宠爱、肯定，以及处于共生关系中的孩子，他们在测试中往往没有表现出这一事实；而处于敌对父母之间不受保护的、被孤立的儿童的冲突地位在测试中清晰可见。此外，被孤立的儿童往往在测试中认为自己没有被孤立，这与他们的实际情况相矛盾。这一发现并不令人惊讶。在统计评估过程中，我们多次遇到这样一个事实：儿童在认识到冲突时（通常取决于他们的年龄），会尽可能地否认和抵制冲突。然而，如果心理压力增加或持续时间过长，他们则很有可能会去面对它。在 VF 测试中，这些儿童对测试指令的理解与不具备这种前提条件的被试表现出质的不同。

因此，儿童在家庭中的地位和核心场景就能产生显著关联。

## 象征性符号

在研究 VF 测试的图画和故事叙述内容时，我们发现被试创造象征性符号的能力是惊人的。特别是那些具有良好的核心场景，故事具有明确特殊病征指示的案例，都显示出了高度的符号性。这些象征性符号有清晰的特征，类似克莱特雷（Kreitler）所说的"真正的符号"，它们"不仅表明冲突，而且似乎解决了冲突"。由于我们的被试有人格障碍，因此这些具有符号性的"解决方案"通常充满绘画者神经症的特征。

### 案例 122

10 岁的埃尔菲在抑郁的情绪下表现出了自杀倾向。她最初是作为独生女长大的。父母的婚姻从一开始就出现了问题，母亲在怀孕期间受到丈夫虐待。迫于工作压力，她无法很好地照顾孩子，导致埃尔菲出现了节律性运动障碍（头部撞击和滚动），并且过了正常年龄仍无法控制小便。随后，埃尔菲开始出现持续性的沟通障碍、焦虑和抑制症状。父母离婚后，埃尔菲被暂时安置在儿童福利院中。她在母亲的新家庭中感到很舒服，并与年龄稍大的继兄相处融洽。但是，当她的继父遭遇严重的心肌梗死，并在很长一段时间内无法工作时，她又变得不安起来。她因为继父而感到焦虑和担忧。

在 VF 测试中，她画了一个超大的被涂灰的玻璃杯（见图 7–1）。在玻璃杯右边是一个小得多的魔法师，魔法师是女孩的形态。埃尔菲称玻璃杯是柠檬水杯，家里的三个女儿都被魔法变到杯子里了。这杯水最后被魔法师喝了，但他并不喜欢这个味道。

图 7–1　案例 122

在 VF 测试中，被试扮演了受害人的角色，她在柠檬水杯中变成了三个人。同时，由于魔法师以女孩的形态出现，她自己也是消灭别人的力量。"没有固定形状"的家庭，即诱人的"柠檬水"被魔法师消灭了。负罪感使柠檬水对魔法师（即被试本人）来说"并不美味"。

○○○

创造象征性符号的能力是人类特有的，正因如此，卡西雷尔（Cassirer）认为与其将人定义为"理性动物"（animal rationale），不如将其定义为"符号动物"（animal symbolicum）。

朗格尔（Langer）认为，"象征性符号的形成是人类最原始的活动，如同吃、看或运动等行为一样，它是基础的、永不停滞的精神活动"。

在这个基础上，克莱特雷认为，创造象征性符号的能力"被赋予所有人类，尽管程度不同"。

与动物不同，皮亚杰认为创造符号的行为在 18 个月的婴儿身上就已经出现。

对于符号研究的讨论经常强调不同类型符号在质量方面的差异，不过也有研究者将这些差异视为同一个发展过程中的不同阶段。

例如，皮亚杰区分了象征性符号（Symbol）和标记性符号（Zeichen）。他将象征性符号思维作为前概念思维的同义词来使用，认为这是智力形成的一个阶段，而标记性符号则对应更高的、更完善的思维活动发展阶段。

朗格尔认为象征性符号是话语性的，即概念性的和用于呈现的符号，其中包括了"不可言说"的领域的一切：神话、音乐、美术。

弗洛伊德在研究中一步步地发展出三种象征的定义：癔症患者的记忆象征，（器官语言等的）符号化以及梦的象征性。

英国精神分析学家厄内斯特·琼斯（Ernest Jones）认为只有一种类型的符号，即"真正的符号"。他认为，只有被压抑的东西才会通过象征的方式表现出来，这也是我们对存在的原初想法，其中包括我们与自己的身体、家庭、出生、爱和死亡之间的关系。

奥地利精神科医生保罗·席尔德（Paul Schilder）认为，象征性符号是对意义的具体化，而这些意义对符号创造者来说也是需要寻找的，因此也就很容易被当作过渡阶段而被刻意压制。

克莱特雷将象征性符号的创造与概念的创造进行了比较。她认为，象征性符号的创造是"概念创造的一种特殊形式"，象征性符号是"某个行为的最终产物，是思维过程的产物，它并不总是有意识完成的，但包含有意识的部分"。

康拉德·洛伦茨也持有类似观点，他认为象征性符号的形成"总是具有一致性的自我行为的产物，它发生在不同层次上，其结果得到不同程度的组织；梦的象征性符号位于较低的层次上"。

康拉德·洛伦茨用安娜·弗洛伊德和海因茨·哈特曼（Heinz Hartmann）对自我心理学的研究作为他的理论的支撑。与他们的观点一样，洛伦茨认为本我是一种充满能量的潜力，而"自我以其结构化实体的本质差异，同时被赋予了结构中心的地位"。他同意哈特曼的"无冲突区域"概念，"通过这个概念，自我被允许拥有一个原始自主的领域"。

根据以上这一点，"精神的无意识部分或多或少地被'释放'，随后被有认识能力的自我吸收和处理；象征性符号是认识过程的产物，在这个过程中，'精神的感知'获得了难以触及的感知素材"。

康拉德·洛伦茨认为，"认为象征性符号是无意识的是一个误区"，象征性符号是"代表外部物体和过程或内心过程的精神实体"，"有意识的代表具有象征性符号特征，而无意识的代表是非符号性的结构"。这些说法在"癔症性退行"中也可以看到。

另一方面，强迫性神经症的防御行为也操纵了符号构成，具备"象征性符号"特征的代表物越来越多地被转化为没有象征性符号内容的、皮亚杰所谓的"标记性符号"。

由于人只能通过自我，即象征性符号的传播过程来了解自己，因此，我们可以设想从定式到象征性符号，再从象征性符号到标记性符号的流畅过程。

美国精神科医师劳伦斯·库比（Lawrence Kubie）同样持这一观点，他认为"符号化的过程总是意识的、前意识的和无意识的象征性的凝缩"。

西尔伯勒认为，象征性符号意味着生动的图像。符号创造者内在的、抽象的真实取决于其心智发育程度和精神状态（例如，神志清醒程度、压抑行为的影响、情感因素或疲劳造成的无力思考），因此符号的表现质量有所不同。

克莱特雷提出了 10 种相互关联的象征性符号类别。其中，最简单的是词汇解释，最完善的是真正的象征性符号。

弗洛伊德强调系统发育的"符号起源论"，认为象征性符号是无意识精神生活的"基本语言"。而琼斯则持有本体发育的观点，他认为"符号会从个体素材中不断被重新创造出来"。

荣格认为象征性符号是精神的产物，"无意识原型是其基础"。也就是说，荣格将象征性符号视为原型的表现，它是"具有继承性的集体无意识及意愿系统的基本要素，既是图像也是情感"，它是"个人和人类生活中反复出现的情况的原型，也是人类数百万年经验的一种浓缩沉淀"。

象征性符号的普遍性是由荣格学派的研究者通过比较分析不同文化的符号素材来确定的。然而，正如克莱特雷所指出的，这往往会导致扭曲，因为"强调了图像的一致性，而忽略了文化背景的多样性"。一些特定符号显示出的普遍性更多的是"因为某些幼年期存在的普遍相似性"，正如哈特曼、克里斯（Kris）和勒文施泰因（Loewenstein）所阐述的那样。

如同象征性符号的定义和起源理论一样，关于这种符号的功能，学界也有着许多不同观点。

卡西雷尔认为，象征性符号的功能是使人"理解和解释，表达、组织和综合，并使人对人类的认知更加全面。"

精神分析学家巴什（Bash）在这个方向上走得更远。他认为，"象征性符号的任务是在形式以及效果上带来人类普遍适用的秩序，从而有意义地实现心理活动"。

荣格认为，象征性符号对于治疗和健康意义重大。它以一种可接受的形式向意识呈现原素材，从而减少紧张感。它还为自我认知和个体化开辟了新的可能性。

弗洛伊德及其学派也强调了象征性符号的心理调节功能及其对精神健康的作用。在这一基础上，克莱特雷认为，象征性符号的功能"揭示了个人无意识的事实，这种无意识是因压抑产生的，通过符号作为治疗媒介，这种无意识被显露出来"。例如，梦中的象征性符号的扭曲就是一种表达被禁止的愿望和释放紧张感的合适媒介。

在释梦过程中，个人的梦思可以从图像理解层面提高到"话语层面"，即概念性理解。这样，未被克服的无意识素材就会逐渐显现出来。通过这种方式，一些之前只能在前意识的退行状态中通过符号表象克服的东西最终得到了清楚的理解。

被试创造象征性符号的水平及符号的质量可以从故事的核心场景和特殊病征指示中看出来。

由此，我们可以将 VF 测试中的象征性符号从内容上做如下分类。

- 通过符号将个人冲突投射到魔法师、整个家庭或个别家庭成员身上。
- 通过符号实现愿望。家庭缺乏凝聚力或处于神经质家庭关系的被试常出现以上这两种情况。借此，神经质的伪平衡状态被实现，并在 VF 测试中被符号化。
- 通过符号表现家庭冲突。在家庭中得不到任何支持的被试常常会用符号表现家庭冲突。在测试中，符号表现的不是被压抑的内容，而是实际情景。
- 康拉德·洛伦茨所说的"去符号化"。该情况发生在被试受测试提示的影响，个人情感突破引发防御过程的时候。

以下是不同类别象征性符号的例子。

### 通过符号将个人冲突投射到整个家庭

### 案例 123 ○○

13 岁的玛蒂尔德一直体弱多病，所以母亲对她很溺爱。月经初潮吓到了没有了解过这方面常识的她。不久，玛蒂尔德发现自己因身材太过丰满被同学嘲笑，就逐渐不再吃东西。被送入医院时，她已经瘦得皮包骨头。

玛蒂尔德与 18 岁的姐姐和长期丧偶的母亲生活在一起，两姐妹相处得并不愉快。严肃、禁欲的"清教徒"玛蒂尔德排斥姐姐随意的生活态度。母亲是一个憔悴、内向、无助的女人，总是郁郁寡欢。

在 VF 测试中，玛蒂尔德在画纸中间画了一个鸟笼，里面关着四只鸟（见图 7–2）。大儿子汉斯卧在下面的树枝上，上面的树枝上是母亲和小儿子许尔利，父亲在笼子里飞来飞去。孩子们分别是六岁和四个月大。玛蒂尔德说，鸟儿一家曾经住在童话王国里，但被魔法师抓住了，并被施以惩罚。"它们要待在笼子里为魔法师唱歌。魔法师想把它们变成自己的家奴，让它们永远为自己服务，变成扫帚

图7-2　案例123

和一切有用的东西。"最后，魔法师的女儿怜悯这些鸟儿，释放了它们。

玛蒂尔德的抑制状态非常严重，深陷魔法思维中，所以她无法让人类家庭直接面对魔法师。长期患病的她觉得自己的身体受到了命运的惩罚，尤其是目前被厌食症"困在"这种状态中，她在VF测试中通过笼子象征性地表达了这一点。

魔法师打算把鸟儿变成"扫帚之类有用的东西"，明显表明被试的肛门固着倾向。画中的两个孩子都是年轻男孩，表明玛蒂尔德排斥女性角色，排斥成长。实际上第一个被画出来的是姐姐，代表了被试所憎恨和恐惧的女性角色。玛蒂尔德本人以双重形象出现：一方面是最小的鸟，即接近母亲的男孩；另一方面是魔法师"亲爱的"女儿（显然是玛蒂尔德积极的一面），通过她最终可以实现自由。

## 通过符号实现愿望

## 案例124

由于认同危机、长期厌学，且表现出越来越明显的品行障碍，16岁男孩斯特凡来到了教育咨询中心。

斯特凡作为独生子长大，一直与焦虑不安的母亲生活在一起，并对母亲存在共生依赖。他的父亲患有抑郁性神经症，并伴有顽固性疑病症。父母都在家族企业中一个独身的、专制的叔叔手下工作，并依附于他。母亲忙于工作，对斯特凡疏于照顾，她也为此感到很内疚。斯特凡的大小便问题没有被很好地解决，幼年时两次手术造成的心理创伤使他长期有尿床的症状，直到他 10 岁时住院接受心理治疗，这种症状才得以治愈，他的父母也同步接受了心理治疗。

接下来的几年里，斯特凡逐渐变得独立，但在青春期危机期间，他出现了对父母的反抗行为，与他们保持距离。他还逃学，加入激进的青年政治团体。他在谈话中表达了神经症给自己带来的压力，并主动寻求心理治疗。

在 VF 测试中，他公开表现了自己的内心冲突。他把父母放在右侧，自己在左边与他们保持距离（见图 7–3）。他身上充满叛逆青年的特点：吸烟并佩戴领袖人物像章。

以下是他讲述的故事："儿子，长发，被社会逼到地下秘密生活，现在回到家中。在那里等待他的是封建父母提供的富裕、优渥的生活，他的父母现在

**图 7–3　案例 124**

要被算作统治和压迫阶级。母亲被'不正常'的儿子吓坏了，但他实际上是正常的（只是不同于父母），她想通过歇斯底里的姿态把他赶走或者把他救回来（当然是剪头发，还要认可黑暗的剥削阶级）。父亲曾经是资本家的马屁精，现在自己也成了资本家。他用枪威胁儿子。母亲吓坏了，拿着一把匕首跳向儿子，刺中了他的左上臂。儿子退缩了，用很悲伤的眼神向周围看了一圈，然后拿起他的象征和平而非暴力的吉他，离开了。现在他有理由报仇了。现在他可以杀死那些始终歧视并想消灭他这类人的家伙了。现在他已经找到了永久革命的真正原因，可以报仇了。"

在 VF 测试中，斯特凡将他的家庭冲突转移到社会政治层面。他通过愿望满足的方式找到了与家人保持距离的理由，并为自己的神经症"报仇"。他缺乏认同

感，首先在画纸的左侧画出自己，这表明他对退行性行为的坚持。他的口欲期行为也说明了这一点。虽然他的母亲在另一边，和父亲一起，但通过他在幼儿期与母亲的共生关系，他们仍然"血脉相连"。他仍然希望从母亲那里得到对"吸烟"这种成瘾行为的最大理解。然而，双方目前似乎并未建立起桥梁。在他这个幼稚的游戏中，他体验到的父母是邪恶和敌对的。

## 通过符号表现家庭冲突

### 案例 125

七岁的恩斯特来自离异家庭，是父母的第一个孩子。他和父亲—— 一个乡镇小学的校长生活在一起，而他的妹妹则留在母亲身边。父亲性格迂腐、暴躁，从结婚时才与自己的母亲分开生活。恩斯特父母的婚姻从一开始就充满紧张。当着孩子们的面，他对妻子进行了虐待、殴打和凌辱。这段婚姻两年前就已结束。专制、跋扈的父亲阻止男孩和母亲之间的任何接触。男孩的生活由他的姑姑，也就是父亲的妹妹来照顾，她负责管理他们的家庭。父亲试图通过早期的智力训练培养长子。恩斯特作为家中唯一的孩子长大，很早就产生了焦虑和沟通障碍。虚荣的父亲对孩子成绩的追求阻碍了他情感的健康发展。在心理检查中，这个接受治疗的男孩显得很早熟和情感贫乏，充满了焦虑。

在 VF 测试中，他首先画了一个没有人的房子，旁边是魔法师。在对第二幅画（见图 7-4）的讲述中，他说："全家人都被魔法师变

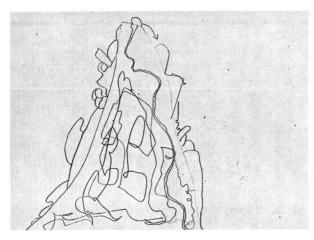

**图 7-4　案例 125**

成了一座山，全家人都不见了。"他画了大量的夸张线条，画中没有出现人。他解释说："山是由错乱的线条组合而成的，有上升，也有下降。"

通过魔法师旁边的房子，男孩表达了他对安全感的渴望，画中没有出现任何人表明了他的沟通障碍。这一点在第二幅画中变得更加明显，即上升和下降的混乱线条。混乱的线条表现出他被过高的成就要求引起的强烈无力感，同时也表现出了他的生活的无序、对生活的恐惧和孤独感。

## 去符号化

### 案例 126

12 岁的利奥因突然出现强迫症症状而就诊。

他必须不断确认自己的行为不会伤害任何人。他产生了宗教顾虑强迫症，要不断通过清洗来减轻他的"罪过"。

利奥是一对生活在和谐婚姻中的学者夫妇的大儿子，他有一个妹妹。父母双方都很关心孩子。直到现在，利奥在学校都没有遇到任何困难。只有在强迫症发作后，他对学业才有所松懈。

他的父母都是身材高大的哮喘病人。通过询问父母发现，在利奥出现症状的前几天，他与妹妹发生了激烈的争吵，随后有生以来第一次被父亲打了耳光。第二天，母亲第一次在他的衣服上发现了射精的痕迹。

在做测试时，利奥表现得沉默而焦虑。在罗夏测试中，他显示出伪装倾向。

在 VF 测试中，利奥首先把妹妹画成右上角的一本书（见图 7-5）。在与她形成对角线的位置上是位于左下角的桌子，代表母亲。桌子旁边是第三个被画出的、代表父亲的大象，大象背对着桌子。桌子的上方挂着被画成书包的哥哥。

图 7-5　案例 126

　　在简洁地讲述故事内容时，利奥说父亲被施了魔法变成了一头大象，"因为他太胖了"。

　　绘画和故事讲述的简易与利奥症状的激烈形成鲜明对比。很明显，利奥不能打开自己的内心。魔法符号的空洞和内容的贫瘠表明了案例的去符号化倾向。大象的肥胖与父亲实际上的瘦弱形成鲜明对比，表明了被试的内心冲突。经历手足争吵和父亲的责罚，青春期的到来使被试迄今为止被深深压抑的乱伦和婴儿怀孕幻想复苏。

　　这一点在后来的心理治疗中得到了证实。

第 8 章

# 对测试的评估检验

· · ·

Die verzauberte Familie

Ein tiefenpsychologischer
Zeichentest

# 根据安娜·弗洛伊德的诊断资料进行评估

VF 测试被认为是一种深度心理学测试，这在前面的章节中，特别是结合案例的介绍中已经给出了充分说明。问题是它在多大程度上可以与其他深度心理学的研究方法相结合，并用于心理诊断。

为此，我们推荐参考安娜·弗洛伊德于 1962 年在《儿童精神分析研究》(*The Psychoanalysis Study of the Child*) 上首次发表，并于 1968 年收进她的著作《儿童发展的常态与病态》(*Wege und Irrwege in der Kinderentwicklung*) 中的对发展的诊断。

这种元心理学角度下对儿童发展的诊断是安娜·弗洛伊德及其同事在伦敦汉普斯特德儿童诊所研究的核心内容。它将病人病史中的所有重要事件，即与儿童生活相关的重要事件，与精神分析所承认的儿童的本我驱动、自我和超我发展的数据联系起来。

基于动态和结构化的深度心理学评估结果，即对儿童冲突情景的评估，我们就可以制定重要的诊断和治疗标准。

## 案例 127

12 岁的赖纳因为患糖尿病且极难被管教而被转诊。他在一个有严重问题的家庭氛围中长大。父亲作为原生家庭中唯一的儿子，长期以来一直依赖自己的母亲，很晚才结婚。父亲多年来一直患有抑郁症，因此在职业发展方面受到阻碍。父亲的被动与患有溃疡性结肠炎的妻子的雄心形成对比。在神经质疾病的背景下缔结的婚姻从一开始就处于严重的紧张状态，四个孩子都明显感受到了这一点。

赖纳是家中的长子。他对在他之后出生的每个兄弟姐妹都怀有强烈的嫉妒。他的母亲在最后一次怀孕时，由于并不想再要孩子，其溃疡性结肠炎变得更加严重。在此期间，母亲短暂地接受了心理治疗。与此同时，赖纳也开始出现糖尿病的症状，这进一步加强了他和母亲的共生关系。他们还同时摘除了扁桃体。

糖尿病被孩子利用，使父母对他的教育愈发困难。由于多次逃走，父母将他安置在糖尿病儿童之家的努力没有成功。他无意识地一次又一次地诱发自己的低血糖休克，以获得作为病童的优势。在他严重的攻击行为背后是这个长期患病的孩子对死亡的恐惧。

他在画纸中间靠下的位置画了各种小动物，它们围着一张桌子，桌子上放着一只笼子，里面有一只鸟（见图 8–1）。

首先，父亲在左边被画成一只老鹳，在桌子前面的母亲被画成一只猫，旁边（在第四位置）是被画成老鼠的男孩（在皮格姆测试中，男孩对老鼠表示出排斥的态度）。在桌子右前方，被画在第三位置的是一只狗，它前面有一个狗食盆。最后被画出的又是一个男孩，在桌子上的笼子里。

图 8–1　案例 127

○○○

---

## 赖纳的发展状况诊断

## 本能发展
### 力比多发展
- 未到前青春期阶段；
- 口欲期攻击性，肛欲期虐待性；
- 退行至早期阶段。

### 力比多分布

- 分布不均衡，没有合适的自我感觉；
- 利用疾病增强自我价值感。

### 客体力比多

- 未到该阶段，出现退行；
- 与客体关系的形式与力比多发展阶段不一致。

## 攻击性

- 对外（父母、兄弟姐妹）；
- 对内（诱发低血糖休克）。

## 自我和超我的发展

- 感官完好；
- 自我功能受损，不适应现实；
- 防御行为不成功，焦虑和情感突破，主要与家庭神经症相关；
- 学校表现与症状相关；
- 排斥能够让他摆脱疾病的糖尿病儿童之家。

# 赖纳的画

## 本能发展

### 力比多发展

- 口欲期固着：狗食盆（类似于场景测试：正在吃和喝的男人）；
- 肛门期虐待：笼中鸟，猫－鼠。

### 力比多分布

- 笼子：自我价值感降低；
- 鸟笼综合征。

**客体力比多**

- 因疾病产生的自恋阻止力比多向客体的正常投射。超大的笼子处于事件中心，其他描绘对象普遍较小。

**攻击性**

- 母亲 – 儿子（猫 – 老鼠）；
- 笼中鸟 – 猫；
- 母亲的攻击性（溃疡性结肠炎），家庭争吵；
- 被动、抑郁的父亲缺乏攻击性：鹳。

**自我和超我**

- 从糖尿病儿童之家回到疾病和家庭神经症的精神牢笼；
- 疾病位于中心位置：笼子，周围是家庭神经症；
- 因疾病导致的能力受限：学业问题。

**以绘画顺序表现出的自我和超我**

- 父亲，完全被动的超我，沉默的；
- 男孩的三种认同：（1）鸟（疾病 – 自由）；（2）鼠（母子共生，她几乎要吞掉他）；（3）狗（食盆、糖尿病儿童）；
- 父子认同，都是鸟类；
- 父亲无法摆脱婚姻，聪明的鹳屈服了；
- 女性身份介于中间位置（四足动物）；
- 男孩 – 女孩的多重身份识别，女孩变成男孩，并感觉自己被女性威胁；
- 口欲期挫折（糖尿病）：魔法师（被试自己）反复要求，但没有得到。

# 通过皮格姆测试进行检验

愿望测试，即皮格姆测试以其创建者西班牙精神病学家皮格姆·塞拉（Pigem Serra）命名，由儿童精神病学家范·克雷韦伦（Van Krevelen）引入德语文献。

皮格姆通过观察那些将自我认同于动物和物品的病人，得到了关于测试的构想。皮格姆询问成年病人，如果他们被赋予第二次生命，可以成为人类以外的任何东西，那么他们想成为什么，以及愿望背后的动机是什么。

皮格姆将回答分为两组：

- 补偿性回答，表明被试的冲突；
- 确认性回答，表明被试的本质。

范·克雷韦伦根据儿童患者的需求调整了愿望测试。

由于我们只希望将愿望测试作为一种扩展实验，因此，我们基于勒内·扎索（René Zazzos）在《寓言集》（Bestiariums）中给出的解释来应用它。

皮格姆和范·克雷韦伦在写作时应该还不知道我们这种测试方式，因为他们在自己的作品中都未提到。

扎索的问题，也就是我们的问题是：

- "如果你能把自己变成一种动物，你最想成为哪种动物，为什么？"（皮格姆＋）
- "你不想成为哪种动物，为什么？"（皮格姆－）

这种动物愿望测试（下文称皮格姆测试）为我们提供了进一步线索，帮助我们了解 VF 测试中被选择的动物的象征意义。

在 600 名被试中，有 500 人提交了可用的皮格姆测试结果（有意义的结果）。我们发现，有超过 2/3 的儿童提到了以下的动物，依出现频率排序如下（见表8–1 ）。

表 8–1　　　　　　　　皮格姆测试中出现的动物（以出现频率排序）

| 正面评价（皮格姆 +） | 负面评价（皮格姆 –） |
| --- | --- |
| 猫 | 鼠 |
| 马 | 狮子 |
| 狮子 | 蛇 |
| 鸟 | 鳄鱼 |
| 象 | 苍蝇 |
| 狗 | 老虎 |
| 猴 | 象 |
| 虎 | 蚂蚁 |
| 鹰 | 猴 |
| 鹿 | 猪 |
| 兔 | 蜘蛛 |
| 蛇 | 昆虫 |

在皮格姆测试中共出现了 128 种不同的动物（总人数 = 500）。

统计结果如下：男孩更喜欢画狮子和大象，女孩则喜欢画猫和马。只有男孩对老鼠表示出排斥态度。

10 岁以上的儿童多选择象征自由和独立的鸟，10 岁以下的儿童则多选择兔子，表明他们作为幼童更需要被保护。此外，低龄儿童排斥狮子、鳄鱼和大象，他们认为这些东西具有压迫性、威胁性和危险性。

智力水平与对动物是正面评价还是负面评价之间没有体现出相关性。

诊断 I 组的儿童对狗的正面评价具有统计学意义。有婴儿退行倾向的共生儿童将自我认同于家犬，认为家犬是人类的忠实伙伴和战友。诊断 III 组的儿童对大象的高度偏好具有统计学意义，包括男孩和女孩。这种对攻击性阳物的认同证实了杜斯寓言测试中相应符号的意义。我们观察到了这样一种现象：一些动物因为具有力量受到青睐，但同时也因其危险性而被排斥，例如狮子和老虎等。而我们在上文已经指出，虫类（苍蝇、蚂蚁、蜘蛛等）几乎都因被认为是令人恶心、厌恶、不讨人喜欢的而遭到排斥。在个别孩子身上也会出现矛盾行为，例如，年幼的儿童将大象作为积极选择可能意味着他们将自我认同于攻击者，诊断 III 组中就包含有许多患焦虑神经症的儿童。

原则上，我们也需要在这里强调，这些结论目前只适用于中欧地区。

一些案例很有趣，被试儿童在皮格姆测试中对动物给予正面评价或负面评价的选择与其为某个家庭成员选择的被施魔法后变成的形象相一致。

在 80 个案例中（总人数 = 500）出现了皮格姆测试和 VF 测试之间的对应关系，被试选择了喜欢（皮格姆 +）或排斥（皮格姆 –）的动物。这种情况对于从分析心理学角度进行解读意义重大（另见第 5 章关于鳄鱼、猴子、猫鼠关系的内容）。被试很少为家庭成员选择在皮格姆测试中被排斥的动物形象。如果某形象在皮格姆测试中被排斥，则是一种具有高度特殊病征指示的表现，被试几乎是在明确表达："我不愿意像他一样！"

"皮格姆 +"动物的选择如果与被试为家庭成员选择的被施魔法后变成的形象是一致的，那么会以类似方式体现出身份的认同，从被画者的出现顺序能够看出其被认同程度。该对象在整个实验素材中出现的频率越低，其被认同程度就体现得越清晰。

皮格姆测试提供的额外信息往往是对 VF 测试结果的补充，能从不同的角度对其进行阐释，会为我们提供意想不到的佐证。被试在皮格姆测试中选择的动物与在 VF 测试中画出的动物形成互补的案例也不在少数。

一个六岁的"胆小鬼"（VF 测试）希望成为一头狮子，"这样就可以扑向所有的人"。然而，他不希望成为一只老虎，因为"老虎会被枪打死"。外表乖巧、内心恐惧的男孩的焦虑攻击性矛盾心理就这样用象征的方式被清晰表达出来了。

被试排斥皮格姆测试的案例同样具有启示意义。一些低龄儿童仍然受制于魔法思维，他们害怕表达愿望就意味着愿望会立即实现。

# 统计数据

## 测试分析和主要质量标准

利纳特（Lienert）认为，一个实用性测试应满足以下三个主要标准：

- 客观性；
- 可靠性；
- 有效性。

同时，还应满足作为限定条件的四个次要标准：

- 充分性；
- 可比性；
- 简练性；
- 有用性。

这些标准实际上只在能力测试中能够以数字形式准确体现出来。

VF 测试是一种投射测试，类似于场景测试或画人测试，它记录的不是单个特征，而是人格的几个维度，其结构基本上是未知的。

由于缺乏正式分类，现实测试情景仅包括一张横向摆放的 A4 纸以及测试说明。测试说明对实验实施过程的巨大影响将在后面讨论。

VF 测试几乎没有可定量评估的特征，这加大了统计方面的困难。其中可以被精确量化的特征是：

- 画出人物的数量；
- 画中人物被画出的顺序。

作为投射测试，VF 测试不能像能力测试那样被标准化。下面我们将逐一讨论衡量测试的各个标准。

### 客观性

利纳特认为，如果一个测试能明确测定人格特征，也就是说，如果测试结果与评估者无关，即不同的评估者也能够得出相同的测试结果，那么该测试就是客观的。如果一项测试最终是由评估者做出决定，那它或多或少仍是不完善的。仅从数字上看，很难判断 VF 测试的客观性，我们只能得出一个粗略的分析结果。不过，很多由三名评估者分别独立完成的测试报告最终是能够得到一致结果的。作为结论基础的测试标准越多，这种一致性就越清晰。也就是说，如果解释主要基于图画的形式标准，就会比解释象征性符号等内容更加客观。

### 可靠性

如果一个测试能够准确测定人格特征，即在相同条件下重复测试时能够产生相同结果，那么它就是可靠的。

对于 VF 测试，无法对其可靠性进行量化，因为不存在平行测试，而且其所研究的人格特征也有可能是多维的，这些人格特征本身并不稳定。

### 有效性

如果一个测试能够可靠地测定特征，即如果它只是针对性地研究某项人格特征，而不是其他与其相关的特质，那么它就是有效的。

基于形式标准的说服力以及解释符号象征意义的经验，是可以对被试的 VF 测试进行评估的。我们没有从统计的角度对测试中的形式内容进行加工。

### 充分性

如果一个测试测定的人格特征符合实际情况，即其内容能够代表需要评估的人格特质，那么这个测试就是充分的。

从这个角度来看，VF 测试是充分的，因为它显示了被试真实的家庭结构及其在家庭中的心理动力地位。儿童对家庭的理解是其由家庭经历决定的。即使被试在测试中明显画的是别人的家庭，从中也能看到他自己的经历。

### 可比性

虽然 VF 测试还允许被试做进一步说明，但这个测试与其他的家庭测试显然是具有可比性的。由于测试内容是被施魔法的家庭，在具体案例中可以避免被试在选择象征性符号方面产生可能的内疚感或焦虑障碍。

### 简练性

简练的测试必须满足以下四个条件，这在 VF 测试中也可以看到：

- 进行时间短；
- 除了纸和笔，不需要任何其他材料；
- 容易操作；
- 如果故事的核心场景和特殊病征指示清晰，评价也会相对快速和简单。乍看并不引人注意的画，在评价时会出现困难。在这种情况下，只有彻底研究病人病史和症状之后才有可能对其进行解释。

### 有用性

如果一个测试所测定的人格特征是出于实际需要，那么它就是有用的。VF 测试符合这一点。

## 行为障碍儿童组测试统计的实际完成情况

有 1225 名神经症儿童的画作可供统计分析。其中有 625 人无法提供测试中需要用到的历史记录，只有少量的病史数据，如诊断、性别、年龄、兄弟姐妹的数量等。在这些情况下，我们只对已有数据进行了统计分析。

我们尽可能地计算了全部 1225 名被试的统计数据。余下的 600 名神经症患者除了一些历史数据之外，还有完整的病史，部分儿童还提供了关于家庭氛围的信息。

我们为每个被试制定了 45 个变量。本书中反复提到的，也是最重要的变量包括：性别、年龄、诊断、智商（HAWIK 得分）、父亲的职业、母亲的职业、在兄弟姐妹中的出生顺序、家庭氛围、在家庭中的地位、父母的类型、绘画的形式标准、象征性符号的选择、对故事的评价，等等。

在维也纳市医院计算机中心的 IBM 360 计算机上，我们计算了每个特征与其他特征之间的二维频率，共得到 990 个二维频率分布。检验结果通过卡方检验进行随机检测，并在可能的情况下将皮尔逊列联系数用作检测相关性的标准。

测试结果可以在书中相应的地方找到。

### 学生的数据评估结果

我们的原始材料是 2438 名学生的画。这些学生来自科隆、维也纳和慕尼黑等城市，年龄从 7 岁到 16 岁不等。

从年龄分布上可以发现明显的性别差异（见表 8–2）。在 10 岁以下的年龄组中，男性被试更多；在年龄较大的组别中，女性被试更多。这可能是女孩在空间布局上更多采用中间位置的原因之一，这一特点随着年龄的增长而增加（见表 8–3）。

表 8–2 　　　　　　　　　　　　　　 年龄分布

| 年龄 | 男性 | 女性 | 总计 |
|---|---|---|---|
| 7 | 58 | 85 | 143 |
| 8 | 148 | 142 | 290 |
| 9 | 290 | 245 | 535 ☆☆ |
| 10 | 204 | 192 | 396 |
| 11 | 207 | 213 | 420 |
| 12 | 102 | 203 | 305 ☆☆ |
| 13 | 56 | 109 | 165 ☆☆ |
| 14 | 36 | 66 | 102 ☆ |
| 15 | 38 | 29 | 67 |
| 16 | 10 | 3 | 13 ☆ |
| 17 | 1 | — | 1 |
| 18 | — | 1 | 1 |
| 总计 | 1150 | 1288 | 2438 |

注：☆代表性别差异在 5% 水平上显著；
　　☆☆代表性别差异在 1% 水平上显著。

表 8-3　　　　　　　　　　　　　　空间分布

| 空间分布 | | 男性 | 女性 | 总计 |
|---|---|---|---|---|
| 左侧 | 半张画纸 | 60 | 39 | 99 |
| 右侧 | | 15 | 13 | 28 |
| 上侧 | | 110 | 114 | 224 |
| 下侧 | | 79 | 83 | 162 |
| 左上侧 | | 25 | 18 | 43 |
| 右上侧 | | 1 | 3 | 4 |
| 左下侧 | | 8 | 5 | 13 |
| 右下侧 | | 8 | 8 | 16 |
| 中间 | | 30 | 40 | 70 |
| 画纸上缘 | 顺序排列 | 63 | 71 | 134 |
| 中间 | | 14 | 44 | 58 |
| 画纸底边 | | 47 | 66 | 113 |
| 左上侧 | | 8 | 10 | 18 |
| 右上侧 | | — | — | — |
| 左下侧 | | 1 | 2 | 3 |
| 右下侧 | | — | 1 | 1 |
| 斜对角 | | 1 | — | 1 |
| 整张纸 | | 676 | 766 | 1442 |
| 其他 | | 4 | 5 | 9 |
| 总计 | | 1150 | 1288 | 2438 |

在绘画对象顺序方面存在明显的性别差异（见表 8-4）：男孩更经常把父亲放在第一位，女孩则更经常将母亲放在第一位。由于顺序表明了儿童在家庭中的认同结构，因此这个结果是合理的。

表 5-3 中总结了关于象征性符号选择的评估结果（见第 5 章）。我们将该结果与行为障碍组和布雷姆 – 格雷泽尔的结果进行了比较。

表 8–4 　　　　　　　　　　　　　绘画顺序

| 顺序 | 男性 | 女性 | 总计 |
|---|---|---|---|
| 父亲、母亲、其他 | 450 | 447 | 897 |
| 母亲、父亲、其他 | 164 | 208 | 372 |
| 父亲、其他 | 133 | 112 | 245 ☆ |
| 母亲、其他 | 69 | 126 | 195 ☆☆ |
| 儿童、其他 | 258 | 320 | 578 |
| 魔法师、其他 | 39 | 28 | 67 |
| 祖父、其他 | 9 | 11 | 20 |
| 祖母、其他 | 13 | 18 | 31 |
| 叔叔、其他 | 4 | 8 | 12 |
| 阿姨、其他 | 1 | 1 | 2 |
| 老师、其他 | 7 | 1 | 8 |
| 没有顺序 | 3 | 8 | 11 |
| 总计 | 1150 | 1288 | 2438 |

注：☆代表性别差异在 5% 水平上显著；
　　☆☆代表性别差异在 1% 水平上显著。

与行为障碍组不同，学生组的测试是以班级为单位进行的，这对测试结果是有影响的，在魔法师被画出的频率上表现得尤为明显。因此，我们没有将这一特征纳入统计评估中。在这一组中，魔法师共被画出了 316 次，但在一个班级中，只有一个人没有画出魔法师。

此外，应该再次强调严格遵守测试指令的重要性。测试指令的巨大影响也可以从儿童画出自己的家庭还是陌生家庭中看出。我们发现有的班级的学生只画自己的家庭，而这一情况在所有案例中大约只占三分之一。

我们想再次强调，VF 测试只能与病人的病史结合起来看待，而且只能作为一种个性化测试。特别是我们在学校的对照组中进行的测试表明，在班级中进行 VF 测试时很容易产生假象。

## VF 测试在教育咨询和心理治疗中的应用

VF 测试已经在教育咨询中心和儿童精神病医院经过了 10 年的实践检验。根据我们的经验，不断完善的家庭心理画测试适用于心理治疗，尤其适合作为教育咨询中心的核心测试。

它的优势在于能够激发儿童的强烈兴趣，他们基本上仍然对童话般的幻想世界持开放态度，并能自发地、快乐地进行绘画。

与迄今为止常用的家庭心理画测试（如"画出你的家庭"测试、"动物家庭"测试）相比，VF 测试的多样性使其能更全面、更有针对性地揭示家庭问题。

如果被试测试组合中的其他测试没有给出必要的对照可能，由父母给出的病史就可以作为参考。如今，有行为障碍的儿童的问题越来越多地被投射到家庭冲突的背景下来看待，家庭治疗措施试图将儿童与其生活环境综合起来考虑。因此，对家庭状况的讨论也是诊断的核心内容。

本测试可由教育咨询中心所有受过专业培训的工作人员来执行，而深度心理评估则需要工作人员具备相应的知识，不过这一点已经越来越成为教育咨询中心工作的基本前提。

象征性符号、故事的核心场景和特殊病征指示可以明确揭示儿童的生活情况，即使这一点被父母所给出的病史刻意掩盖，例如儿童在家庭中经历离婚冲突或其他社交型神经症。VF 测试与其他心理诊断方式，例如场景测试和沃特戈绘图完形测试等结果的一致性更加明确了这一论断。

正如场景测试中的核心场景或对 TAT 测试的讲述一样，VF 测试也可以用来与父母就行为障碍儿童的问题或他们的家庭冲突情况进行富有成效的讨论。它可以取代冗长的解释，给人以顿悟，但也要始终保持审慎的态度。

儿童由于天生的沟通需求，会在测试后向家里报告他们在教育咨询中心画出的东西，这是无法避免的。

## 示例

一个9岁的男孩随口告诉父亲说自己在VF测试中把母亲画成了猪，之后遭到了父亲的毒打。这再一次表明，尽管开展了各种教育活动，如今的教育咨询专家对实际家庭生活，以及父母和孩子之间氛围的影响仍然很小。

VF测试对儿童心理治疗也有价值。它提供了有关儿童在家庭中的地位及其亲密关系结构的信息，使我们能够更准确地制定每个案例的治疗措施，特别是以何种方式、被动还是主动地让父母参与进来。

对重要的、目前尚未得到解决的心理治疗措施有效性的问题，也就是那些在儿童心理治疗诊断病例中尚未解决的问题，通过在心理治疗后进行相应的对照测试，VF测试同样也能够起到作用。特别是在成功的儿童心理治疗的过程中，可以通过比对测试前与测试后的结果，看到家庭神经症的结构变化。这也适用于当兄弟姐妹被被试儿童视为对手时，在兄弟姐妹之间进行的对照测试（参见案例25）。

我们认为，VF测试恰恰是在这个方面应该能够比迄今已知的和已在使用的家庭心理画测试提供更有针对性的结论。

但在设计实验的时候，我们特意没有将这一点预设为实验的任务。由于缺乏相关经验，因此我们尚不能提供任何有力的结论。

北京阅想时代文化发展有限责任公司为中国人民大学出版社有限公司下属的商业新知事业部，致力于经管类优秀出版物（外版书为主）的策划及出版，主要涉及经济管理、金融、投资理财、心理学、成功励志、生活等出版领域，下设"阅想·商业""阅想·财富""阅想·新知""阅想·心理""阅想·生活"以及"阅想·人文"等多条产品线，致力于为国内商业人士提供涵盖先进、前沿的管理理念和思想的专业类图书和趋势类图书，同时也为满足商业人士的内心诉求，打造一系列提倡心理和生活健康的心理学图书和生活管理类图书。

## 《原生家庭：影响人一生的心理动力》

- 全面解析原生家庭的种种问题及其背后的成因，帮助读者学到更多"与自己和解"的智慧。
- 让我们自己和下一代能够拥有一个更加完美幸福的人生。
- 清华大学学生心理发展指导中心副主任刘丹、中国心理卫生协会家庭治疗学组组长陈向一、中国心理卫生协会精神分析专业委员会副主任委员曾奇峰、上海市精神卫生中心临床心理科主任医师陈珏联袂推荐。

## 《消失的父亲、焦虑的母亲和失控的孩子：家庭功能失调与家庭治疗（第2版）》

- 结构派家庭治疗开山鼻祖萨尔瓦多·米纽庆的真传弟子、家庭治疗领域权威专家的经典著作。
- 干预过多的母亲、置身事外的父亲、桀骜不驯的儿子、郁郁寡欢的女儿……如何能挖掘家庭矛盾的"深层动因"，打破家庭关系的死循环？不妨跟随作者加入萨拉萨尔一家的心理治疗之旅，领悟家庭亲密关系的真谛。

## 《爸爸向左，妈妈向右：离婚了，如何共同养育孩子》

- 美国APA第29分会主席（2017）、"APA第42分会独立执业指导奖"获得者倾心之作。
- 实操性强。为离婚父母提供了61个练习和48条可活学活用的技巧，以帮助他们学会识别和处理离婚情绪，从而真正从"憎恨对方"的情绪中走出来，和共同养育者一起完成自孩子出生就布置给他们的这项艰巨任务。
- 钟思嘉、江光荣、孟馥、刘丹等10多位心理学专家联袂推荐。

## 《亲子关系游戏治疗：10单元循证亲子治疗模式（第2版）》

- 基于30年实证研究的游戏治疗权威指南，惠及千万家庭；缓解亲子关系压力、冲突及焦虑，有效提升孩子自尊与自信。随书配有培训手册、家长手册、实践手札。
- 作者作加里·L.兰德雷思博士和休·C.布拉顿博士是北美游戏治疗的领军级人物，创立了北得克萨斯州大学的游戏治疗中心。

## 《灯火之下：写给青少年抑郁症患者及家长的自救书》

- 以认知行为疗法、积极心理学等理论为基础，帮助青少年矫正对抑郁症的认知、学会正确调节自身情绪、能够正向面对消极事件或抑郁情绪。
- 12个自查小测试，尽早发现孩子的抑郁倾向。
- 25个自助小练习，帮助孩子迅速找到战胜抑郁症的有效方法。